T0139750

Daniel Deckers **Friedrich Zweigelt (1888 – 1964)**

Wissenschaftler, Rebenzüchter, Nationalsozialist

BÖHLAU VERLAG WIEN KÖLN

**WISSENSCHAFT · FORSCHUNG
NIEDERÖSTERREICH** [N]

Veröffentlicht mit Unterstützung durch:
Amt der N.Ö. Landesregierung
Österreich Wein Marketing GmbH

Bibliografische Information der Deutschen Nationalbibliothek:
Die Deutsche Nationalbibliothek verzeichnet diese Publikation
in der Deutschen Nationalbibliografie; detaillierte bibliografische Daten
sind im Internet über http://dnb.d-nb.de abrufbar.

Umschlagabbildungen:
Vorderseite: © Weinbau Ing. Franziska Waltner
Rückseite: © HBLAuBA Wein- und Obstbau, Klosterneuburg

Korrektorat: Christoph Landgraf, St. Leon-Rot
Einbandgestaltung: Michael Haderer, Wien
Satz: Michael Rauscher, Wien
Druck und Bindung: Generaldruckerei, Szeged
Gedruckt auf chlor- und säurefrei gebleichtem Papier
Printed in the EU

Vandenhoeck & Ruprecht Verlage | www.vandenhoeck-ruprecht-verlage.com

ISBN 978-3-205-21643-8

Inhalt

Vorwort

Man kann sich ein Bild von der Geschichte Österreichs im 20. Jahrhundert machen, ohne jemals auf den Namen Friedrich Zweigelt zu stoßen. Der Steiermärker, 1888 in der Nähe von Graz geboren, war schließlich kein Politiker, Unternehmer, Intellektueller oder Künstler. Zweigelt war ein Naturwissenschaftler mit Schwerpunkt Biologie, den es noch vor dem Ausbruch des Ersten Weltkriegs an die k. k. Höhere Lehranstalt für Wein- und Obstbau in Klosterneuburg bei Wien verschlagen hatte. Von dort aus machte er in den zwanziger Jahren als ehrgeiziger Leiter der ersten und einzigen Bundes-Rebenzüchtungsstation von sich reden und avancierte dank einer schier unendlichen Schaffenskraft zu dem bedeutendsten Weinfachmann der Ersten Republik. Nach der Annexion Österreichs im März 1938 stellte sich Zweigelt wie Millionen andere Landsleute aus Überzeugung in den Dienst des Nationalsozialismus. Der Zusammenbruch des Dritten Reiches brachte auch das Ende der wissenschaftlichen wie der politischen Karriere des nunmehr 57 Jahre alten Mannes. Zweigelt überlebte das Großdeutsche Reich um fast zwanzig Jahre und starb 1964.

Gleichwohl ist sein Name weit mehr als ein halbes Jahrhundert nach seinem Tod nicht vergessen – und wird es wohl niemals werden. In der Welt des Weins ist Zweigelt heute der bekannteste Österreicher überhaupt. Eine Neuzüchtung aus den Sorten Blaufränkisch und St. Laurent, die der Wissenschaftler im Jahr 1922 auf der Suche nach neuen Qualitätsrebsorten vorgenommen hatte, steht mittlerweile auf etwa 6300 Hektar (2015) der österreichischen Rebfläche. Damit ist die nach ihrem Züchter benannte Rebe mit großem Abstand vor Blaufränkisch (2800 Hektar) die wichtigste Rotweinrebe des Landes.[1] Und nicht nur das: Nach der weißen Rebsorte Müller-Thurgau und dem roten Dornfelder ist Zweigelt die flächenmäßig bedeutendste Neuzüchtung weltweit.

Freilich liegt auf dieser Erfolgsgeschichte ein Schatten. Denn so umtriebig und findig Zweigelt als Wissenschaftler war, so sehr war er von Jugendtagen an völkisch-national gesonnen. Diese Prägung mündete früh in eine Begeisterung für den Nationalsozialismus. Von 1938 an war der nunmehrige kommissarische Leiter der Klosterneuburger Anstalt nach Jahren der Illegalität ganz offiziell ein Parteigänger der braunen Gewaltherrscher.

Kultivieren also heute alle, die seit den 1960er Jahren die »Zweigeltrebe« in ihren Rieden ausgepflanzt haben, eine Nazi-Rebe? Und trinken folglich alle, die an Weinen aus dieser Rebsorte Gefallen finden, Nazi-Wein? Und wenn ja, kann, ja

1 »Träger deutscher Kultur und Wissenschaft«: Titelblatt einer Werbeschrift des Verbands der Klosterneuburger Önologen, Pomologen und Gartenbauarchitekten aus dem Jahr 1939.

muss man sich des braunen Erbes nicht entledigen und die Erinnerung an Friedrich Zweigelt dadurch tilgen, dass man die Weine nur noch unter dem Namen des »Blauer-Zweigelt«-Synonyms »Rotburger« in Verkehr bringt, wie es weinrechtlich in Österreich seit 1978 möglich ist?

Um sich einer Antwort auf diese Fragen nähern zu können, wäre ein möglichst umfassendes Bild des Lebens und Werkes des einfachen Parteigenossen und späteren Direktors der Höheren Bundeslehranstalt für Wein- und Obstbau in Klosterneuburg (HBLA) eine notwendige Voraussetzung. Stattdessen wird die periodisch aufflammende Debatte über das Für und Wider einer Rebsorte namens Zweigelt bis in die Gegenwart von zahlreichen *fake news* bestimmt. Im Anschluss an die VieVinum des Jahres 2022 etwa wurde in einer Sendung des ORF abermals behauptet, Zweigelt habe einen Schüler der Anstalt der Gestapo ausgeliefert und die Rebsorte Zweigelt habe ursprünglich Rotburger geheißen.

Dabei war es schon seit Jahrzehnten möglich, sich aus erster Hand ein Bild dieses Mannes zu verschaffen: In der Zeitschrift *Das Weinland*, die Zweigelt von 1928 bis zu ihrer Einstellung im Jahr 1943 redigierte, hielt er seit der Annexion Österreichs im März 1938 mit seinen weltanschaulichen Überzeugungen nicht hinter dem Berg. Seine Umtriebe als kommissarischer Leiter (ab 1938) und Direktor (ab 1942) der HBLA wiederum, vor allem die »Säuberung« der Anstalt von unliebsamen Kollegen, sind schon in dem Volksgerichtsprozess des Jahres 1947 aktenkundig geworden. Die entsprechende Akte ist seit langem der Öffentlichkeit unbeschränkt zugänglich. Auch das Schicksal des Klosterneuburger Schülers Josef Bauer, den Zweigelt angeblich bei der Gestapo denunziert hatte, ist dank der Arbeit des Dokumentationsarchivs des österreichischen Widerstands (DÖW) längst hinreichend geklärt.

Wenn es aber bislang nicht unternommen wurde, ein umfassendes Lebensbild von Friedrich Zweigelt zu zeichnen, so lag dies auch an objektiv vorhandenen Hindernissen. Ein wissenschaftlicher oder auch privater Nachlass existiert nicht, mündliche Überlieferungen oder persönliche Erinnerungen können bestenfalls als Anhaltspunkte für Nachforschungen dienen. Um Zweigelts wissenschaftliche und weinbaupolitische Aktivität zu beurteilen, beschränkt sich die vorliegende Studie aber nicht auf die erstmalige systematische Sichtung der Periodika *Allgemeine Wein-Zeitung* (1921–1929) und *Das Weinland* (1929–1943) sowie die erstmalige Auswertung der Akte Zweigelts aus dem Prozess vor dem Volksgericht Wien[2] sowie dem Gnadenakt.[3]

Denn im Zuge der Recherchen wurden gleich mehrere Überlieferungsschichten freigelegt, die selbst einer interessierten Öffentlichkeit nicht zugänglich gewesen wären. Erstmals gesichtet und ausgewertet werden konnte ein Konvolut von teils handschriftlichen, teils maschinenschriftlichen *Aufzeichnungen* Zweigelts aus den Jahren 1931 bis 1943.[4] Sie waren 1945 bei einer Hausdurchsuchung der Wohnräume Zweigelts beschlagnahmt und im Zuge der Ermittlungen gegen den vormaligen Direktor von Kriminalpolizei und Staatsanwaltschaft ausgewertet worden. Wie diese Artefakte wieder in die HBLA gelangten und über Jahrzehnte unverzeichnet in einem Umzugskarton in einem Kellerraum liegen konnten, bleibt ein Rätsel.

Aufgefunden wurde während der Recherchen auch die mit dem Jahr 1912 einsetzende *Personalakte* Friedrich Zweigelts.[5] Sie befand sich nicht, wie zu erwarten war, im Österreichischen Staatsarchiv (AT-OeStA) in Wien, sondern wurde im Ministerium für Landwirtschaft und Forsten in Wien (BMfLuF) aufgefunden. Nachforschungen im Österreichischen Staatsarchiv sowie im Bundesarchiv in Berlin-Lichterfelde förderten wichtige Ergänzungen zu Tage, etwa die Personalakten des Klosterneuburger Professors und späteren Direktors Heinrich Konlechner sowie die des Weinbaureferenten im Wiener Landwirtschaftsministerium Franz Wobisch. Im Juni 2019 wurden die Ergebnisse der Archiv- und Bibliotheksrecherchen während eines »Weingipfels« der Österreichischen Weinmarketing GmbH (ÖWM) einem internationalen Fachpublikum vorgestellt. Seit dem Herbst desselben Jahres ist eine Kurzfassung in dem von Willi Klinger und Karl Vocelka herausgegebenen Buch *Wein in Österreich* nachzulesen. In dessen englischer Ausgabe sowie in Essays für die Zeitschrift *Fine. Das Weinmagazin*[6] sowie für die Webseite *www.jancisrobinson.com*[7] wurden die Befunde nochmals in komprimierter Form dargestellt.

2022 und damit genau hundert Jahre nach der Kreuzung der Rebsorte Zweigelt hat es sich der Böhlau Verlag nicht nehmen lassen, die Ergebnisse der Recherchen nun auch in vollem Umfang der Öffentlichkeit vorzulegen. Ob Friedrich Zweigelt damit zu einer Persönlichkeit wird, die die Geschichte Österreichs im 20. Jahrhundert in einem facettenreicheren Licht erscheinen lässt, steht nicht im Ermessen des Verfassers, so sehr dies zu wünschen wäre. Es wäre aber nicht wenig gewonnen, wenn die oftmals hitzig geführte Debatte über das Für und Wider einer Rebsorte namens Zweigelt auf einer sachlicheren Basis geführt würde als bislang.

Sollte es dazu kommen, dann hätten auch alle jene daran Anteil, die den Verfasser bei seinen Recherchen mit Rat und Tat unterstützt haben: Karl Vocelka und seine Frau Michaela (Wien), Oliver Rathkolb (Wien), Ernst Langthaler (Linz), der vormalige Direktor der HBLA Josef Weiss (Weidling) und sein Nachfolger Reinhard Eder (Klosterneuburg), Magdalena Rauscher (Wien) sowie der Urenkel Friedrich Zweigelts Thomas Leithner (Langenlois).

Ungemein zuvorkommend waren auch die Mitarbeiter der Bibliothek der HBLA Klosterneuburg, des Österreichischen Staatsarchivs, insbesondere Stefan Mach, des Stadt- und Landesarchivs Wien sowie des Dokumentationsarchivs des österreichischen Widerstands (DÖW). Dank gilt auch Sabine Muth und ihren Mitarbeitern in der Bibliothek der Hochschule Geisenheim University, Monika Kaule in der Stadtbibliothek Diez an der Lahn sowie den Mitarbeitern des Bundesarchivs in Berlin und der Deutschen Nationalbibliothek (DNB) Leipzig.

Der größte Dank aber neben dem Österreichischen Weinmarketing (ÖWM) gilt Waltraud Moritz und Martin Zellhofer vom Böhlau Verlag Wien sowie Kirsti Doepner und Julia Beenken in der Kölner Dependance des Verlages. Der damalige Geschäftsführer des ÖWM Wilhelm Klinger hatte im Sommer 2018 die Initiative ergriffen und den Verfasser für das Vorhaben gewonnen, nach vielen Jahren des dröhnenden Schweigens und zum Teil wissentlicher Desinformation ein möglichst umfassendes Lebensbild Zweigelts zu entwerfen. Sein Nachfolger Chris Yorke hat die Drucklegung des Buches tatkräftig unterstützt. Voilà.

Limburg an der Lahn, im Juni 2022

Klosterneuburg b. Wien.
Regierungsrat Dr. Fritz Zweigelt, der bekannte Weinbauwissenschaftler der Höheren Bundeslehranstalt und Bundesversuchsstation für Wein-, Obst- und Gartenbau in Klosterneuburg bei Wien, hat kürzlich seinen 50. Geburtstag gefeiert. Regierungsrat Dr. Zweigelt ist auch den Lesern des „Deutschen Weinbau" als geschätzter Mitarbeiter gut bekannt. Aus seinem umfangreichen Arbeitsgebiet hat er besonders die Forschungen auf dem Gebiete der Hybriden und der Marktkrankheit der Reben in letzter Zeit gefördert und über diese Fragen zahlreiche Veröffentlichungen herausgegeben, die von der Weinbauwissenschaft

Reg.-Rat Dr. Zweigelt
Klosterneuburg Aufn.: Dünges

aller europäischen Weinbaustaaten mit größter Aufmerksamkeit beachtet wurden und viel Neues auf diesem Gebiet brachten. Unzählige Abhandlungen voll tiefschürfenden Wissens stammen aus seiner Feder und unterbauten den Ruf Dr. Zweigelts als eines vielbewanderten Wissenschaftlers auf den vielseitigen Gebieten der Pflanzenanatomie, angewandten und theoretischen Entomologie, Biologie und Phänologie, der Rebenzüchtung unter besonderer Berücksichtigung der Direktträgerfrage. Nicht unerwähnt soll hier auch das Wirken von Dr. Zweigelt als Schriftleiter des österreichischen Weinfachblattes „Weinland" bleiben. Der fesselnde Vortrag von Regierungsrat Dr. Zweigelt auf der diesjährigen Ersten Reichstagung des deutschen Weinbaues in Heilbronn über: „Die Aufgaben der Rebenzüchtung" ist in unseren Fachkreisen noch in bester Erinnerung und bei der großen Produktivität Dr. Zweigelts ist von ihm noch viel Anregendes und Befruchtendes für den Weinbau zu erwarten. Wir wünschen Regierungsrat Dr. Zweigelt anläßlich seines vollendeten fünften Lebensjahrzehntes auch weiterhin viel Schaffensfreude und ein recht erfolgreiches Wirken nicht nur im Dienst des österreichischen Weinbaues, sondern auch zum Nutzen der gesamten Weinbauwissenschaft.

2 »Geschätzter Mitarbeiter«: Personalie aus Anlass des 50. Geburtstag Zweigelts am 13. Januar 1938 in der Zeitschrift »Der Deutsche Weinbau«.

Anstelle einer Einleitung

Man schrieb das Frühjahr 1937. »Der weit über die Grenzen Österreichs bekannte Weinfachmann und Wissenschaftler, Regierungsrat Dr. Zweigelt, Klosterneuburg bei Wien, feierte dieser Tage sein 25jähriges Dienstjubiläum«, war am 7. Februar in der Zeitschrift *Der Deutsche Weinbau* zu lesen. Personal-Nachrichten dieser Art waren in der auflagenstärksten Fachzeitschrift des deutschen Sprachraums nicht ungewöhnlich. Warum zwischen einem Geburtstagsgruß an den rheinhessischen Weingutsbesitzer Oberstleutnant Liebrecht und einem Porträt des Vorsitzenden des Weinbauwirtschaftsverbandes Hessen-Nassau, des bewährten Nationalsozialisten Adam Albert, nicht auch einen weithin bekannten Weinfachmann aus Österreich loben?

»Dr. Zweigelt hat sich während seiner Tätigkeit große Verdienste um den Weinbau erworben. Seine Arbeiten über Rebenzüchtungen, das Gallenlaus-Problem (sic), über die Direktträgerfrage und Schädlingsbekämpfung und besonders auch in letzter Zeit seine Arbeiten über die Mark-Krankheit erlangten besondere Bedeutung. Auch durch seine Tätigkeit als Hauptschriftleiter an (sic) der Zeitschrift ›Das Weinland‹ hat er als Weinfachschriftleiter einen guten Ruf erlangt. Darüber hinaus hatte er im vergangenen Jahr den Ersten Mitteleuropäischen Weinkongress in Wien als Generalsekretär erfolgreich mitorganisiert. Wir wünschen unserem Kollegen in Österreich noch lange Jahre segensreichen Wirkens«, hieß es in eher ungelenkem und zudem leicht gönnerhaftem Ton in der Zeitschrift, die seit 1933 von eingefleischten Nationalsozialisten redigiert wurde.[8]

In der in Wien verlegten Zeitschrift *Das Weinland* wurde der Jubilar ungleich ausführlicher gewürdigt – auch und vielleicht gerade, weil jeder Artikel von Zweigelt selbst in das von ihm gegründete »Publikationsorgan für Önologie der Höheren Bundeslehranstalt und Bundesversuchsstation für Wein-, Obst- und Gartenbau« in Klosterneuburg bei Wien eingerückt wurde. So ist es auch kein Zufall, dass Zweigelts sechs Jahre älterer Freund Albert Stummer das Wirken des 1888 in der Steiermark und damit als »Grenzlanddeutscher«[9] geborenen Naturwissenschaftlers ausgiebig würdigen durfte.[10] Auf nahezu zwei Seiten ließ Stummer, Absolvent von Klosterneuburg aus k. k.-Zeiten und Direktor der Obst- und Weinbauschule im seit 1918 tschechoslowakischen Nikolsburg (Mikulov), das Wirken seines Weggefährten Revue passieren[11] – und ergänzte die Aufzählung von Zweigelts Erfolgen um eine kleine Charakterstudie: »Als Lehrer an der Klosterneuburger Schule begeistert er seine Hörer; die Einführung in die Natur gilt

15 St 21.246/45

An die

Oberstaatsanwaltschaft

<u>W i e n</u>

B e r i c h t
der Staatsanwaltschaft Wien
über den Anfall der Strafsache
gegen Dr.Friedrich Zweigelt,
Oberregierungsrat und Direktor der
Weinbauschule Klosterneuburg,Dozent
an der Hochschule für Bodenkultur in
Wien,in Klosterneuburg,Kierlingerstr.10
wohnhaft,wegen Verdachtes des Verbr.des
Hochverrates im Sinne des § 11 des Verb.Ges.
des Verbrechens der Kriegshetzerei nach § 2
Kriegs.Verb.Ges.und des Verbr.der Denunziation
nach § 7 Kriegsverbrechergesetz.

Die Polizeidirektion Wien,Staats-
polizeireferat XI,hat am 25.Oktober 1945 unter Einlieferung des Angezeigten in das Ge-
fangenhaus des Landesgerichtes für Strafsachen Wien Anzeige erstattet gegen

Dr. Friedrich Zweigelt,am 13.1.1888
in Hitzendorf bei Graz geboren,nach Klosterneuburg zust,Oberregierungsrat und Direktor
der Weinbauschule in Klosterneuburg,seit
31.5.1945 in Haft.

Gegen Dr. Friedrich Zweigelt werden
folgende Anschuldigungen vorgebracht:

Er habe der NSDAP seit 1. Mai 1933
und der NSBO seit 1936 ununterbrochen angehört besitze eine Mitgliedsnummer von ungefähr 1,600.000 und habe sich in einer seiner
Reden selbst als illegalen Kämpfer bezeichnet.
In Verbindung mit seiner Betätigung für die
NSDAP habe er Handlungen aus besonders verwerflicher Gesinnung dadurch begangen,dass er
nach der Annexion Österreichs im Jahre 1938
als kommissarischer Leiter der Weinbauschule

Klosterneuburg im Wege der Denunziation eine grössere Anzahl von
ehemaligen Angestellten dieser Anstalt, die ihm politisch missliebig
waren, aus der Anstalt entfernt habe.

Wie aus den anlässlich der beim Angezeigten vorgenommenen
Hausdurchsuchung beschlagnahmten Konzepten seiner Reden, die er bei
politischen Anlässen vor den Professoren und Schülern der Weinbauschule Klosterneuburg gehalten hat, hervorgeht, sei Dr. Zweigelt ein
überzeugter Verfechter nationalsozialistischen Gedankengutes und
habe in extremer Ansicht durch Mittel der Propaganda die Ansicht
vertreten, dass der Krieg im Interesse des Volkswohles gelegen sei.

Ich habe gegen Dr. Friedrich Zweigelt die Voruntersuchung
wegen §§ 11 (10) Verbotsgesetz und §§ 2,7 Kriegsverbrechergesetz
sowie die Verhängung der vorgeschriebenen Untersuchungshaft bean-
tragt und werde über das Ergebnis berichten.

Staatsanwaltschaft Wien,
am 27.10.1945.
Mit der Leitung betraut:

Wird dem

Zahl 1801/45

Staatsamt für Justiz

in W i e n,

zur gefälligen Kenntnisnahme vorgelegt.

Oberstaatsanwaltschaft Wien,
am 13. November 1945.
Mit der Leitung betraut:

Österr. 7/60.
Zweigelt 4. gew.

3 Hochverrat, Kriegshetzerei, Denunziation: Bericht der Staatsanwaltschaft an die Oberstaatsanwaltschaft Wien vom 27. Oktober 1945.

ihm mehr als bloße Wissensvermittlung. Daß auch die Musen an seiner Wiege Pate standen, darf nicht unerwähnt bleiben, denn was auf dem Gebiet der Malerei, der Dichtkunst und der Musik bescheidentlich verbirgt, geht beträchtlich über das Dilettantische hinaus«, ließ Stummer die Leser der Zeitschrift wissen. Und: »Dr. Zweigelt ist ein Gesellschaftsmensch im besten Sinne des Wortes, ein zündender Redner, ein schlagfertiger Debatter (sic) von treffendem Witz, dabei ein guter und hilfsbereiter Mensch, im vertrauten Kreise fröhlich und harmlos wie ein Kind; alle Herzen fliegen ihm zu.«[12]

Das Lob, das ein Jahr vor der Annexion Österreichs durch Nazi-Deutschland und damit noch in der »Systemzeit« verfasst worden war, schadete Zweigelt nicht. Schon im März 1938 machten ihn die neuen Machthaber zum kommissarischen Leiter der Klosterneuburger Anstalt. Die Verdienste Zweigelts wurden nicht einmal durch das Ende des Tausendjährigen Reiches entwertet: 1947 fand sich Stummers Jubiläumsartikel in einem Konvolut von Dokumenten wieder, mit dem die Oberstaatsanwaltschaft Wien Bundespräsident Karl Renner (SPÖ) davon überzeugen wollte, die beim Volksgericht Wien anhängige Anklage wegen Hochverrats auf dem Gnadenweg niederzuschlagen.[13] Sollten das wiedererstandene Österreich und sein noch immer notleidender Weinbau etwa auf die Dienste eines derart verdienten Mannes verzichten? Die Antwort konnte nur lauten: Nein. Renner stellte das Volksgerichtsverfahren gegen den vormaligen Professor und Direktor der Bundeslehranstalt mit Datum vom 10. Juli 1948 ein.

Was war geschehen? Im Juli 1945 war gegen Zweigelt ein Haftbefehl ausgestellt worden, ein Jahr später sollte er wegen Hochverrats angeklagt werden. Als wäre Stummer ein Prophet gewesen, so enthielt sein Artikel einen Hinweis, der nicht nun den ungewöhnlichen Werdegang des Wissenschaftlers in ein helles Licht tauchte, sondern der rückblickend als Schlüssel zum Verständnis der vorausliegenden Jahre taugt: »Ein rühriger Geist faßt überall Fuß« – so hatte es Stummer 1937 Johann Wolfgang Goethes »Dichtung und Wahrheit« abgelauscht und auf seinen Freund Zweigelt gemünzt.[14]

In der Tat hatte der promovierte Biologe, kaum 24 Jahre alt, von 1912 an in Klosterneuburg schnell Fuß gefasst und sich in den zwanziger Jahren als Weinbaufachmann einen Namen wie wenige andere gemacht – und das inmitten aller Katastrophen und Krisen, von denen Gesellschaft und Staat, aber auch Wirtschaft und Weinbau in den Kriegs- und Nachkriegsjahren heimgesucht wurden. Die »Systemzeit«, die 1934 anbrach, ließ Zweigelt an der »hohen Mission« der am 1. März 1860 eröffneten Klosterneuburger Anstalt[15] nicht irrewerden: es gelte »im Vorwärtsschreiten und in emsiger Arbeit ihre Weltgeltung zu erhalten«.[16]

Im März 1938 Fuß zu fassen, fiel ihm umso leichter, als seine kühnsten Träume wahr geworden zu sein schienen. Die Annexion Österreichs durch Nazi-Deutschland und die Rehabilitation Klosterneuburgs als ältester Forschungs- und Lehranstalt deutscher Zunge auf dem Gebiet des Wein- und Obstbaus waren für ihn zwei Seiten derselben Medaille. Zweigelt war zutiefst davon überzeugt, dass die »Kulturmission nach dem Südostraum«, in der der Anstalt »vor allem auch als Träger deutscher Kultur und Wissenschaft«[17] eine wichtige Funktion zukam, nun einen »noch tieferen Sinn« erhalte.[18] »Die politische Reinigung muss eine restlose werden. Sie ist die Grundlage dafür, dass die Anstalt ihrer hohen Mission nach dem Südostraum gerecht werden kann.«[19]

Dass sich Zweigelts hochfliegende Erwartungen als trügerisch erweisen sollten, obwohl er alles daransetzte, um Klosterneuburg zu einer »nationalsozialistischen Hochburg«[20] zu machen, dass Zweigelts wissenschaftliche Laufbahn 1945 zu Ende war und er zeitlebens den Verlust des einzigen Sohnes im Krieg nicht überwand, auch das gilt es im Folgenden *sine ira et studio* zu erzählen. Und nicht zuletzt auch, dass die Erinnerung an diesen außergewöhnlichen Mann im Namen einer Rebsorte weiterlebt, deren wirtschaftliche Bedeutung schon lange die aller anderen roten Rebsorten in Österreich übertrifft.

1888 – 1912: Zweigelts Wurzeln

Über Kindheit und Jugend Friedrich Zweigelts wie auch über seine akademische Ausbildung liegen so gut wie keine Informationen von dritter Seite vor.[21] Das im Jahr 1938 abgelegte Bekenntnis, er habe schon in Kindertagen eine »streng nationale« Erziehung erfahren und sei »schon in jungen Jahren zum Kampfe gegen die Uebergriffe des Klerikalismus erzogen worden«,[22] ist ob seiner politischen Erwünschtheit daher mit Vorsicht zu behandeln. Andererseits: Die vorhandenen Quellen sprechen gegen diesen Selbstentwurf nicht.

Geboren worden war Friedrich Zweigelt am 13. Januar 1888 in Hitzendorf, einem einige hundert Seelen umfassenden Dorf unweit der steirischen Hauptstadt Graz.[23] Seine Eltern waren deutscher Muttersprache, was in dem ältesten erhaltenen, noch handgeschriebenen Lebenslauf aus dem Jahr 1912 einer Erwähnung wert war.[24] So stammte Franz Xaver Zweigelt, der Vater, aus der im nordböhmischen Sudentenland gelegenen Stadt Schönlinde (Krásná Lípá), wo er am 13. Juni 1860 in die Familie eines Zwirnerzeugers hineingeboren worden war. 1883 war Franz Xaver Zweigelt in das Herzogtum Steiermark versetzt worden. Dabei tauschte er das Leben in dem einen »Grenzland« – Engelsdorf (seit 1946: Andelka) im Bezirk Friedland (heute Bezirk Reichenberg/Liberec) – gegen das Leben in einem anderen Grenzland.

Die Steiermark: ein deutsches Grenzland

In Hitzendorf heiratete Franz Xaver Zweigelt am 12. September 1886 die vier Jahre jüngere Antonie Kotyza.[25] Obwohl die Gattin in Fürstenfeld in der Oststeiermark geboren worden war, war auch sie kein Landeskind. Ihr Vater, Franz Kotyza, war wie ihre Mutter Antonie in Senftenberg geboren worden. Sollte es sich um Senftenberg in der Lausitz handeln (wofür der sorbische Familienname spräche), stammte die Familie seiner Frau ebenfalls aus einem Grenzland. Geographisch näher läge indes Senftenberg bei Krems (NÖ). Wie dem auch sei. Seinen Schwiegervater hat Franz Xaver Zweigelt nie kennengelernt. Der Fürstenfelder »Tabaksfabrikbeamte« war schon 1871 verstorben. Zweigelts Schwiegermutter starb wenige Monate nach der Hochzeit in Graz.[26] Friedrich, gut eineinhalb Jahre nach der Eheschließung geboren, blieb der einzige Sohn der Eheleute Zweigelt. Eine jüngere Schwester sollte ihn überleben.

Lebten die Eltern von Franz Xaver und Antonia Zweigelt fern ihrer Heimat, so war ihnen eines geblieben. Beide waren katholisch. Auch Friedrich wurde getauft,[27] wie alle Vorfahren väterlicher- und mütterlicherseits. Als Katholik beenden wollte er sein Leben nicht. 1940 gab er an, »gottgläubig r. k.« zu sein,[28] im Oktober 1945 bezeichnete er sich während einer Vernehmung durch die Staatspolizei als »evangelisch A. B.«.[29]

Glaubt man den Angaben in einem maschinenschriftlichen Lebenslauf, der nach der Besatzung Österreichs durch die Nationalsozialisten im Jahr 1938 abgefasst wurde, dann hatte Fritz Zweigelt nie eine innere Bindung an die katholische Kirche entwickelt. Er sei, so ließ er nach dem Ende des austrofaschistischen Dollfuss-Schuschnigg-Regimes wissen, von seinem »streng fortschrittlichen und antiklerikalen aus dem Sudetengebiet stammenden Volksschullehrers und späteren Direktors Franz Zweigelt schon in jungen Jahren zum Kampfe gegen die Übergriffe des Klerikalismus erzogen worden«.[30] Hinzugekommen sei eine »streng nationale Erziehung durch den Vater, die sowohl im Gymnasium wie auf der Hochschule ihre Fortsetzung und Vollendung erfuhr«.[31]

Über die fachliche Ausrichtung wie den beruflichen Aufstieg seines aus dem Sudetenland stammenden Vaters hat Friedrich Zweigelt der Nachwelt nur wenige Informationen hinterlassen. Franz Xaver war Volksschullehrer und beendete seine berufliche Laufbahn als Schuldirektor. Die materiellen Verhältnisse dürften es erlaubt haben, dass Friedrich in Graz das k. k. II. Staatsgymnasium besuchen und anschließend an der 1827 wiedererrichteten k. k. Universität der steirischen Herzogsstadt ein naturwissenschaftlich ausgerichtetes Lehramtsstudium aufnehmen konnte.

Friedrichs Neigung zu den Naturwissenschaften hatte sich schon früh bemerkbar gemacht. 1912 hielt er in seinem Lebenslauf fest, seine von der frühesten gymnasialen Zeit an gepflegte Beschäftigung mit dem Studium der Insektenwelt habe ihn veranlasst, schon frühzeitig Sammlungen anzulegen und zoologische Studien zu betreiben.[32] Die Matura bestand Zweigelt nach fünf Klassen Volksschule und acht Klassen Gymnasium im Jahr 1907, natürlich »mit Auszeichnung«. Näheres ist über seine Schulzeit nicht bekannt – außer, dass er die französische Sprache »für lit. Gebrauch« beherrschen gelernt hatte.[33] Diese im deutschsprachigen Raum seltene Fertigkeit sollte es ihm von den zwanziger Jahren an ermöglichen, die önologischen Debatten in Deutschland und Frankreich wie in der französischen Schweiz[34] zu verfolgen und persönliche Kontakte über viele Sprachgrenzen hinweg zu knüpfen.

Zweigelt rezensierte in der *Allgemeinen Wein-Zeitung* wie in *Das Weinland* nicht nur in großem Umfang französische wie auch italienische Fachliteratur.

4 Zweigelts Wirkungsstätte: Das botanische Versuchslaboratorium in der HBLA Klosterneuburg, vor 1930.

Auf dem internationalen Weinbaukongress im italienischen Conegliano, auf dem im Jahr 1927 Fachleute aus ganz Europa erbittert über die Rolle der Direktträger (Ertragshybriden) stritten, referierte der Österreicher in französischer Sprache.[35]

Als weiterer Abschluss nach dem Studium der Zoologie und der Botanik verzeichnet der Standesausweis die Erlangung des Grades Dr. phil. – was Zweigelt zum 1. Oktober 1910 im Alter von 23 Jahre den Weg auf eine Assistentenstelle am Pflanzenphysiologischen Institut der Universität Graz ebnete.[36] Am 15. Juli 1911 wurde ihm der Doktortitel »per majora mit Auszeichnung« zuerkannt. Ursprünglich hatte Zweigelt eine zoologische Dissertation verfassen wollen, in der seine Leidenschaft für Insekten Ausdruck finden sollte – hatte er doch schon seit vielen Jahren Schmetterlinge gesammelt. Doch eine Spezialisierung in Zoologie sei, wie er 1964 in einem Rückblick auf sein Leben und Werk äußerte, in Graz nicht möglich gewesen. Also schrieb Zweigelt eine botanische Arbeit über »Die vergleichende Anatomie etlicher Unterfamilien der Liliaceen«.[37]

Zweigelt hielt es nicht lange in der Heimat. Ende 1911 bewarb sich der junge Steirer mit sudetendeutschen Wurzeln um eine Anstellung an der 1860 gegründeten und seither mehrfach umgestalteten k. k. Höhere Lehranstalt für Wein- und Obstbau in Klosterneuburg bei Wien. Zu diesem Zweck konnte der junge Wissenschaftler mit einer Empfehlung des Grazer Universitätsprofessors für systematische Botanik, Dr. Karl Fritsch, aufwarten.[38] Dieser wiederum war ein Kollege von Professor Karl Linsbauer, der in Graz Pflanzenphysiologie lehrte.[39] Dessen Bruder Dr. Ludwig Linsbauer wiederum lebte in Klosterneuburg, wo er 1906 Professor für Botanik und Pflanzenkrankheiten geworden war. Auf diesem Weg gelangte der Hinweis auf eine vakante Assistentenstelle in die Steiermark.

Diese alles entscheidende Nachricht erreichte ihn, so erinnerte sich Zweigelt im Jahr 1964, am Heiligen Abend des Jahres 1911.[40] Gut zwei Monate später, am 1. März 1912, trat der »sehr gut wissenschaftlich befähigte«[41] Steirer als Assistent »in provisorischer Eigenschaft« auf einer seit September 1911 unbesetzten Stelle am Botanischen Versuchs-Laboratorium und Laboratorium für Pflanzenkrankheiten am oenologisch-pomologischen Institut der Klosterneuburger Lehranstalt seinen Dienst an. Zweigelt war gerade 24 Jahre alt.[42]

Für völkisches Gedankengut empfänglich

Ob bei seiner Vermittlung von der Steiermark nach Niederösterreich noch andere Überlegungen als fachliche eine Rolle spielten, geben die überlieferten Akten nicht preis. Weltanschaulich verortete sich Zweigelt im Frühjahr 1938 und damit wiederum rückblickend auf der politischen Rechten. Gegenüber den neuen Machthabern behauptete er, er habe sich als »Mitglied des Deutschen Schulvereines, der Südmark und der Nordmark« betätigt, »andererseits aber auch im Kampfe gegen den Einfluss des Klerikalismus«.[43]

Worin dieser Kampf bestanden haben soll und mit welchen Mitteln er ausgefochten wurde, geben die vorliegenden Akten nicht preis. Aufhorchen lässt seine Behauptung, er habe sich im »Verein Südmark« betätigt – also in einer Organisation, die sich seit dem ausgehenden 19. Jahrhundert aus einer dezidiert völkischen Haltung heraus den Schutz und die Stärkung des Grenz- und Auslandsdeutschtums auf die Fahnen geschrieben hatte.[44] In diesem Kontext gewinnt auch Zweigelts Selbsteinschätzung als »Antiklerikaler« eine gewisse Plausibilität. Folgt man einer 1940 veröffentlichten Geschichte der »Südmark«, dann war es vor 1914 in der Steiermark zu heftigen Auseinandersetzungen zwischen »Christsozialen« und »klerikalen Kreisen« einerseits und Repräsentanten der »Südmark« andererseits gekommen, die sich bis dahin »eindeutig aus Anhängern der eindeutig nationalen Parteien« zusammensetzten.[45] Im Hintergrund standen offenkundig nicht nur Bestrebungen, den Einfluss der »Christsozialen« über ihre angestammte Heimat Niederösterreich hinaus bis in die Steiermark auszudehnen. Auch die Besiedlungspolitik der »Südmark« in der zweisprachigen Untersteiermark wurde anscheinend zunehmend argwöhnisch beobachtet, erfolgte diese doch vornehmlich mit »Evangelischen«. Ob Zweigelt zu den »völkischen Studenten« gehörte, die 1909 eine Versammlung sprengten, mit der versucht werden sollte, sich der Grazer Ortsgruppe »Innere Stadt« zu bemächtigen, wie es 1940 hieß, ist nicht zu ermitteln.[46] In sein Selbstbild passte eine Aktion dieser Art indes durchaus.

Und wie schon 1938 zum Beweis seiner Gesinnung, so führte er 1945 seine Gesinnung als Entlastungsargument ein, er sei Mitglied des »Deutschen naturwissenschaftlichen Vereines beider Hochschulen in Graz« gewesen und noch immer »Alter Herr« dieses Vereins. Die Absicht, die Zweigelt mit diesem Hinweis verband, war offensichtlich: »Ich war immer grossdeutsch eingestellt und blieb dies auch bis zum Jahr 1938,« hieß es rückblickend, und: »Der Gedanke eines grossdeutschen Reiches hatte auf mich verlockend gewirkt, und meine Einstellung als Sozialist war schon lange vor meinem Eintritt in die N.S.D.A.P. gegeben.«[47]

Alles in allem dürfte es daher plausibel sein, dass Zweigelt sich nicht nur ex post zu einem nationalbewussten Grenzdeutschen stilisierte, sondern vielleicht schon im Elternhaus, spätestens als junger Mann für völkisches Gedankengut empfänglich war. Unstrittig ist aber auch das: Antisemitische Auslassungen oder auch nur Zwischentöne, wie sie damals vor allem bei den Christsozialen verbreitet waren und nach dem Stand der historiographischen Forschung die »gemeinsame Geschäftsgrundlage« des Politischen Katholizismus war, lassen sich in den ältesten Quellenschichten nicht nachweisen.[48] Und: Gleich wie Zweigelt völkisch-national und antiklerikal eingestellt gewesen sein wollte, so zog es ihn nicht zum Militär. In seinem handgeschriebenen Lebenslauf vom Januar 1912 hieß es lakonisch, er sei für den Waffendienst »als untauglich erklärt« worden.[49] Welcher Art diese »Untauglichkeit« war, lässt sich den Quellen nicht entnehmen.

1912 – 1938: Zweigelts Mission

Am 5. März 1913 und damit gut ein Jahr nach dem Beginn seiner Tätigkeit in Klosterneuburg wurde Zweigelt in das Staatsdienstverhältnis übernommen. Der Festanstellung folgte im Abstand weniger Monate die Hochzeit mit Friederike Maria Hochmuth, einer Grazerin.[50] Drei Jahre später ging aus der Ehe von Fritz und »Fritzi«, wie die Gattin genannt wurde, ein Sohn hervor. Geschwister sollte Rudolf Zweigelt nicht mehr bekommen – und, wie so viele seiner Generation, den Zweiten Weltkrieg nicht überleben. Geboren am 9. September 1916, fiel Friedrich Zweigelts »einziger, hoffnungsvoll begabter Sohn« am 16. Oktober 1944 in Ostpreußen.[51]

Hinsichtlich der persönlichen Verhältnisse wie auch der beruflichen Entwicklungen während der Kriegs- und Nachkriegsjahre liegen ebenfalls nur wenige Schilderungen von dritter Seite vor. Überdies sind sie im Abstand von mehreren Jahrzehnten verfasst worden, was zusammen mit ihrer Gattung ihre Unschärfe erklärt. Der Klosterneuburger Direktor Artur Bretschneider[52] etwa schrieb am 2. Mai 1931 in seinem Votum zur Begründung der Verleihung des Titels »Regierungsrat«, Zweigelt habe in Klosterneuburg von Beginn an »eine umfassende weit über den Rahmen seines statutenmäßigen Aufgabenkreises hinausgehende wissenschaftliche Tätigkeit« entfaltet.[53] Diese habe »nicht nur ihn alsbald zu einer weit über die Grenzen Österreichs bekannten und anerkannten Autorität auf den einschlägigen Gebieten«[54] gemacht, sondern auch »wesentlich zum Ansehen und zum Rufe der Anstalt selbst beigetragen«.[55] Zudem habe Zweigelt wiederholt Angebote aus dem Ausland abgelehnt, »obwohl dieselben nach jeder Hinsicht günstigere Bedingungen boten, als seine Stellung an der Anstalt bietet«.[56] 1938 wird Zweigelt über sich behaupten, er habe »schon in der illegalen Zeit« nach Berlin gehen können. Dies aber habe er »abgelehnt, denn ich wollte den Kampf hier durchstehen und mein Klosterneuburg, an dessen Gestaltung ich seit 26 Jahre mitarbeite, aufbauen«.[57]

Ein Feuergeist

Nach übereinstimmenden Berichten war Ludwig Linsbauer für seinen jungen Assistenten eine prägende Figur. Der Vorstand des Klosterneuburger botanischen Instituts und Zweigelt »ergänzten sich beide auf das glücklichste«, hielt Albert Stummer im Jahr 1958 aus Anlass des 70. Geburtstages seines langjährigen

5 »Den Kampf hier durchstehen«: Direktionskanzlei und Sprechzimmer des Direktors der HBLA Klosterneuburg, vor 1930.

Weggefährten fest.[58] »War der eine mehr botanisch gerichtet, so hatte der andere das Reich der Insekten als sein Arbeitsgebiet erkoren. Solche Art war die beiden Hauptrichtungen der Phytopathologie zu einer glücklichen Synthese vereint.«[59]

Eine andere Facette steuerte aus demselben Anlass ein Altersgenosse Zweigelts bei, der ihn seit den zwanziger Jahren durch alle Höhen und Tiefen hindurch unterstützt hatte: Ministerialrat Franz Wobisch, der langjährige Referent für Wein-, Obst- und Gartenbau im Wiener Landwirtschaftsministerium, dem seit den späten zwanziger Jahren die Aufsicht über die Klosterneuburger Anstalt oblag.[60] In Klosterneuburg habe Zweigelt kaum 24-jährig das »Glück« gehabt, »in Professor Linsbauer, dem späteren Direktor der Anstalt, einen als Wissenschaftler wie als Mensch hochstehenden Mann, einen geradezu idealen Chef zu bekommen, der, Zweigelts Fähigkeiten erkennend, sich seines Assistenten väterlich annahm, ihn förderte und – was bei einem Feuergeist wie Zweigelt notwendig war – ihn leitete«.[61]

Die ausführlichste Schilderung der frühen Jahre Zweigelts in Klosterneuburg stammt aus der Feder des »Feuergeistes« selbst – allerdings niedergelegt im zeitlichen Abstand von fast fünfzig Jahren. In jener Rede, die Zweigelt 1963 und damit wenige Monate vor seinem Tod zum Dank für die Verleihung der Karl-Escherich-Medaille hielt, schilderte er den Beginn seiner Tätigkeit in Klosterneuburg mit den Worten, das Arbeiten damals habe ihm die »schönsten Jahre seines Lebens« beschert.[62] Konkret bezog er diese Aussage auf die Beschäftigung mit zwei Arbeitsgebieten, »die mich das ganze Leben verfolgen sollten und die schließlich in der Herausgabe zweier Bücher ihre Krönung fanden: das Maikäferproblem und das Blattlausgallenproblem«.[63] Tatsächlich sollte 1928 eine mehrere hundert Seiten umfassende Studie über die Verbreitung der Maikäfer erscheinen.[64] Drei Jahre später folgte eine ebenfalls recht umfangreiche Studie über die Reaktion von Pflanzen auf saugende Insekten, eben jene »Blattlausgallen«.[65]

Mit önologischen Fragestellungen jenseits der Krankheiten der Rebe kam Zweigelt demnach in seinen ersten Jahren in Klosterneuburg nicht in Berührung. Stattdessen hielt er während des Krieges Vorträge über Themen aus dem Bereich der Botanik und der Zoologie, und das vor zahlreichen wissenschaftlichen Gesellschaften in ganz Österreich.[66] Auch zwei bedeutende Veröffentlichungen fielen in die ersten Jahre seiner Tätigkeit in der »altberühmten Klosterneuburger Weinbauschule«.[67] 1916 erschien eine längere Abhandlung über »Reblausgallen«, 1918 ließ er seine Untersuchung über die »Maikäferverhältnisse in Niederösterreich« als Sonderdruck aus der *Allgemeinen Wein-Zeitung* vervielfältigen.[68] Parallel zu seiner wissenschaftlichen Arbeit unterrichtete Zweigelt während des Krieges in der Anstalt die Fächer Mathematik, Physik und Meteorologie. Gleich-

Separatabdruck aus der „Österreichischen botanischen Zeitschrift", Jahrg. 1913, Nr. 8/9, S. 313 ff.

Was sind die Phyllokladien der Asparageen?

(Kritische Bemerkungen zu G. Danĕk, Morphologische und anatomische Studien über die Ruscus-, Danaë- und Semele-Phyllokladien.)

Von Dr. **Fritz Zweigelt** (Botanisches Laboratorium der Höheren Lehranstalt für Wein- und Obstbau in Klosterneuburg).

(Mit 15 Textabbildungen.)

Einleitung.

Wer aufmerksam die Literatur über dieses unstrittig schwierige Thema verfolgt hat, wird sich des Eindruckes nicht erwehren können, daß im Kampfe um die Erkenntnis der wahren Natur der Asparageen-Phyllokladien die Phyllom- und Caulomtheoretiker einander deshalb so schroff gegenüberstehen, weil die einen vornehmlich als Morphologen, die anderen als Anatomen ihre Auffassungen verteidigen und weniger Einzeltatsachen in Diskussion stehen als vielmehr die Frage, ob der Morphologie oder der Anatomie das Recht der Entscheidung zukomme. Während so Velenovský[1]) und Danĕk[2]) der äußeren Morphologie das Wort reden, haben Bernátsky[3]) und Szafer[4]) vor allem anatomische Momente ins Treffen geführt und auch ich[5]) habe in meiner vergleichenden Anatomie, soweit ich zu dem Thema Stellung nehmen mußte, in erster Linie anatomische Merkmale verwendet. Der unmittelbare Anlaß zu den hier niedergelegten Gedanken über das Verhältnis zwischen Morphologie und Anatomie sind Stellen in Danĕks Abhandlung, die eine völlige Verkennung der Tatsachen dokumentieren. Danĕk sagt unter anderem, daß in allen Fragen morphologischer und pflanzensystematischer Natur die Morphologie das ausschließliche Recht der Entscheidung hätte, und daß die Anatomie erst zweitlinig, jedoch nie

[1]) Velenovský J., Zur Deutung der Phyllokladien der Asparageen (Beihefte zum Botan. Zentralbl., XV., 1903, p. 257).
[2]) Danĕk G., Morphologische und anatomische Studien über die *Ruscus-*, *Danaë-* und *Semele*-Phyllokladien. (Beihefte z. Botan. Zentralbl., Bd. XXIX, Abt. I, p. 357 ff.)
[3]) Bernátsky J., Das *Ruscus*-Phyllokladium. Bot. Jahrb. f. System., XXXIV., p. 161.
[4]) Szafer W., Zur Kenntnis des Assimilationsorgane von *Danaë racemosa* Mönch. (Österr. bot. Zeitschr., LX., Juli 1910, p. 254).
[5]) Zweigelt F., Vergleichende Anatomie der *Asparagoideae*, *Ophiopogonoideae*, *Aletroideae*, *Luzuriagoideae* und *Smilacoideae*, nebst Bemerkungen über die Beziehungen zwischen *Ophiopogonoideae* und *Dracaenoideae*. (Denkschr. d. k. Akad. d. Wissenschaften, Wien, Mathem.-naturw. Klasse, Bd. LXXXVIII, 1912.)

1

6 Von Haus aus Entomologe: Titelseite eines Aufsatzes aus dem Jahr 1913.

zeitig stand er als Lehrer für die Fächer Mathematik und Physik im Dienst des Privat-Mädchen-Lyceums in Klosterneuburg.[69] 1912 und 1913 hatte man ihn sogar auch noch als Lehrer für Botanik, Pflanzenkrankheiten, Physik und Geographie in Gartenbauschule Klosterneuburg erleben können.

1916 hatte sich Zweigelt dem »Österreichischen Entomologenverein« angeschlossen. Im Kreis »meiner Liebhaberentomologen mit ihrer Aufgeschlossenheit für die Schönheit der Natur und ihrer naiven Freude am Sammeln«, so hieß es Jahre später, habe er »herrliche Abende« verbracht.[70] An dem Gelingen der Zusammenkünfte der Insektenkundler hatte Zweigelt keinen geringen Anteil: »Durch zwei Jahre hatte ich in der zweiten Hälfte des 1. Weltkriegs jedes Mal rucksackweise Pferdefleisch in die Vereinsabende gebracht, dass damals nur in Klosterneuburg erhältlich war. Der Jubel war jedes Mal unbeschreiblich.«[71]

Eine neue Aufgabe

Nach dem Krieg war vor dem Krieg – jedenfalls in wissenschaftlicher Hinsicht. Zum 1. Oktober 1918 übernahm Zweigelt die Schriftleitung der *Zeitschrift des Österreichischen Entomologen-Vereins*. Dass die vertraute Welt um ihn herum zusammenbrach, hielt ihn nicht davon ab, ein ehrgeiziges Arbeitsprogramm einschließlich des Aufbaus eines Literaturreferats zu entwerfen.[72] Seine wissenschaftliche Laufbahn schien noch klarere Konturen anzunehmen, als er 1921 als Nachfolger seines Lehrers Ludwig Linsbauer, der zum 1. Januar jenes Jahres als Nachfolger Wenzel Seiferts Direktor geworden war, die Dozentur für angewandte Entomologie und Phytopathologie an der Klosterneuburger Lehranstalt übernahm. Doch auch dabei sollte es nicht bleiben. Im selben Jahr wurde ihm eine Aufgabe anvertraut, die seinem Leben für die kommenden 35 Jahre eine neue Richtung geben sollte.

Noch vor dem Krieg hatte Linsbauer im Einklang mit der Entwicklung in allen weinbautreibenden Ländern in Europa auf die Bedeutung der planmäßigen Rebenzüchtung für die Umstellung auch des österreichischen Weinbaus auf Pfropfreben hingewiesen. Unterstützer im politischen Raum fand Linsbauer für den Aufbau einer eigenen österreichischen Rebenzüchtung nicht.[73] Nach dem Kriegsende 1918 griff der damalige niederösterreichische Landesweinbaudirektor Ferdinand Reckendorfer die Anregung auf und wollte in Krems an der Donau eine Landes-Rebenzüchtungsstation einrichten. Zweigelt war als deren Leiter ausersehen. Wie dieser 1936 schrieb, machten »politische Veränderungen« den Plan zunichte.

1921 war Zweigelt am Ziel. Das Bundesministerium für Land- und Forstwirtschaft gründete in Klosterneuburg eine Rebenzüchtungsstation, die nun
aber auch für das gesamte Land zuständig sein sollte. Die Leitung wurde mit
Erlass vom 7. Februar Linsbauer übertragen.[74] Doch nicht er, sondern dessen
Mitarbeiter Zweigelt sowie Demonstrator R. Reiter wurden umgehend auf eine
Studienreise nach Süddeutschland geschickt, um sich dort kundig zu machen,
was für den Aufbau und die Arbeitsweise der Station alles zu beachten sei.[75] Linsbauer begriff schnell, dass er mit der wissenschaftlichen und praktischen Leitung
dieser Einrichtung in jeder Hinsicht überfordert wäre und bat den zuständigen
Fachreferenten Franz Kober um Entpflichtung.[76] Mit Wirkung zum 26. November 1921 hieß der Leiter der ersten staatlichen Rebenzüchtungsstation in der jungen Ersten Republik Oberinspektor Dr. Fritz Zweigelt.[77]

Nach dem Untergang der Habsburgermonarchie stand Österreich, wie Zweigelt rückblickend immer wieder mit einem Unterton des Bedauerns feststellte,
auf dem Gebiet der Rebenzüchtung ganz am Anfang – anders als etwa Frankreich
und Deutschland. Dort reichten die wissenschaftlichen Arbeiten der Rebenveredelungsstation der Lehr- und Forschungsanstalt in Geisenheim (Rheingau) bis
in das Jahr 1879 und damit in die Zeit unmittelbar nach dem Auftreten der Reblaus in Deutschland zurück.[78] Aber auch andere weinbautreibende Länder, allen
voran Bayern und die Großherzogtümer Baden und Rheinhessen, hatten seither
eigene Rebenzuchtanstalten ins Leben gerufen.[79] In Österreich hingegen war der
eigentliche Begründer der Tradition Klosterneuburgs als Forschungsanstalt, der
Leiter der chemisch-physiologischen Versuchsstation Prof. Leonhard Roesler,
1902 in den Ruhestand getreten. In der Folge war önologische Forschung lange
vor dem Untergang der k. k. Monarchie zugunsten des Lehrbetriebes weitgehend
eingestellt worden.[80] Kurz: »Oesterreich ist also spät in die Reihen der Staaten
getreten, die die Hebung des Weinbaues nicht bloß durch wirtschaftspolitische
Maßnahmen, sondern vor allem durch züchterische Verbesserungen der Rebsorten anstreben.«[81]

Nun, in den ersten Jahren der jungen Republik war es zuvörderst eine Frage
der Zweckmäßigkeit, sich von den Forschungen in Deutschland, etwa in Geisenheim,[82] und den anderen deutschen Rebenzüchtungseinrichtungen wie denen
in Alzey,[83] Würzburg oder Naumburg a.d. Saale[84] nicht abhängig zu machen. Zu
unterschiedlich, so der allgemeine Tenor in Österreich, sei die Ausgangslage.[85]
Die in Deutschland dominanten Edelrebsorten, allen voran die Weißweinsorten
Riesling und Silvaner, spielten in Österreich kaum eine Rolle, während umgekehrt die weiße Leitrebsorte Österreichs, der Grüne Veltliner, in Deutschland
keine Bedeutung hatte. Außerdem stellten die österreichischen Weinbaugebiete

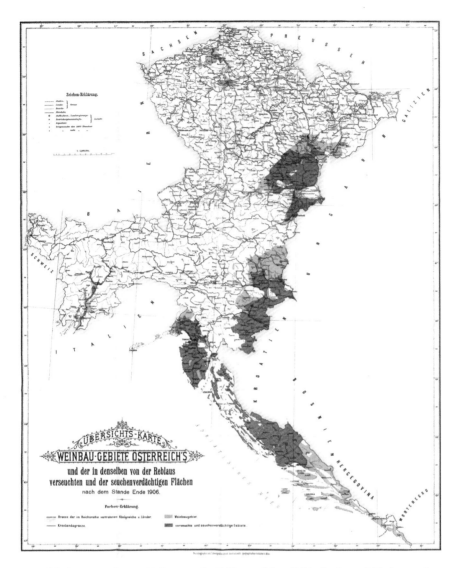

7 Großflächig verseucht: Die Verbreitung der Reblaus auf dem Gebiet der österreichisch-ungarischen Doppelmonarchie im Jahr 1904.

aufgrund des Klimas und der Böden andere Ansprüche an die Reben als die Rebflächen am Rhein, an der Mosel oder in Franken. Gleichzeitig war Gefahr im Verzug. Anders als etwa das Küstenland oder weite Teile Ungarns hatte die Reblaus die wenigen Qualitätsweinbaugebiete des jungen Staates nicht großflächig verseucht. Also bestand noch Hoffnung, den Weinbau nach und nach auf Pfropfreben umstellen zu können. Kurz: Der Aufbau einer leistungsfähigen Rebenzüchtung in und für Österreich war zu einer Überlebensfrage geworden.

Doch nicht nur das. Für Zweigelt war es nach dem Zusammenbruch des Habsburgerreiches auch eine Frage der Ehre, sich als kleines Land deutscher Sprache gegenüber dem großen Deutschland zu behaupten. Klosterneuburg, wiewohl eine kleine Einrichtung, sollte da keine Ausnahme machen. Seit 1921 wurde Zweigelt nicht müde zu betonen, seine kleine Anstalt stehe in einem »edlen Wettstreit« mit Geisenheim – und sei doch die ältere der beiden.[86]

St. Laurent × Blaufränkisch

Zweigelt fackelte nicht lange. Um sich und seine Aufgabe bekannt zu machen, bereiste er alle österreichischen Weinbaugebiete und hielt Aufklärungsvorträge.[87] Dabei verteilte er Zuchtmarken oder bunte Bänder, um die Weinbauern nach Gemeinden getrennt dazu zu bewegen, Rebstöcke nach einem von ihm entwickelten Schema zu markieren. Auf dem Weg dieser »in der von Deutschland mustergültig gezeigten Auslesezüchtung«[88] sollten über mehrere Jahre hinweg die in Hinsicht auf Qualität und Ertrag aussichtsreichsten Stöcke selektioniert werden.[89] Diese sollten dann in einem zweiten Schritt auf dem Weg des Klonens vermehrt werden und – auf entsprechend angepasste Unterlagsreben[90] gepfropft – die Grundlage für einen Neubeginn im österreichischen Weinbau bilden.[91]

Ganz uneigennützig waren die Reisen Zweigelts nicht. Im Bundesministerium für Land- und Forstwirtschaft tauchten 1922 regelmäßig Eingaben auf, in denen Ortsgruppen von Weinbauern unter Hinweis auf die mangelnde Konkurrenzfähigkeit des österreichischen Weinbaus inständig darum baten, die staatliche Rebenzuchtstation doch auf das tatkräftigste zu unterstützen.[92]

In Klosterneuburg selbst beschritt Zweigelt – begleitet von einem 1922 ins Leben gerufenen Rebenzüchtungsausschuss[93] – neben der Auslesezüchtung einen zweiten Weg. Im Laufe der vergangenen Jahre sei man gezwungen gewesen, »zu Kreuzungen bezw. Selbstungen überzugehen«, ließ er seine Leser im Jahr 1927 wissen.[94] »Tatsache ist, dass keine der hierzulande gebräuchlichen Sorten in jeder Hinsicht befriedigt; entweder lässt der Ertrag zu wünschen übrig, oder – das

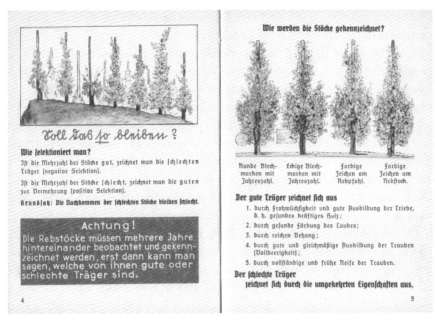

8 »Soll das so bleiben?« Anleitung zur Rebenselektion in einer Aufklärungsschrift des Reichsnährstands, o.J. (ca. 1936).

gilt besonders für die feineren Sorten – die Trauben reifen zu spät oder die Blü-
tempfindlichkeit und auch die Fäulnisempfindlichkeit bedrohen alljährlich den
Ertrag.«[95] Daher habe er zur Ertrags- wie Qualitätssteigerung der Rotweine alle
heimischen blauen Sorten systematisch untereinander gekreuzt.

Selbstredend waren darunter auch Kreuzungen von St. Laurent und Blaufränkisch, wobei die erste Sorte in einer gedruckten Zusammenstellung der Klosterneuburger Züchtungen (Stand Herbst 1924) mal als Vater und mal als Mutter aufgeführt wurde: Die Züchtung ex 1922 mit der Nummer 12 war Blaufränkisch ×
St. Laurent, die Zuchtziele waren Frühreife und Qualität. Unter der Nummer 71
verzeichnete die Schrift eine Kreuzung von St. Laurent als Muttersorte mit Blaufränkisch als Vater. Die Zuchtziele waren dieselben.[96]

1924 waren aus neun Samen der Kreuzung Nummer 12 drei Pflanzen hervorgegangen, bei der Kreuzung Nummer 71 hatten sich aus 65 Samen 19 Pflanzen
entwickelt. Was aus diesen beiden Züchtungen jemals werden würde, war ebenso
wenig absehbar, wie dass sich vielleicht eines Tages irgendeine andere der mehr
als 300 Züchtungen als anbauwürdig erweisen würde.[97] Drei Jahre später waren
es in Klosterneuburg, Obersulz und Krems schon 602.[98] Ein Ende der Versuchstätigkeit war nicht abzusehen, denn es war unmöglich, zu diesem frühen Sta-

St. Laurent × Blaufränkisch | **33**

dium vorherzusagen, wie viele dieser Pflanzen überhaupt überlebensfähig waren und welche Eigenschaften sie am Ende haben würden.

Ein erheblicher Teil war, wie zu erwarten, schon in den ersten Jahren eingegangen. Was bis zum Jahr 1926 überlebt hatte, war außer in Klosterneuburg auch in den Zuchtgärten in Langenlois (ausschließlich Kreuzungen und Selbstungen von heimischen Edelsorten) und im Versuchsweingarten der niederösterreichischen Landes-Wein- und Obstbauschule in Krems (ausschließlich Kreuzungen von heimischen Edelsorten mit alten Direktträgern oder Unterträgerreben) ausgepflanzt worden. Zuvor waren die Jungpflanzen ein Jahr lang in der Versuchsanlage Landersdorf rebschulmäßig behandelt, i. e. »ins Freie verschult« worden.[99] Die Kreuzung St. Laurent × Blaufränkisch mit der Zuchtnummer 71 stand demnach außer in Klosterneuburg selbst auch in Langenlois.

Ob sie jemals einen brauchbaren Wein liefern würde, konnte sich erst nach mehreren Jahren, wenn nicht Jahrzehnten zeigen. Franz Voboril, der Paul Steingruber als Mitarbeiter Zweigelts in der Rebenzüchtungsstation nachgefolgt war, klang immerhin im Jahr 1936 recht zuversichtlich: »Die Kreuzung St. Laurent × Blaufränkisch hat einige Sämlinge geliefert, die großbeerig, sehr reichtragend sind, nicht zu spät reifen und trotz der St.-Laurent-Form in der Traube (dichtbeerig) ein schönes Blaufränkischbukett besitzen.«[100] Es dürfte sich bei dieser Beschreibung um die erste und damit älteste Charakterisierung der späteren Zweigelttraube handeln – allerdings auch um die für viele Jahre letzte.

In den folgenden Jahren finden sich im *Weinland* keine weiteren Einzelheiten über den Fortgang der Rebenzüchtung in Klosterneuburg. Zweigelt sollte zwar bis zur Einstellung »seiner« Zeitschrift unermüdlich publizieren, aber nicht über die Entwicklung der Rebenzuchtstation. 1938 etwa schrieb er allgemein »Von der Auslesezüchtung«, ging aber auf die Besonderheiten Klosterneuburgs nicht ein. 1943 wiederum rückte er eine Tabelle in den Aufsatz *Die Vitalität bei Selbstungen* ein, in der für das aktuelle Jahr ein Bestand an 42 Pflanzen der Zuchtnummer 71 St. Laurent × Blaufränkisch verzeichnet ist – mehr aber auch nicht.[101] Auch sein Assistent Voboril richtete die schriftstellerische Aufmerksamkeit eher auf allgemeinere Fragen wie die »Verfallsbilder der Weinberge auf amerikanischer Unterlage«[102] in der Ostmark als auf das Fortkommen von Sämlingen unter der Zuchtnummer 71. Keine Unterstützung für ihre Arbeit konnten die Klosterneuburger Rebenzüchter aus der Tschechoslowakei erwarten. Zweigelt und seine Mitarbeiter in Österreich auf der einen und Albert Stummer sowie Franz Frimmel in Südmähren auf der anderen Seite gingen in der Rebenzüchtung von *Vitis vinifera* schon immer getrennte Wege, was daran deutlich wird, dass Klosterneuburger Sämlinge nicht in der Tschechoslowakei ausgepflanzt wurden und um-

9 »Die Unvollkommenheit
der Sorten selbst überwinden«:
Zuchtgarten mit Direktträgern in
Krems (oben) und mit Edelsorten
in Langenlois (unten), um 1930.

gekehrt. Obwohl Blaufränkisch im Süden der Tschechoslowakei recht verbreitet war, war diese Rebsorte zu Versuchszwecken nur mit Portugieser gekreuzt worden. St. Laurent spielte im Rebsortiment Südmährens keine Rolle.[103]

Pro und Contra

Die staatliche Rebenzüchtung in Klosterneuburg war indes nicht allein mit der Maßgabe ins Leben gerufen worden, für neue beziehungsweise bessere Keltertrauben für Weinbauregionen Sorge zu tragen, in denen der Qualitätsweinbau vorherrschte. Durch neue Züchtungen hoffte man auch, neue Tafeltraubensorten zu gewinnen, um auf diese Weise die Abhängigkeit von Einfuhren zu verringern, vor allem aus Italien. Eine nicht unerhebliche Rolle bei den Überlegungen, wie die Lage des Weinbaus insgesamt verbessert werden könnte, spielte aber drittens die Frage, wie es um die Zukunft des Weinbaus in den Regionen beschaffen sein könne, in denen nicht die Erzeugung von Qualitätswein im Vordergrund stand, sondern der Weinbau im Nebenerwerb oder in Lagen betrieben wurde, die für die Erzeugung von Qualitätswein nicht geeignet waren.

Seit der Mitte des 19. Jahrhunderts waren als Reaktion auf die aus Nordamerika nach Europa eingeschleppten Rebschädlinge Echter Mehltau (*Oidium Tuckeri Berk.*), der Reblaus (*Dactylosphaera vitifolii Shimer*) und Falscher Mehltau (*Plasmopara viticola Berl. & de Toni*), denen die von der Edlen Weinrebe (*vitis vinifera*) abstammenden »Europäerreben« nichts entgegenzusetzen hatten, immer wieder auch »amerikanische« Reben nach Europa verbracht und versuchsweise ausgepflanzt worden. Der Vorteil dieser Pflanzen der Gattung *vitis* war, dass sie dank ihrer »amerikanischen« Gene gegen die amerikanischen Schädlinge immun oder weitgehend resistent waren oder zumindest erschienen. Ihr Anbau, so die Hoffnung, könnte die Bewirtschaftungskosten im Vergleich zu der Verwendung von wurzelechten oder auf reblaustoleranten Unterlagen veredelten Europäerreben erheblich senken, weil der finanzielle und zeitliche Aufwand für die Schädlingsbekämpfung im Vergleich kaum ins Gewicht fiel.

Vor diesem Hintergrund hatten sich ausgangs des 19. Jahrhunderts in mehreren Wellen von Frankreich ausgehend im gesamten südosteuropäischen Raum, aber auch im Elsass wie in der Pfalz und Baden[104] nach den reinen Amerikanerreben auch Kreuzungen aus Europäer und Amerikanerreben verbreitet, sogenannte Ertragshybriden oder *hybrides producteurs directs*. Von diesen hoffte man, dass sie im Idealfall die Resistenz der amerikanischen Sorten mit der Qualität der Europäerreben kombinierten.

Der Weltkrieg hatte diesen Trend noch verstärkt – ohne dass die Anbauwürdigkeit der neuen Pflanzen in Abwägung aller Vor- und Nachteile hinlänglich hätte geklärt werden können.[105] Unter den meisten Weinbaufachleuten waren diese Reben von Beginn an auf starke Vorbehalte gestoßen. Denn wenn überhaupt, dann lieferten sie nur Weine von minderer Qualität. Die meisten Moste waren ebenso reich an Säure wie an Alkohol. Außerdem besaßen die Weine einen zumeist als äußerst unangenehmen Geschmack, der in der Literatur schon früh als wenig ansprechender »Fuchston« beschrieben wurde. Die Begrifflichkeit ging auf das englische »foxy« zurück. Gemeint war eine süßlich-aufdringliche Fruchtnote, die manche an Beerenfrüchte erinnerte, andere eher an Katzenurin. Einigen Reben, vor allem der weitverbreiteten Noah-Rebe, sagte man auch hier und da gesundheitsschädliche Wirkungen nach.[106]

Diese durchwachsene Bilanz war aber kein Grund, auf Ertragshybriden herabzuschauen. Denn überall in Europa verbot es sich, nur auf Spitzenweine und große Weingüter zu setzen. Gab es nicht auch Millionen Bauern in Europa, die Weinbau im Nebenerwerb betrieben und sich mit Amerikanerreben zufriedengeben wollten, da sie ihnen die Kosten für die Schädlingsbekämpfung ersparten und einigermaßen sichere Erträge garantierten, und sei es nur als Haustrunk? Doch auch Weinhändler waren schnell auf den Geschmack gekommen, wenngleich nur im übertragenen Sinn. Sie schätzten Hybridenweine als Verschnittware.

Ganz anders die Sicht der Verfechter des Qualitätsweinbaus wie Zweigelt und Stummer. Sie sahen die Gefahr, dass der Weinbau sich in Flächen ausdehnen könnte, die für andere landwirtschaftliche Produkte geeignet waren. Damit geriete, so die Erwägung, der Weinbau in direkte Konkurrenz mit anderen Ackerkulturen, etwa dem Getreideanbau. Gleichzeitig, so ihr zweites Argument, stieg mit dem Anbau von Hybriden das Risiko einer Überproduktion – und das in einer Zeit, in der das Angebot die Nachfrage ohnehin seit langem überstieg und sich eher die Frage stellte, ob nicht die Rebfläche überall in Europa eher verringert werden müsse, um auf diesen Weg den Preisdruck auch auf Qualitätswein zu verringern. Objektiv nicht von der Hand zu weisen war auch die Gefahr, dass die Ertragshybriden als Wirtspflanzen der Reblaus deren Verbreitung auch dort begünstigten, wo sie die Weinberge noch nicht befallen hatten.

Sei es, wie es sei: Zu Beginn der 1920er Jahre war es noch keineswegs ausgemacht, dass man auf dem Weg der Rebenzüchtung nicht manche Nachteile der Direktträger eliminieren und Pflanzen züchten könnte, die für »Massenerträge in minderen Weinbergslagen« gut sein könnten. Zweigelt und sein erster Mitarbeiter Paul Steingruber, der 1923 an der Rebenzüchtungsstation angestellt worden war,[107] kreuzten daher nicht nur europäische Edelreben untereinander, sondern auch Hybriden oder Direktträger mit Edelreben sowie untereinander: »Tatsache ist, dass wir alle Anstrengungen machen müssen, brauchbare Direktträger zu gewinnen, weil die wirtschaftliche Lage des Weinbaues namentlich in minderen Lagen dies erheischt«, schrieb Zweigelt im Jahr 1925.[108] Flankiert wurden diese Aktivitäten, die bald auch Mostanalysen von Hybridenweinen nach sich ziehen sollten,[109] durch zahlreiche Reisen und Vorträge, bei denen Zweigelt seinen Zuhörern klarzumachen versuchte, dass die Rebenzüchtung »nicht nur eine der wichtigsten Fragen des modernen Weinbaues« sei, sondern »nach dem Urteile eines Führers (!, D. D.) im deutschen Weinbaus, das Um und Auf, d i e Frage des Weinbaues«.[110]

Der Pate

Gleichzeitig entfaltete Zweigelt, der mittlerweile den Titel Oberinspektor trug, eine umfangreiche schriftstellerische Tätigkeit, vor allem in der *Allgemeinen Wein-Zeitung*, in deren Schriftleitung er in seiner Eigenschaft als Leiter der Bundesrebenzüchtung 1923 berufen worden war.[111] Ein Jahr zuvor war in Österreich ein Ausschuss für Rebenzüchtung ins Leben gerufen worden, der mit Fachleuten und Fachbeamten besetzt war. Zweigelt diente diesem Gremium als Geschäftsführer, was ihn nicht nur als treibende, sondern auch als steuernde Kraft erscheinen ließ.[112] Einige Jahre später stand Zweigelt auch Pate bei der Gründung des »Verbands der Rebenzüchter Österreichs« – mehr noch, er wurde auch gleich dessen Geschäftsführer.[113] Dieser Verband diente insofern der Sicherung der Ergebnisse der Selektionsarbeiten, als ihm die Führung eines Registers aufgetragen wurde, in dem »die wertvollsten Selektionen in Klonenvermehrung als Hochzuchten eingetragen« wurden, »um so zur Verbreitung der besten Klone im Lande zu gelangen«.[114]

Selbstredend wurde Zweigelt auch Mitglied des Österreichischen Weinbauausschusses, der sich – wohl ebenfalls auf sein Betreiben hin – am 16. Februar 1928 im Bundeslandwirtschaftsministerium konstituierte und ihn zu seinem Sekretär bestimmte. Dieser Ausschuss sollte ein Forum sein, das alle maßgeblichen Akteure auf dem Feld des Weinbaus, der Weinbaupolitik und der Weinwirtschaft zusammenbrachte, um den zunehmenden Krisenphänomenen im nationalen wie internationalen Weinbau Lösungen entgegenzusetzen. Es lag daher nur nahe, Zweigelt 1930 als Vertreter Österreichs in den Ständigen Ausschuss des Internationalen Weinamtes (OIV) in Paris zu entsenden – zumal er des Französischen in Wort und Schrift mächtig war.[115]

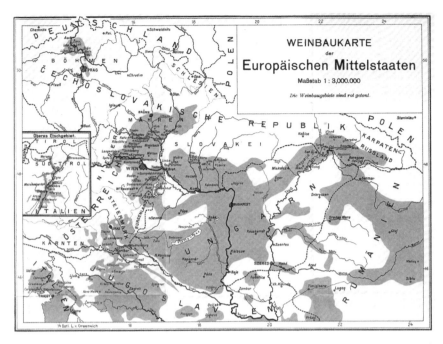

10 Nach dem Ende des langen 19. Jahrhunderts: Weinbau in den europäischen Mittelstaaten (1924).

Zweigelt machte sich in der Ersten Republik aber nicht nur als Leiter der staatlichen Rebenzüchtung unentbehrlich. 1925 übernahm er in Klosterneuburg auch die Leitung der Abteilung für angewandte Entomologie. Nach und nach wurde der ebenso fleißige wie ehrgeizige Biologe zu dem wichtigsten und einflussreichsten Weinbaufachmann Österreichs. Dabei kam ihm zugute, dass er auch die Entwicklungen in den führenden Weinbauländern Frankreich und Deutschland besser einschätzen konnte als jeder andere österreichische Zeitgenosse. Seit seiner Berufung zum Leiter der Rebenzüchtung hatte Zweigelt alles darangesetzt, den Kontakt mit den vielen Klosterneuburger Absolventen zu halten, die nun in den neuen mittel- und osteuropäischen Staaten bis nach Bulgarien und Russland Verantwortung für den Weinbau trugen. 1928 beispielsweise konnte er zwecks »Studium der Sortenfrage im allgemeinen, der Direktträgerfrage im besonderen« die interessantesten Teile des südmährischen Weinbaus kennenlernen. Immer aber richtete sich Zweigelts Blick auch nach Westen. Schon 1921 unternahm er zur Vorbereitung auf die Übernahme der Leitung der neuen Bundes-Rebenzüchtungsstation zusammen mit dem späteren Landesweinbaudirektor der Steiermark Reiter eine Studienreise nach Deutschland. Dort wollte er »gesamtdeutschen Weinbau«[116] kennenlernen und Kontakte mit den zumeist in staatlichen

Diensten stehenden Männern knüpfen, die sich mit den Fragen der Rebenselektion und der Neuzüchtung von Edel- und Unterlagsreben beschäftigten.

Nicht nur für Zweigelt selbst, auch für die deutschen Kollegen sollte sich der Kontakt mit dem jungen und ambitionierten Österreicher bald bezahlt machen. 1923 hatte die Hyperinflation in Deutschland nicht nur den Außenwert der Mark ins Bodenlose stürzen lassen, sondern auch die Kaufkraft der Bevölkerung. Auch die Beamtengehälter wurden von Monat zu Monat wertloser. Überdies hatten die Franzosen im Zuge der Ruhrkrise einen erheblichen Teil der Weinfachbeamten aus dem besetzten Rheinland in unbesetzte Gebiete ausgewiesen, wo sie zum Teil für mehr als ein Jahr auf die Hilfe von Verwandten und Freunden angewiesen waren.

Zweigelt erkannte die Chance, die sich ihm bot. Er organisierte eine »Kollegenhilfe«, wie sie in der Geschichte des Weinbaus bis heute ohne Beispiel ist. Am 10. Oktober 1923 – und damit einen Monat vor der Währungsreform – lancierte er den Hilferuf in der *Allgemeinen Wein-Zeitung* mit den Worten »Elend geht es dem deutschen Volke«.[117] Er wollte Geldspenden sammeln, um zunächst den »angewandten Botanikern« die sich in Deutschland mit Wein- und Obstbau und verwandten Disziplinen befassten, später aber auch allen Botanikern dort Nahrungsmittelpakete kaufen und zukommen lassen zu können.[118]

Der Leiter der österreichischen Rebenzüchtung schlug dramatische Töne an, um die Herzen potentieller Spender zu erweichen: »Wer die Deutschen im Reiche kennt, ihre Verschlossenheit, ihr ruhiges, würdevolles Ertragen, der mag ermessen, wenn Rufe herübertönen: Wir gehen zugrunde, uns fehlt jede Möglichkeit, Frau und Kind zu ernähren, zu kleiden.[119] Ganz und gar altruistisch war Zweigelts Reaktion nicht. »Was danken wir doch alles dem deutschen Reiche und seiner gelehrten Welt im Weinbau und Kellerwirtschaft! Alljährlich wandern Absolventen von Klosterneuburg und anderen Fachschulen nach Deutschland, um sich in Weinbau und Kellerwirtschaft zu vervollkommnen, die Methoden von dort nach Österreich zu verpflanzen«, gab er zu bedenken.[120] Nun galt es nur noch, seine Landsleute wachzurütteln: »Rechten wir nicht darüber, wer mehr oder Besseres leistet, wir oder die Kollegen im Deutschen Reiche, halten wir uns als ganze, denn es geht ums Ganze. Geht die deutsche Fachwelt zu Grunde, dann wird der Rückschlag auf unsere Verhältnisse nicht ausbleiben.«[121]

Der Aufruf verfehlte seine Wirkung nicht, zumal Zweigelt den Ernst der Sache mit einer Auflistung der Spendenbeträge unterstrich, mit denen er und mehrere Klosterneuburger Kollegen den Anfang machten. Abgewickelt wurde die Aktion über den »Bund der Reichsdeutschen in Österreich« mit Sitz in Wien, der es übernommen hatte, Lebensmittelpakete in das unbesetzte Gebiet des Deutschen

11 Zweigelt, der jüngste Schriftleiter: Titelblatt der in Klosterneuburg redigierten »Allgemeinen Wein-Zeitung« im Jahr 1923.

Reiches zu schicken. Schon im ersten Heft des Jahres 1924 zog der Initiator der Hilfsaktion in einem von »Schriftleitung und Verlag« unterzeichneten Leitartikel eine erste Bilanz: »Die Kollegenhilfsaktion für die notleidenden deutschen Kollegen hat in den weitesten Kreisen des In- und Auslandes das nachhaltigste Echo erweckt. Das Band, das sich seit je um die deutschen und österreichischen Weinbauern und deren Führer geschlungen hat, ist um so fester geworden, der heimische Weinbau wird aus der engen fachlichen Zusammenarbeit in Hinkunft den größten Nutzen ziehen.«[122]

In Deutschland war das Echo auf die Solidaritätsaktion der österreichischen Kollegen überwältigend. So lassen sich jedenfalls zahlreiche Dankesbriefe interpretieren, die sich in dem Dokumentenkonvolut erhalten haben, das irgendwann nach 1945 von wem auch immer im Keller der Klosterneuburger Anstalt deponiert wurde. Die Briefe aus Deutschland lassen nicht nur keinen Zweifel daran, dass Zweigelt die treibende Kraft hinter der Kollegenhilfe war. Sie dokumentieren auch, wie er, der unbekannte Österreicher, die Chance beim Schopf packte, sich als junger, hilfsbereiter Kollege in ganz Deutschland bekannt zu machen. Tatsächlich knüpfte Zweigelt innerhalb weniger Monate ein Netz an Kontakten, von dem er in den kommenden Jahrzehnten profitieren sollte. Dankesbriefe erreichten ihn etwa von seinen Kollegen Carl Börner und Hugo Thiem aus der Zweigstelle Naumburg an der Saale der in Müncheberg/Mark ansässigen Biologischen Reichsanstalt für Land- und Forstwirtschaft, von dem Leiter der bayerischen Hauptstelle für Rebenzüchtung in Würzburg, August Ziegler, dem Leiter der Rebenzuchtstation der Biologischen Reichsanstalt in Bernkastel, Hermann Zillig, und dem von den Franzosen aus dem Rheinland ausgewiesenen Direktor der Staatlichen Domänen-Weinbau und Kellereidirektion in Eltville, Rudolf Gareis, oder dem Direktor der Weinbauschule im württembergischen Weinsberg, Professor Richard Meissner.[123]

Fritz Stellwaag, der Direktor der Staatlichen Lehr- und Versuchsanstalt für Wein- und Obstbau in Neustadt a. d. Haardt (heute an der Weinstraße) kündigte in seinem Dankesschreiben denn auch gleich die Übersendung eines Aufsatzes über die Bekämpfung des Heu- und Sauerwurmes an und fuhr fort: »Sehr gerne würde ich mit denjenigen Kollegen, die in Oesterreich, Ungarn, in der Tschechoslowakei und in Jugoslawien über Rebschädlinge und deren Bekämpfung arbeite, in Schriftentausch treten, da wir die auswaertige Literatur nur spärlich haben. Welche Anstalten und welche Kollegen kommen dabei in Betracht?«[124] Wer sollte über Kenntnisse dieser Art verfügen, wenn nicht Zweigelt?

So war es auch zumeist Zweigelt, der als Abgesandter seines Landes zugegen war, wenn auf Kongressen des Deutschen Weinbauverbands oder anderen Ver-

Allgemeine
Wein-Zeitung

Wien I. Schaufflergasse 6
Telephon 18.977
Schriftleitung:
Klosterneuburg
Feldgasse 7a

Kollegenhilfe:

Bisheriger Paketversand:

Name:	Zahl	Pakettype:	Preis:
Kramer	2	VI	288.000
Thiem	1	VI	144.000
Seeliger	1	VI	144.000
Zillig	1	VI	144.000
Ziegler	1	VI	144.000
Börner	1	VI	144.000
Blunck	1	VI	144.000
Speyer Naumburg	1	VI	144.000
C.v.d Heide	2	VI	288.000
Blümm Würzburg	1	VI	144.000
Gareis Kötzing	1	VI	144.000
Veitshöchheim			
Direktion	1	VI	144.000
Schäfer	3	VI	432.000
Meissner	1	VI	144.000

Kollegenhilfe:

Hitschmann --------- 200.000 K /////// -- bezahlt.
Kober ------------- 50.000 K
Redkendorfer ------ 200.000 K ----- (bezahlt)
Linsbauer --------- 50.000 K --- (bezahlt)
Stefl ------------- 50.000 K --- (bezahlt)
Kloss ------------- 50.000 K--------(bezahlt)
Haid -------------- 50.000 K---------(bezahlt)
Züderell ---------- 50.000 K--------(bezahlt)
Zweigelt ---------- 50.000 K (bezahlt)
Schömer ---------- 100.000 K   "
Wieser ------------ 10.000 K   "
Pasching --------- 200.000 K   "
Pfeifer ---------- 50.000 K   "
Reich ------------ 50.000 K (offen)----(bezahlt)
Mayr ------------- 50.000 K (bezahlt)
Emminger
Anton Bandl Vöslau-50.000 K (")
Oskar Weingarten --- 30.000 K (")
Moriz Jedlitschka-- 50.000 K (")
Oekonomierat
Zweifler Klaffenau-50.000 K (")
Unitas Sammlung ---- 76.000 K (")
Franz.Jachimowicz --- 50.000 K (")
Sebastian Emminger-25.000 K (")
Stummer Znaim ----- 121.000 K (")
Seif Franz -------- 144.000 K (")
Hietl Franz ------- 50.000 K (")
Johann KXXXXXX
Bauer Rust ------ 50.000 K (")
Kellereigenossenschaft
Gumpoldskirchen-- 100.000 K (")
Leonhard Techt Landes
rebenanlage Obegg-20.000 K (")
Hugo Frass von Frie-
denfeldt ------- 50.000 K (")
Sammlungsergebnis
Mutasoff Klostern-
neuburg(Bulgar,)
---------- 85.000 K (")
Klosterneuburger-
Studenten ------ 560.000 K (")
Sammlung Weinbau-
verein Maria-E-D
---------- 1,013.000 K (")
Kaserer Wien ------ 50.000 K (")
Blauensteiner ------ 10.000 K (")
Pürstinger -------- 50.000 K (() ")
Hartmann Rolf ----- 150.000 K (")
Molitor ----------- 40.800 K (")

Fortsetzung des
Paketversandes am 28.12

Morio Neustadt	1	VI	144.000
Dümmler Durlach	1	VI	144.000
Karl Müller Frei-			
burg Baden	1	VI	144.000
H.Zillig Trier	1	VI	144.000
Herzberg Trier	1	VI	144.000
Sander Naumburg	1	VI	144.000
Glasewald "	1	VI	144.000
Stellwaag			
Neustadt	1	VI	144.000
Koch Wiesbaden	1	VI	144.000

Fortsetzung des Spendenausweises
Dr Reisch --------- 50.000 K
Sammlung Lehrkörper
Klosterneuburg ---- 36.000 K
Schimhofer -------- 20.000
Weinbauverein
Guntramsdorf ------ 525.000
Zistersdorf ------- 100.000

12 Solidarität mit der deutschen Fachwelt: Aufstellung der Kollegenhilfe zum Ende des Jahres 1923.

anstaltungen wie der »Reichs-Ausstellung Deutscher Wein« (1925) aktuelle Probleme der Önologie wie der Weinbaupolitik verhandelt wurden.[125] Und noch 1963 sollte sich Zweigelt daran erinnern, wie europäisch-weitgespannt sein Netz bis 1945 gewesen war: In seinen Lebenserinnerungen, die er im Alter von 75 Jahren in Form eines Vortrages ausbreitete, nannte er die Namen »Bassermann, Jordan (sic), Ziegler, Muth, Wortmann, Kramer, Morio, Breider, Müller, Appel in Deutschland, Stachelin, Faes, Schellenberg, Husfeld, Sartorius, Dern, Willig, Scheu in der Schweiz, Stummer, Neoral in der ČSSR, Petri, Dalmasso, Provano, Cosmo in Italien, Turkovic, Smavc in Jugoslawien, Teodorescu in Rumänien, Mitschurin, Prinz in Rußland, Rives, Douarche, Barthe in Frankreich.«[126] Alles in allem dürfte es in der Zwischenkriegszeit in Europa kaum einen Weinbaufachmann gegeben haben, der über alle kulturellen und sprachlichen Grenzen hinweg über so viele wissenschaftliche Kontakte verfügte wie Friedrich Zweigelt.

Die hohe Mission

Welche Auswirkungen der Zusammenbruch der Habsburger-Monarchie und die politischen und gesellschaftlichen Umwälzungen der Nachkriegszeit auf Zweigelts Denken, Empfinden und Handeln gehabt haben, lässt sich nur schwer ermessen. Aus der unmittelbaren Nachkriegszeit wie auch aus ersten Jahren der Republik haben sich keine Aufzeichnungen oder Texte erhalten, die entsprechende Rückschlüsse auf sein Agieren zuließen. Auch in späteren Einlassungen kam Zweigelt nie direkt auf den Krieg der Jahre 1914–1918, auf das Ende der k. k. Monarchie oder auch auf den Verlust vieler ehemals habsburgischer Gebiete nach den Pariser Vorortverträgen an die neuen (und im Fall Italiens alten) Staaten im Norden, Osten und Süden des nunmehr kleinen Landes Südtirols zu sprechen.

So bleibt auch die Selbstaussage merkwürdig isoliert, dass er in Klosterneuburg vom ersten Tag an der »nationalen Erziehung« der Jugend mitgearbeitet habe, wie es einer kurzen Autobiografie hieß, die kurz nach der Annexion Österreichs durch Nazideutschland im März 1938 abgefasst sein muss.[127] Zum Beweis seiner Bestrebungen verwies er einzig auf den Umstand, dass er im Kriegssommer 1916 bei der Sonnwendfeier in Klosterneuburg die »Feuerrede« gehalten habe[128] – was ihn den Nationalsozialisten wohl als jenen in der Wolle gefärbten völkisch-nationalen, dezidiert antiklerikalen Kämpfer erscheinen lassen sollte, zu dem er sich 1938 des Öfteren stilisierte.

Jedoch spricht nicht viel dafür, dass die an der Donau seit der zweiten Hälfte des 19. Jahrhunderts weitverbreiteten, eher volksfestartigen Sonnwendfeiern mit

jenen neuheidnischen Ritualen gleichzusetzen waren, mit denen die Nationalsozialisten das »germanische« Erbe für ihre ideologischen Ziele fruchtbar zu
machen suchten. Indes dürften die Sonnwendfeiern der Kriegsjahre ein anderes
Gepräge angenommen haben als das eines Volksfestes – woran sich aber in Zweigelts Erinnerungen keine Spuren erhalten haben. Von weiteren Sonnwendfeiern
oder anderen Ritualen, in denen sich die »nationale« Erziehung hätte manifes-
tieren können, ist in seinen Darlegungen über das Leben in der Anstalt oder in
anderen Quellen nirgends die Rede.

Vor allem aber war Zweigelt nicht der einzige Klosterneuburger Wissenschaftler, der »national« eingestellt war. Zahlreiche Artikel aus der Feder seines Men-
tors Ludwig Linsbauer sind hinsichtlich des Sprachduktus' den Einlassungen
Zweigelts zum Verwechseln ähnlich.[129] 1939 sollte Zweigelt aus Anlass des
70. Geburtstages Linsbauers schreiben: »Sein Wesen war völlig der Weltanschauung des Nationalsozialismus zugewendet und sein mutiges Bekennertum zum
Deutschtum wie sein Verständnis für den kleinen Mann, sein Sozialismus um-
fassen das Geheimnis, daß ihm die Herzen aller, die mit ihm zu tun hatten, zu-
geflogen waren.«[130]

Für die Lehranstalt selbst zogen das Ende der Monarchie und die Grenzziehun-
gen in Mittel- und Südosteuropa des Jahres 1919 den tiefgreifendsten Einschnitt
seit ihrer Gründung im Jahr 1860 nach sich. Die Zeiten, in denen junge Männer
aus allen Teilen der Doppelmonarchie zur Ausbildung in die Nähe von Wien
geschickt wurden, waren unwiderruflich zu Ende. Klosterneuburg war nicht länger die zentrale Forschungs- und Lehranstalt für Mitteleuropa, deren Licht von
selbst bis weit nach Südosteuropa hinein ausstrahlte. Dieser existenzielle Verlust
scheint Zweigelt – und wohl nicht nur ihn – mehr umgetrieben zu haben als
der Zerfall der jahrhundertealten politischen Ordnung ringsum und die Nöte
der jungen Republik.[131]

1925 beschwor Zweigelt in einem Beitrag über den Gründer und ersten Direktor der Klosterneuburger Anstalt, den aus dem badischen Weinheim stammenden August Wilhelm Reichsfreiherr von Babo (1827–1894), die vormalige
Bedeutung seiner Wirkungsstätte so: »Damals war Klosterneuburg der geistige
Mittelpunkt für den österreichisch-ungarischen Weinbau, damals horchten nicht
nur die Wein- und Obstbauern der ehemaligen Großmacht Österreich-Ungarn
auf das, was Klosterneuburg sprach. Klosterneuburg's Name ... glänzte weit über
die Grenzen der Donaumonarchie hinaus, hier pulste ein kräftiges Herz des auf-
bauenden Arbeitswillens, und in den feinsten Adern des ganz Europa umspan-
nenden Organismus ›Moderner Weinbau‹ pochte im Gleichklang der Fortschritt
Klosterneuburgs.«[132]

Es lag auf der Linie dieser Bedeutungszuschreibung, dass Zweigelt als einer der vier Schriftleiter der *Allgemeinen Wein-Zeitung* (1923 bis 1929) und der von ihm allein verantworteten Nachfolgezeitschrift *Das Weinland* (1929 bis 1943) immer wieder auf diese »Mission« Klosterneuburgs zu sprechen kam. Eine Autosuggestion ohne Anhaltspunkte in der Wirklichkeit war diese Zielbestimmung nicht. Nicht nur, dass Österreich-Ungarn bis 1918 ein einheitlicher Wirtschaftsraum war und ein Großteil der Weinbaufachleute, die zwischen Nordböhmen und Bosnien, Vorarlberg und Bulgarien arbeiteten, in der Nähe von Wien ausgebildet worden waren. Linsbauer etwa erinnerte aus Anlass der Fünfzigjahrfeier Klosterneuburgs als Bundesanstalt im Jahr 1924 daran, dass in diesen fünf Jahrzehnten 80 Tschechoslowaken, 90 Jugoslawen, 126 Italiener, 20 Bulgaren, 26 Russen, 18 Reichsdeutsche, 2 Polen, 5 Türken, 15 Rumänen und 16 Angehörige anderer Nationen die Anstalt besucht hätten.[133] Viele von ihnen waren nun in ihren neuen Heimatländern aktiv. Klosterneuburg im Allgemeinen und der polyglotte Friedrich Zweigelt im Besonderen waren daher auch während der Ersten Republik der Mittelpunkt eines Netzes, das sich über den gesamten Raum erstreckte, der vormals von Wien aus beherrscht und dessen Wein- und Obstkultur von der Klosterneuburger Anstalt wesentlich geprägt worden war.[134]

Zweigelts Selbstbewusstsein speiste sich indes nicht nur aus der historischen und aktuellen Bedeutung Klosterneuburgs im Schnittpunkt von West- und Osteuropa einschließlich Italiens und des Balkans. Auch seine Funktion als Leiter der staatlichen Rebenzüchtung in Österreich half ihm dabei, zu einer der zentralen Figuren, wenn nicht zu dem wirkmächtigsten Akteur im österreichischen Weinbau der Zwischenkriegszeit zu werden. Folglich ließ Zweigelt keine Gelegenheit aus, um sich als produktiver Wissenschaftler wie als strategisch begabter Praktiker in Szene zu setzen. Aus Anlass etwa des 100. Geburtstags Babos war er es, der im Jahr 1927 die Festveranstaltung ausrichtete und die einschlägige Festschrift herausgab. Selbstredend fand die Veranstaltung ihren Niederschlag in einem ausführlichen Bericht in der *Allgemeinen Wein-Zeitung*, der von niemandem anderen verfasst wurde als von Zweigelt selbst.[135]

In dem Bericht wurden aber nicht nur die Verdienste des aus dem Badischen stammenden Weinbaufachmanns gewürdigt. Zweigelt fand offenkundig nichts dabei, auch sich selbst bei dieser Gelegenheit in ein günstiges Licht zu rücken. »Dr. Bretschneider gedachte insbesondere der Mitarbeit des Dr. Z w e i g e l t, der nicht nur die Arbeiten des vorbereitenden Komitees, die gesamte Korrespondenz, wie die Einladungen und Redaktion der Festschrift in der Hand gehabt habe«. Und auch das sollte dem Leser nicht vorenthalten werden: »Doktor Z w e i g e l t dankte Direktor Ministerialrat Dr. Artur Bretschneider für die freundlichen

13 Mit Bundespräsident Miklas und Kardinal Piffl: Siebzigjahrfeier der Höheren Lehranstalt für Wein- und Obstbau in Klosterneuburg im Jahr 1930.

Worte der Anerkennung und gab der Hoffnung Ausdruck, daß das Fest allen in schöner Erinnerung bleiben wird. Er gedachte der hohen Mission der Klosterneuburger Schule, die das Erbe Babos übernommen habe und nicht ruhen dürfe, im Vorwärtsschreiten und in emsiger Arbeit ihre Weltgeltung zu erhalten.«[136]

Weil Zweigelt offenkundig über beträchtliche organisatorische Fähigkeiten verfügte, war er es auch, der 1930 die Feier des 70-jährigen Bestehens der nunmehr sogenannten »Höheren Bundes-Lehranstalt und Bundesversuchsstation für Wein-, Obst- und Gartenbau in Klosterneuburg« organisierte. Dass der Leiter der Rebenzüchtung auch eine Denkschrift (sic), die aus diesem Anlass herausgegeben wurde, im Umfang von mehr als 200 Seiten, plante, redigierte und edierte, war wohl eine zwangsläufige Folge seines nunmehr 18 Jahre währenden Wirkens.[137] Zweigelt war in Klosterneuburg offenbar unentbehrlich geworden – oder er hatte sich unentbehrlich gemacht.

Die Festschrift »70 Jahre Klosterneuburg« erschien indes nicht mehr in dem Verlag, in dem die *Allgemeine Wein-Zeitung* verlegt wurde – und das obwohl Zweigelt ausweislich der Register seit 1924 zu fast jedem Jahrgang mehr Artikel beigetragen hatte als alle seine Klosterneuburger Kollegen zusammen.[138] Im Januar 1929 hatte Zweigelt, obwohl einer der vier Schriftleiter, im Alleingang eine neue Zeitschrift namens *Das Weinland* auf den Markt gebracht, die mir nichts, dir nichts die Rolle beanspruchte, das Publikationsorgan für die Bundeslehranstalt sowie das Organ des Verbandes der Klosterneuburger Önologen zu sein. Als Hauptschriftleiter zeichnete Dr. Friedrich Zweigelt. Die *Allgemeine Wein-Zeitung* wurde daraufhin im Frühjahr 1929 von einer auf die andere Ausgabe eingestellt.

Was Zweigelt bewogen haben könnte, der althergebrachten Zeitschrift Konkurrenz zu machen, hat sich auf der Basis der verfügbaren Quellen nicht ergründen lassen. Eine Spontangeburt war das neue Publikationsorgan jedenfalls nicht. Die Grußworte, darunter eines des Bundesministers für Land- und Forstwirtschaft sowie des Direktors von Klosterneuburg, Bretschneider, geben aber keinen Einblick in die Dynamik der Entscheidung, die dazu geführt hatte, dass die *Allgemeine Wein-Zeitung* als Sprachrohr von Klosterneuburg durch eine von Zweigelt allein herausgegebene Zeitschrift ersetzt wurde.

Bemerkenswert ist jedenfalls, dass die neue Publikation, die anders als die alte nur einmal im Monat erschien, von mehreren Beiträgern in die Tradition von Babos *Weinlaube* gestellt wurde. Diese Zeitschrift war 1868 in Klosterneuburg aus der Taufe gehoben worden, aber schon 1907 in der *Allgemeinen Wein-Zeitung* aufgegangen. Und noch etwas war bemerkenswert – in der Rückschau des Jahres 1938 noch mehr als im Jahr 1929. Als Herausgeber von Zweigelts *Weinland* firmierte der jüdische Wiener Verleger Karl Franz Bondy. Nach der Machtübernahme der Nationalsozialisten sollten interessierte Kräfte bei einflussreichen Nazis gegen den Nazi Zweigelt mit dem Hinweis intrigieren, er habe das *Weinland* bis zum »Anschluss« Österreichs in Zusammenarbeit mit einem Juden herausgebracht.[139] Ausweislich der überlieferten Dokumente wehrte sich Zweigelt 1938 gegen diesen Vorwurf nicht. Nach 1945 kam ihm diese Zusammenarbeit insoweit zupass, als etwa seine Frau Friederike in einem Gesuch um Haftentlassung vollmundig, aber von den Ermittlern unbeanstandet behaupten konnte, er habe »scharfe Kritik an der Behandlung des Judentums« geäußert.[140]

In den Jahren der Ersten Republik war der Radius der Zweigeltschen Aktivitäten indes längst nicht auf Klosterneuburg und seine nähere Umgebung be-

14 Die älteste Weinbaulehranstalt auf deutschem Boden: Titelblatt der Denkschrift zur 70jährigen Bestandsfeier.

schränkt. Im Jahr der Babo-Feier 1927 fanden im benachbarten Ausland gleich zwei Weinbaukongresse statt, auf denen Zweigelt Österreich repräsentierte. Der eine Kongress war ein »internationaler« im italienischen Conegliano,[141] der andere der jährliche, vom Deutschen-Weinbauverband ausgerichtete in Bad Dürkheim. Auf beiden hielt Zweigelt Hauptreferate über das Streitthema jener Jahre schlechthin, die »Frage der Ertragshybriden im nördlichen Weinbau«.[142] Um

Jubiläums-Ausstellung im Rahmen der Wiener Messe.

15 August Wilhelm Reichfreiherr von Babo, von 1860 bis 1893 Gründungsdirektor der k. k. Obst- und Weinbauschule Klosterneuburg.

dieses Thema ging es auf einer außerordentlichen Hauptversammlung des Steiermärkischen Landes-Obst- und Weinbauverein im November 1927. Zweigelt provozierte zahlreiches Erscheinen mit der Ankündigung seines Vortrags als »Vor dem Direktträgerverbot?«[143]

Die Direktträgerfrage

1928 verminderte Zweigelt sein Arbeitstempo nicht. In den ersten Februartagen reiste er nach Südmähren, um zusammen mit seinem Freund Albert Stummer, dem Leiter der Weinbauschule in Nikolsburg (Mikulóv), die Sortenfrage im Allgemeinen und die Direktträgerfrage im Besonderen zu erforschen – es war die Fortsetzung einer Studienreise durch die Weinbau- und besonders auch Direktträgergebiete von Baden, Württemberg und dem Elsass, die die beiden Männer zwei Jahre zuvor unternommen hatten.

Im Mai 1929 und damit kaum ein Jahr nach einer weiteren gemeinsamen, von einem Teilnehmer als extrem strapaziös beschriebenen Studienreise in die Schweiz und nach Frankreich[144] setzten beide ihre Unterschrift unter das Vorwort eines

DIE DIREKTTRÄGER

(Hybrides producteurs directs)

VON

Dr. F. Zweigelt und **Prof. A. Stummer**

Leiter der Bundesreben-
züchtungsstation an der Bundeslehranstalt und Bundesversuchsstation für Wein-, Obst- und
Gartenbau in Klosterneuburg
(Oesterreich)

Weinbauinspektor
für Südmähren und Direktor der
Winzer- und Obstbauschule
in Nikolsburg
(Tschechoslowakei)

WIEN

WEINLAND-VERLAG 1929

16 Gegen »minderwertige Massenweine«: Titelblatt des gemeinsam mit dem mährischen Weinbaudirektor Albert Stummer verfassten ersten und einzigen Buches über die sogenannten Direktträger (1929).

Buches, das auf 420 Seiten jede Facette der Direktträgerfrage beleuchtete und einen Überblick über die Hybridenfrage in allen betroffenen europäischen Ländern bot. »Stummer/Zweigelt« wurde im Dezember 1932 nicht nur ein Preis des Internationalen Weinamtes in Paris in Höhe von 500 französischen Francs und eine Medaille zuerkannt[145] – es sollte das Standardwerk für alle werden, die sich in den folgenden Jahren mit dem Thema Hybriden beschäftigten – zumal das Buch nicht nur keine Fragen offenließ, sondern auch im politisch richtigen Moment erschien.

Auf dem Internationalen Weinbaukongress des Jahres 1927 in Conegliano waren die Empfehlungen hinsichtlich des Umgangs mit den Hybriden mit Rücksicht auf deren weite Verbreitung recht großzügig ausgefallen. Zweigelt ließ dies keine Ruhe. In Österreich veranlasste er, dass im »Einvernehmen mit dem Bundesministerium für Land- und Forstwirtschaft« am 12. Mai 1927 eine Enquete-Kommission eingerichtet wurde, »in welcher die Unterlags- und die Direktträgerfrage eingehend behandelt und die Gründung eines Komitees beschlossen wurde, welches für beide Fragen Richtlinien ausarbeiten und als Bindeglied zwischen dem Bundesministerium für Land- und Forstwirtschaft und den Landesregierungen bzw. Landwirtschaftskammern zu wirken hat.«[146] Überdies nahm Zweigelt »an der Ausarbeitung von Bestimmungen teil, welche eine Beschränkung der kontrollosen Verbreitung von Direktträgern zum Ziele hat.«[147] Diese Bestimmungen fanden nicht nur in Österreich Aufmerksamkeit. Zweigelts Direktträger-Referat in Bad Dürkheim, das er (wie er hervorhob) auf Einladung und auf Kosten des Deutschen Weinbauverbandes hielt, schien einen bleibenden Eindruck hinterlassen zu haben. Direktor Bretschneider wusste 1930 zu berichten: »Die von ihm dort entwickelten Gedanken sind … als Richtlinien für den Standpunkt des deutschen Weinbaues in der Hybridenfrage übernommen worden.«[148]

Auf dem Internationalen Agrarkongress des Jahres 1929 in Bukarest verabschiedeten die Vertreter der europäischen Weinbauländer unter Federführung Zweigelts und des Direktors der Lehr- und Forschungsanstalt Geisenheim, Franz Muth,[149] der an dem Kongress im Auftrag des Bundesministeriums für Land- und Forstwirtschaft teilnahm,[150] denn auch eine Entschließung, die wesentlich schärfer war als die von Conegliano aus dem Jahr 1927. Der Kongress, so konnte Zweigelt ein Jahr später befriedigt feststellen, hatte beschlossen, »Direktträgerpflanzungen in Gebieten der Hochgewächse und Qualitätswein radikal zu verbieten, die Staaten, in denen die Hybridenkultur die Tendenz zeigt, an Ausdehnung zu gewinnen, einzuladen, Maßnahmen zur Regelung, Beschränkung, ja zum Verbot der Hybridenkultur zu ergreifen. Schließlich empfahl der Kongress die Fortsetzung der praktischen Prüfung neuer Züchtungen in allen Ländern von Amtswegen und unter Staatskontrolle.«[151]

Tatsächlich sollte es in vielen Ländern bis in die Zeit nach dem Zweiten Weltkrieg dauern, ehe die Direktträger weitgehend eliminiert worden waren – wenn es, wie in Rumänien und dem seit 1940 zur UdSSR gehörenden Bessarabien, überhaupt dazu kam.[152] In Baden wiederum sollte es den Nationalsozialisten, die vor 1933 erfolgreich um die Stimmen der Winzer gebuhlt hatten, die in großem Stil Direktträger angepflanzt hatten, erst in den späten dreißiger Jahren gelingen, die Hybriden großflächig zurückzudrängen.[153] Auch in Österreich ließen sich die Direktträger noch lange nicht eliminieren. In einem ersten Schritt verbot die Bundesregierung mit einem vorläufigen Weingesetz im Frühjahr 1936, dass Ertragshybriden ausgepflanzt werden dürften.[154] Wenige Monate später wurde das endgültige Gesetz erlassen.[155] Am 22. September 1938 und damit ein halbes Jahr nach Annexion Österreichs verfügte die Hauptvereinigung der deutschen Weinbauwirtschaft in Berlin, dass bis 1946 alle Direktträger in der Ostmark gerodet sein müssten.[156] Der Ausschank von Hybridenweinen in Buschenschänken wurde aber schon 1940 verboten.[157] Zwei Jahre später ließ Zweigelt in einem Artikel in seinem *Weinland* den Kampf gegen die Hybriden Revue passieren, um am Ende dafür zu plädieren, Hybridenwein nur noch als Haustrunk zuzulassen.[158]

Gleichwohl markiert das Jahr 1929 für den westeuropäischen Weinbau insgesamt einen Wendepunkt. Schon bald wurde in einigen Staaten, darunter der Schweiz, der Anbau von Hybriden in Qualitätsweingebieten grundsätzlich verboten.[159] Nazideutschland zog später nach.[160] Ob es im deutschen Sprachraum so schnell so weit gekommen wäre, hätte Zweigelt zusammen mit Stummer nicht vehement gegen die Ausdehnung der Direktträger agitiert, darf bezweifelt werden. Insofern darf es als einer der Höhepunkte der wissenschaftlichen wie auch weinbaupolitischen Karriere Zweigelts gelten, dass er im September 1935 in Wien den ersten Mitteleuropäischen Weinkongress ausrichtete und als dessen Generalsekretär fungierte – und dass das Thema Direktträger in den Hintergrund getreten war.[161]

Stattdessen standen bei der Veranstaltung, die unter dem Patronat des in Paris ansässigen Internationalen Weinamtes (OIV) abgehalten wurde, die Themen im Vordergrund, die den gesamten europäischen Weinbau jener Zeit in Atem hielten: Angleichung und Neuordnung der Gesetzgebung, Beschränkung der Weinproduktion, Verwertung der Weinproduktionsüberschüsse und Förderung des Weinkonsums durch Propaganda (Werbung).[162]

Bei der Ausrichtung des Kongresses, dessen Beratungen sich vom Abend des 2. bis zum 4. September über gut zwei Tage erstreckten, konnte Zweigelt abermals von den zahllosen Kontakten profitieren, die er seit mehr als zwanzig Jahren von Klosterneuburg aus über alle politischen Grenzen hinweg in den gesamten mitteleuropäischen Raum geknüpft hatte. Die Referenten und Gäste rekrutierten sich aus den »führenden Männern der Wirtschaft, der Produktion und des Handels aus den weinbautreibenden Staaten Mitteleuropas«, wie in der Festschrift zu lesen war. Als Herkunftsländer firmierten über Österreich hinaus nicht allein die Schweiz, die Tschechoslowakei (Albert Stummer), Jugoslawien, Ungarn, Rumänien und Bulgarien. Auch Italien war mit einer Delegation namhafter Weinbaufachleute vertreten, allen voran Giovanni Dalmasso, der Direktor der Versuchsstation für Weinbau und Kellerwirtschaft in Conegliano und Arturo Marescalchi (Rom).[163] Nicht fehlen durfte auch das Deutsche Reich: Unterabteilungsleiter Wilhelm Heuckmann repräsentierte den Reichsnährstand, Diplomlandwirt Robert Dünges war als Schriftleiter der Zeitschrift *Der Deutsche Weinbau* anwesend – und selbst der nach Deutschland emigrierte österreichische Nationalsozialist Ludwig Kohlfürst konnte sich wieder in Wien einfinden. Er vertrat den Reichsverband der deutschen Pflanzenzuchtbetriebe.

Es war daher mehr als die übliche Lobrede, wenn es schon 1931 anlässlich des Antrags auf Verleihung des Titels »Regierungsrat« an Zweigelt seitens der Klosterneuburger Anstalt gegenüber dem Bundeslandwirtschaftsministerium in Wien geheißen hatte: »An Anbeginne seiner Dienstesverwendung an entwickelte Zweigelt eine umfassende weit über den Rahmen seines statutenmässigen Aufgabenkreises hinausgehende wissenschaftliche Tätigkeit, die nicht nur ihn alsbald zu einer weit über die Grenzen Oesterreichs bekannten und anerkannten Autorität auf den einschlägigen Gebieten machte, sondern auch wesentlich zum Ansehen und zum Rufe der Anstalt selbst beitrug.«[164]

Zweigelt – ein Illegaler?

Dass in dem von Zweigelt stets so bewunderten Deutschland bald eine andere Zeit anbrechen sollte, war den Publikationen des Leiters der österreichischen Bundesrebenzüchtung und den Einlassungen des Schriftleiters der Zeitschrift *Das Weinland* nicht anzumerken. Ende 1932 hatte Zweigelt vielmehr befriedigt auf die ersten vier Jahre des Erscheinens seines *Weinlandes* zurückgeschaut: »Das Aufblühen in einer Zeit schwerster Wirtschaftsnot beweist die Richtigkeit des Weges, die Notwendigkeit des Bestandes«, war in der Dezember-Ausgabe zu lesen.[165] Im gleichen Atemzug gelobte Zweigelt Abstinenz gegenüber der Behandlung wirtschaftspolitischer Fragen. »Wir müssen ein F a c h b l a t t bleiben, das in erster Linie Belehrung und Aufklärung bringt«, schrieb er. Denn wirtschaftspoli-

17 Blut und Boden: Titelblatt der Dokumentation der 1. Reichstagung des Deutschen Weinbaues in Heilbronn a. N. im Sommer 1937.

tische Fragen bedeuteten Kampf, »Kampf der Länder gegeneinander, Kampf der einzelnen Gruppen, die in der Weinwirtschaft vereinigt sind, untereinander«.[166]

Abstinenz übte Zweigelt aber nicht allein auf wirtschaftspolitischem Gebiet. Auch die allgemeine Politik sollte seine Kreise nicht stören – selbst die allmähliche Ausschaltung der parlamentarischen Demokratie in Österreich, der Nazi-Putsch des Jahres 1934 und die Etablierung des austrofaschistischen Regimes Dollfuß-Schuschnigg nicht. Zwar erschien das *Weinland* nach der Ermordung von Bundeskanzler Dollfuß am 25. Juli 1934 auf der ersten Seite der nächstfolgenden Ausgabe mit einer Todesanzeige. Doch zeugte deren Ton eher von pflichtschuldiger als von persönlicher Betroffenheit.[167]

Dass Zweigelt 1933 Mitglied der österreichischen NSDAP geworden war, schlug sich in seinen Publikationen nicht nieder[168] – auch nicht, dass er seit 1934 »Illegaler« war, wie er von 1938 bis 1945 nicht müde wurde zu betonen (und nach 1945 umso vehementer bestritt).[169] Desgleichen dürften seine zahlreichen Reisen in das nationalsozialistische Deutschland, etwa als einer der Hauptredner auf der Ersten Reichstagung des deutschen Weinbaus im Herbst 1937 in Heilbronn, kaum alleine dem Umstand geschuldet sein, dass er ein Gesinnungsgenosse der nationalsozialistischen Weinbaufachleute wie Wilhelm Heuckmann war,[170] die vormals zumeist in preußischen Diensten gestanden waren und seit 1933 unter dem Dach und mit den administrativen Möglichkeiten des Reichsnährstands dem »neuzeitlichen Weinbau«[171] zum Durchbruch verhalfen.[172] Der Klosterneuburger Regierungsrat war schon 1933 längst der österreichische Weinbaufachmann schlechthin. [173]

Dass Zweigelt wie sein vormaliger Vorgesetzter und Förderer Ludwig Linsbauer national gesonnen war, dürfte allgemein bekannt gewesen sein – aber Nationalsozialist, gar ein »Illegaler«? Gegen diese Mutmaßung sprach, dass Zweigelt zumindest bis Anfang der dreißiger Jahre als »Ritter MAIKÄFER der UHU verschwirrte« Mitglied der Klosterneuburger »Schlaraffia« war, einem in »Reychen« organisierten Männerbund, der sich der Pflege der Kunst und des Humors widmete. Von außen betrachtet wies die 1859 in Prag gegründete »Schlaraffia« Parallelen mit der Freimaurerei auf, hatte aber mit dieser nichts gemein. Trotzdem machte das geheimbündlerische und durchaus komische bis groteske Züge aufweisende Gebaren[174] der »Schlaraffen« die Organisation den Nationalsozialisten in Deutschland und später auch in Österreich verdächtig – 1941 jedenfalls wollte Zweigelt gegenüber den Nationalsozialisten »vor sieben Jahren«, also 1934, aus der Schlaraffia ausgetreten sein.[175] Im Juli 1945 wiederum behauptete Zweigelt in seiner ersten Vernehmung durch die Wiener Staatspolizei, während der Verbotszeit, also von 1934 an, »blieb ich bei der ›Schlaraffia‹, der ich seit 1920 angehört hatte«.[176] 1947 wiederum war er der Meinung, er habe gar kein »Illegaler« sein können, weil er bis 1936 Mitglied der Schlaraffia gewesen sei.[177] Welche der vielen Behauptungen stimmt, ist nicht zu ermitteln.

Gesichert ist indes, dass Zweigelt sich nach der Annexion Österreichs im März 1938 den neuen Machthabern als Nationalsozialist nicht der allerersten, aber einer frühen Stunde andiente: »Seit 1. Mai 1933 Mitglied der N.S.D.A.P., seit 1936 der N.S.B.O. hat er während der ganzen illegalen Zeit den zähen Kampf gegen die Systemregierung, sowohl an der Schule wie ausserhalb derselben mitgemacht. Er ist durch Jahre unter der Lehrerschaft der einzige Anwalt der aus politischen Gründen verfolgten Schüler gewesen und hat überdies durch seine Beziehungen zum Deutschen Reich seit 2 Jahren vielen Studenten die Möglichkeit verschafft, nach Absolvierung der Anstalt als Praktikanten im Reiche unterzukommen. Sein unerschütterlicher Glaube an die Befreiung der Heimat hat vielen immer wieder Mut und Zuversicht gebracht.«[178]

Mehrere Indizien sprechen dafür, dass Zweigelt schon früh Teil eines klandestinen nationalsozialistischen Netzwerks in Klosterneuburg gewesen war. Als Beamter war er von 1934 an zwangsweise Mitglied der austrofaschistischen Einheitspartei »Vaterländische Front« (V. F.). Anders als sein Assistent Paul Steingruber und anders als Klosterneuburger Professorenkollegen wie Emil Planckh übernahm er jedoch in der »Front« keine Funktionen. Vorstellbar, aber nicht zu belegen ist, dass Steingruber, der 1933 neben der Stelle des Assistenten der Rebenzuchtstation auch die Stelle des Assistenten für Weinbau übernahm,[179] 1936 in die Leitung der Fachschule für Wein-, Obst- und Gemüsebau in Rust am See (Burgenland) wechselte, weil die weltanschaulichen Gegensätze zu seinem früheren Vorgesetzten Zweigelt und dessen neuem Mitarbeiter zu groß geworden waren. Steingruber stand ebenso wie der Weinbaudirektor im Burgenland, Johann (Hans) Bauer, dem Dollfuß-Schuschnigg-Regime nahe.

In der Klosterneuburger Rebenzüchtungsstation hingegen arbeitete seit 1929 ein Mann namens Franz Voboril, der aus seiner nationalsozialistischen Gesinnung kein Hehl machte, 1933 eine nationalsozialistische Betriebszelle gründete, sich Zweigelt als »fachlicher und wissenschaftlicher Mitarbeiter« empfahl und schließlich dessen Assistent wurde.[180] »Seine illegale Tätigkeit als Nationalsozialist hatte zur Folge, dass er in der Systemzeit in kein definitives Arbeitsverhältnis übernommen wurde«,[181] klagte Zweigelt 1938 – und setzte sich nach der Machtübernahme der Nationalsozialisten sofort für Voboril ein.[182]

Gesichert ist auch, dass Zweigelt in seiner Eigenschaft als Leiter der Bundesrebenzüchtung mit mindestens einem prominenten österreichischen Nationalsozialisten zu tun hatte. Es handelte sich um Ludwig Kohlfürst, wie Zweigelt ein »radikal-nationaler« Steiermärker.[183] Kohlfürst hatte schon vor dem Krieg erste Schnitt- und Pfropfrebenanlagen errichtet und er war es auch, der eine von Weinbauinspektor Franz Kober selektierte und seit 1916 in den städtischen Rebanlagen von Wiener Neustadt in großem Stil vermehrte Unterlagsrebe[184] international bekannt machte.[185] 1923 gründete Kohlfürst »mit Hilfe einiger arischer Geschäftsleute«[186] eine eigene Rebschule in Wiener Neustadt. Durch die Vermarktung der mittlerweile europaweit händeringend gesuchten Unterlagsrebe Kober 5BB[187] entwickelte sich »Kober, Kohlfürst und Ges.« zu der größten und besten Schnittrebenanlage in ganz Europa.[188]

Kohlfürst, ein Offizierssohn,[189] trat schon im März 1927 der österreichischen NSDAP bei (Mitgliedsnummer 52 921)[190] und gründete in deren Auftrag zahlreiche Gruppen des »Steirischen Heimatschutzes«. 1928 veranlasste er nach eigenen

18 Für die Umstellung auf Pfropfreben unabdingbar: Die Unterlagsrebe Kober 5BB aus der größten Rebschule Großdeutschlands Kober, Kohlfürst und Ges., 1939.

Angaben jenen Heimatschutz-Aufmarsch in Wiener-Neustadt, »der dem roten Terror zum ersten Mal in Österreich trotzte«.[191] 1930 will er von der NS-Bewegung aus dem Heimatschutz zurückgezogen worden sein, weil dieser »immer mehr eigene Wege« ging. Umso steiler war die Karriere, die Kohlfürst in der NSDAP machte. Er wurde Bezirksbauernführer, Unterabteilungsleiter und agitierte in Weinbaukreisen unter dem Titel »Landes-Gaufachberater«.[192]

Doch gleich welchen Sinnes Kohlfürst war und wie Zweigelt zu diesem Mann stand, 1932 hielt er es nicht für opportun, Kohlfürsts Karriere als Nationalsozialist in der exzessiven, vier Spalten füllenden Personalie zum Thema zu machen, die zu dessen 60. Geburtstag im *Weinland* erschien. Ohne die in Weinbaukreisen mit Sicherheit bekannten politischen Umtriebe auch nur anzudeuten – Kohlfürst war in vielen Weinbau-Gremien Österreichs aktiv[193] – galten Zweigelts Worte dem »sonnigen Menschen, dem geraden, aufrechten Sohn seiner deutschen Heimat«.[194]

Noch vor dem blutigen Putschversuch der NSDAP im Juli 1934 war Kohlfürst wegen seiner einschlägigen Umtriebe zwei Monate lang in dem »Anhaltelager« Kaisersteinbruch festgehalten worden. Nach seiner Entlassung entzog er sich der weiteren Strafverfolgung wegen Hochverrats durch Flucht nach Deutschland, wo er 1935 als Staatenloser eingebürgert wurde.[195] Bis dahin hatte er beim Reichsnährstand in Berlin ein bescheidenes Einkommen bezogen, unter anderem als weinbaupolitischer Referent für Österreich. Nun aber machte er sich mit einer Firma namens »Ludwig Kohlfürst, Rebenvertrieb« selbstständig und agierte als Vertreter der seit 1904 von ihm gegründeten Rebschulen in Italien und Österreich (mit Vertragsunternehmen in Jugoslawien und Rumänien) sowie der Pépinières Richter in Montpellier.[196] Dank seiner alten Kontakte ins europäische Ausland konnte Kohlfürst damit dem deutschen Weinbau zu einem wohl nicht unerheblichen Anteil an den für die Rebveredelung und damit den »neuzeitlichen Weinbau« dringend benötigten Unterlagsreben verhelfen. Schon 1936 brüstete er sich mit seinen Erfolgen: »90 Prozent aller Pfropfreben in Deutschland, das sind 1938 rund 24 Millionen, werden jährlich auf dieser Unterlage hergestellt.«[197]

Zweigelt verlor den geschäftstüchtigen Rebenzüchter auch während dessen Exils in Deutschland nicht aus den Augen. Folglich war aus Anlass des 65. Geburtages des steirischen Landsmannes im Jahr 1937 dem *Weinland* zu entnehmen, dass Kohlfürst seit einer Reihe von Jahren »im reichsdeutschen Weinbau« wirke. »1934 finden wir ihn als Sachberater in der Reichs-Unterabteilung Weinbau des Reichsnährstandes, in welcher Eigenschaft er überaus umsichtiger und weitblickender Weise die Belange des deutschen Weinbaus vertreten und gefördert. 1935 wurde er Mitglied des Landesbauernrates von Bayern, 1936 nahm er den gesamten Rebenimport aus dem Ausland in die Hand, wozu ihn seine kaufmännische und fachtechnische Erfahrungen besonders geeignet erscheinen lassen mussten. Kohlfürst gehört ferner für Deutschland der Ständigen Internationalen Weinbaukommission in Paris an.«[198]

Dass Kohlfürst als Nazi in Deutschland im Reichsnährstand willkommen geheißen wurde und sein Wissen und seine Kontakte umgehend in den Dienst der nationalsozialistischen Weinbaupolitik gestellt hatte, konnte in Österreich keinem Fachmann verborgen geblieben sein. Dasselbe gilt für den Umstand, dass Kohlfürst wegen seiner Betätigung als Nationalsozialist die österreichische Staatsbürgerschaft verloren hatte.[199] 1937 vermied es Zweigelt aber weiterhin, Regierungsrat Ing. Ludwig Kohlfürst wegen seiner weltanschaulichen Überzeugungen zu loben – was sich in der einschlägigen Personalie in *Der Deutsche Weinbau* ganz anders las. In Mainz wurden Kohlfürsts Verdienste als »alter Kämpfer« ausgiebig gewürdigt. Der Schlusssatz in Zweigelts neuerlicher, aus Anlass des 65. Geburtstags verfassten Personalie lautete vielmehr so: »Mögen ihm noch viele Jahre in Schaffensfreude und der so bewundernswerten geistigen und körperlichen Frische beschieden sein, nicht zuletzt zum Segen des Weinbaus, dem er nach wie vor mit heiligem Eifer dient« – ein Satz, der auch in einer Würdigung seiner selbst aus Anlass des bevorstehenden 50. Geburtstages im Januar 1938 hätte stehen können. Und nicht nur das: Ein Jahr nach dem Erscheinen der Kohlfürst-Personalie, im September 1938, stand auch Zweigelt »mit heiligem Eifer«[200] im Dienst des Reichsnährstands – und musste seine nationalsozialistische Gesinnung nicht länger verbergen.

Aus der Personalie zum 70. Geburtstag Kohlfürsts im September 1942 wurde der Leser über die Karriere eines österreichischen Nationalsozialisten der ersten Stunde ungleich schlauer – so hätten »die Schergen eines Dollfussregimes« 1934 dem im »Konzentrationslager« festgehaltenen Mann die Teilnahme an dem Begräbnis seiner Mutter, »die ihm das Heiligste gewesen war« verweigert.[201]

1938 – 1948: Zweigelts Traum

W er im Frühjahr 1938 wissen wollte, wie der langjährige Leiter der Bundesrebenzüchtung in Klosterneuburg über die jüngsten politischen Veränderungen dachte, der musste sich nicht lange gedulden. Mit der Überschrift *Österreich ist in die große Deutsche Heimat zurückgekehrt* intonierte Zweigelt in dem Ende März erscheinenden Heft einen Leitartikel, der es an Unterwürfigkeit gegenüber der Hitler-Herrschaft und an Verachtung für das alte »System« nicht fehlen ließ: »Unser aller Führer, Adolf Hitler, hat seine Heimat gerettet! Was wir Österreicher in diesen großen Tagen empfunden und erlebt haben, das kann nur der ermessen, der das grenzenlose Leid und die furchtbare Knechtschaft durch ein volksfremdes System durch fünf lange, bittere Jahre mitgemacht hat. Aber wir Deutschen der Ostmark, seit Jahrhunderten zu kämpfen gewohnt, sind in diesen Jahren zu Stahl geworden und haben durchgehalten bis zu der für die ganze Weltgeschichte bedeutungsvollen Stunde der Befreiung.«[202]

Heil Hitler

Zweigelt, der sich zu Beginn des Jahres 1938 im *Weinland* in gleich drei Geburtstagsartikeln hatte feiern lassen,[203] war indes nicht der einzige Prominente aus dem österreichischen Weinfach, der die Annexion Österreichs und die damit einhergehende Machtübernahme der Nationalsozialisten enthusiastisch begrüßte.[204] Der Schriftleiter der *Neuen Wein-Zeitung*, Robert von Schlumberger Edler von Goldeck, der im Jahr zuvor ein umfangreiches Werk über »Weinbau und Weinhandel im Kaiserstaate Österreich« veröffentlicht hatte,[205] ließ sich ebenfalls nicht lange bitten. Am 16. März erschien die nächste Nummer der Zeitschrift mit einem *Gruß des Führers an das deutsche Wien*.[206] Eine Woche später legte Schlumberger, der als Pg. zeichnete, nach. *Ein Volk – ein Reich – ein Führer* war der Leitartikel überschrieben, der es an Unterwürfigkeit mit den Zeilen Zweigelts aufnehmen konnte.[207] Eine Woche später war Schlumberger noch einmal zu vernehmen: *Deutschösterreichs Weinbau grüßt die Kameraden im Reiche*.[208]

Die Begeisterung der Größen des österreichischen Weinfachs angesichts der Annexion ihres Landes kannte auch in der »Ostmark«-Ausgabe der in Mainz redigierten Zeitschrift *Der Deutsche Weinbau* keine Grenzen. In dem Heft, das unter dem Datum des 10. Juli 1938 erschien, machte der neue nationalsozialistische

Landwirtschaftsminister Anton Reinthaller den Anfang – auch mit antijüdischer Hetze.[209] Nicht fehlen durfte in dieser Ausgabe auch ein Beitrag von Franz Wobisch, des langjährigen Weinbaureferenten und Leiters der Kellerei-Inspektion im Wiener Landwirtschaftsministerium.[210] Vor dem Hintergrund der unbestreitbaren Erfolge, die die nationalsozialistische Weinbaupolitik seit 1933 im »Altreich« vorweisen konnte,[211] entwickelte Wobisch ein detailliertes Programm, wie der österreichische Weinbau wiederaufgebaut werden und Anschluss an die Entwicklungen in Nazi-Deutschland gewinnen könne. Damit schlug Wobisch die Brücke zu dem Beitrag von »Regierungsrat Dr. Fritz Zweigelt-Klosterneuburg«, der später behaupten sollte, er hätte in der »illegalen Zeit« nach Berlin gehen können, es aber abgelehnt habe, um »mein Klosterneuburg« aufzubauen.[212] Jetzt schien die Stunde da, in der Zweigelts »Traum« Wirklichkeit geworden war: »Klosterneuburg in einen edlen Wettstreit mit den deutschen Schwesteranstalten führen zu können«[213] – und dies nicht mehr mit leeren Händen: »… wir bringen fürs erste die alte Kultur des Bollwerks im Südosten, die unendlichen Werte, die durch Generationen herauf zu uns gekommen sind, als Lehen des einzelnen aus der Hand der Volksgemeinschaft, als kostbares Vermächtnis für die, die nach uns kommen.«[214]

Den Abschluss der Ostmark-Saga in der Zeitschrift *Der Deutsche Weinbau* machte wie schon in der *Neuen Wein-Zeitung* in Österreich niemand Geringeres als die unter den Weintrinkern wohl bekannteste Persönlichkeit des österreichischen Weinbaus: Robert Schlumberger Edler von Goldeck. Wie Zweigelt begeisterte sich auch der jüngste der drei Söhne des aus Stuttgart nach Österreich eingewanderten Wein- und Sektfabrikanten Robert Alwin Schlumberger für die neuen Machthaber. Und wie Zweigelt wollte er mit dem Anbruch der neuen Zeit die österreichischen Weinwirtschaftsfragen einer Lösung nähergekommen sehen. Überdies hetzte Schlumberger in bester Heinrich-von-Treitschke-Manier gegen Juden, seien diese doch schuld an der Winzernot in Österreich: »Mit dem Eindringen der Juden in das Weinfach begann auch die Weinpanscherei«.[215] Während der Wirtschaftskrise sei dann der Absatz gesunken, und die unlauteren Manipulationen der Juden »erlaubten ihnen eine Preisschleuderei, die auf einen Konkurrenzkampf auf Leben und Tod hinauslief«. Von Zweigelt sind im Kontext der Annexion Österreichs antisemitische Tiraden nicht überliefert.

Dass Zweigelts Zeilen als Ausweis reinster nationalsozialistischer Gesinnung gelesen werden sollten, verstand sich von selbst. Unter der Überschrift *Österreich ist in die große Deutsche Heimat zurückgekehrt!* war im März-Heft weiter zu lesen: »Ueberall wehen Hakenkreuzfahnen als Symbol der unzerreißbaren und unzerstörbar gewordenen Zusammengehörigkeit mit dem großen Deutschen

Reich, überall herrscht grenzenloser Jubel, tosende Begeisterung: Unsere Heimat, die uns fast bis zum Haß entfremdet worden war, hat ihre eigene Heimat gefunden! Wie viele Tränen sind in den letzten Jahren geflossen ob des maßlosen Leides, wie viele Tränen fließen heute ob der maßlosen Freude.«[216]

Doch Zweigelt wäre nicht Zweigelt gewesen, hätte er nicht auch den Nutzen der Annexion Österreichs für den dortigen Weinbau im Allgemeinen und »sein« Klosterneuburg im Besonderen kalkuliert. Vor allem im *Weinland* entwarf er mit seinem typischen Pathos ein Bild der Zukunft, in dem sich deutsche und österreichische Wissenschaftler und Winzer auf Augenhöhe begegneten: »Wir Weinbauern Österreichs, aus Wien und Niederösterreich, aus dem Burgenland und der Steiermark, aus Vorarlberg und Kärnten, wir grüßen euch alle draußen am Rhein, am Main, in der Pfalz, in Württemberg, in Sachsen, an der Mosel und am Bodensee, in Hessen und in Baden, wir alle, die wir, so wie ihr, scholleverbunden sind und seit Jahrhunderten die Rebe und ihr köstliches Produkt pflegen! Wir geloben in dieser Feierstunde unverbrüchliche Winzertreue und im Zeichen ernster Arbeit und restloser Hingabe an die Pflicht gegenüber dem gesamten deutschen Volk und seinem Führer den Einsatz aller unserer Kraft, unserer Begeisterung unserer Treue! Heil Hitler.«[217]

Der Leitartikel entsprang keiner Laune des Augenblicks. In den mittlerweile mehr als 25 Jahren seiner Arbeit als Wissenschaftler und Praktiker hatte sich Zweigelt immer als Sachwalter österreichischer Interessen verstanden, und das nicht nur innerhalb der von ihm imaginierten großdeutschen Volksgemeinschaft. Der im steirischen Grenzland aufgewachsene Sohn eines sudetendeutschen Vaters glaubte fest an eine zivilisatorische Mission des großdeutschen Weinbaus im gesamten südeuropäischen Raum. Beide Pole dieses Sendungsbewusstseins waren durch die Zerschlagung des österreichischen Staates und dessen Eingliederung als »Ostmark« in das nationalsozialistische Deutschland so stark aktiviert worden wie niemals zuvor.

Deutscher Wein an Donau und Rhein

Sollten die neuen Machthaber im österreichischen Weinfach auf Widerstand gestoßen sein, so hat dies in den vorhandenen Archivalien keine Spuren hinterlassen. Vielmehr deutet alles darauf hin, dass die von Wissenschaftlern, Beamten und Funktionären verbreitete Hochstimmung weit verbreitet gewesen zu sein schien. Auch die Klagen der österreichischen Winzer über die langjährige Absatzkrise verstummten so schnell, wie die Nazis gekommen waren. Nach einer gezielten Einkaufsaktion des Reichsnährstands waren die Keller nach wenigen Monaten leer.[218] Zudem konnten die Winzer sich Hoffnungen machen, dass sich die Nationalsozialisten wie schon im Altreich der Förderung des Weinbaus und auch des Absatzes des Weins verschreiben würden. Schon im Sommer 1938 hatte es in der nunmehrigen Ostmark mit der Schaumweinsteuer ein Ende, im Jahr 1939 wurde auch die 1919 eingeführte Weinsteuer abgeschafft.[219] Im Januar jenes Jahres hatte die *Neue Wein-Zeitung* zufrieden festgestellt: »Wie der Verbrauch gestiegen ist.«[220]

Zweigelt stand nicht hintenan: Ebenfalls zu Jahresbeginn hatte Zweigelt in die »Umschau« seines *Weinlands* eine kleine Notiz eingerückt, wonach der Weinkonsum in Deutschland von 3,5 Liter Wein je Einwohner im Jahr 1909 auf sieben Liter im Jahr gestiegen sei.[221] Bald aber wurde der Wein in Österreich so knapp, dass die Preise stiegen und eine Weinbewertungskommission eingesetzt wurde, die den Markt der in Nazi-Deutschland bewährten Weine »regulieren« sollte.[222] Und auch die Umstellung auf Kriegswirtschaft ging an dem Weinbau nicht spurlos vorüber. Schon im Herbst 1939 hieß es im Blick auf Einführung von Zuckerbezugsscheinen: »Die Lesezeit rückt heran. In früheren Jahren, als noch der Jude den Weinmarkt beherrschte, hat wohl mancher von Euch – in der Besorgnis, ein unaufgebessertes Produkt nicht absetzen zu können – seinen Most vielleicht stärker aufgebessert, als notwendig war. Zucker ist ein wichtiges Nahrungsmittel. Es muss für die Ernährung unserer Bevölkerung verwendet werden.«[223]

Doch noch sah alles nach goldenen Jahren für den lange Zeit krisengeschüttelten Weinbau in Österreich aus. Ein Indiz dafür war die Gründung von Winzergenossenschaften, die das Los der einfachen Weinbauern erleichtern sollten. Binnen Jahresfrist wurden aus zwölf 26.[224] Nach der Zerschlagung der »Rest-Tschechei« fielen am 1. April 1939 die Zollgrenzen zwischen dem Altreich, der Ostmark und dem Sudetenland,[225] und in Deutschland wurde Dr. Wilhelm Bewerunges Propagandaschrift aus dem Jahr 1938 »Deutscher Wein an Donau und Rhein« mittlerweile auch auf Englisch vertrieben.[226] Genau drei Monate später, zum 1. Juli 1939, fand sich das Weingut Gumpoldskirchen, das dem Deutschen Orden gehört hatte und 1938 von den Nationalsozialisten beschlagnahmt worden war, in der Verwaltung des Reichsministeriums für Landwirtschaft und Forsten wieder. Unter dem Namen »Reichsweingut Gumpoldskirchen«[227] sollte es für den Weinbau in Österreich in dieselbe Funktion einrücken, die in Deutschland die preußischen Weinbaudomänen am Rhein (Kloster Eberbach), an der Nahe (Niederhausen-Schlossböckelheim), an der Ahr (Marienthal) und an Mosel und Saar (Ockfen, Serrig, Avelsbach) erfüllten: Muster- und Versuchsweingüter einerseits, staatliche Prestigeobjekte andererseits. Oder, in den Worten des für die Staatsweingüter zuständigen Berliner Ministerialrates Robert Barzen: »Das Gut liegt südlich von Wien in einem der bedeutendsten Weinbaugebiete der Ostmark und hat etwa 11 ha Weinberge, die zum größten Teil zusammenhängende Flächen bilden. Es bietet daher die besten Voraussetzungen, um dem ostmärkischen Weinbau, dessen hervorragende Qualitätsweine viel zu wenig bekannt sind, denselben Ruf zu verschaffen, wie ihn der Weinbau des deutschen Westens seit langem genießt.«[228] Gleichsam nebenher machten die neuen Machthaber – wie ihnen von namhaften Repräsentanten des österreichischen Weinfachs soufliert – mit den jüdischen Weinhändlern und anderen jüdischen Betrieben, etwa denen zur Erzeugung dringend benötigter Schnittreben, kurzen Prozess.[229] Auf große Schwierigkeiten stießen sie anscheinend nicht. »Die Frage der Arisierung des Weinhandels dürfte bei uns, wenngleich der jüdische Weinhandel etwa zwei Drittel des Gesamtweinhandels ausmacht, keinen besonders großen Schwierigkeiten begegnen«, wusste Zweigelts Freund Franz Wobisch zu berichten. Der Weingroßhandel nämlich hatte »im österreichischen Weinverkehr der Nachkriegszeit … bei weitem nicht die Bedeutung wie etwa der des Altreiches«. Dazu machte Wobisch die folgende Rechnung auf: Bei einer durchschnittlichen Weinernte in Österreich von etwa einer Million Hektoliter würden etwa ein Fünftel, also 200 000 Liter, durch den jüdischen und etwa 100 000 Liter durch den arischen Weinhandel vermarktet. Hinzu kämen etwa 100 000 Liter, die in den Buschenschänken getrunken würden. Die übrige Menge, also 600 000 Liter, werde von den Produzenten direkt an die Gaststätten verkauft oder (zum geringen Teil) selbst getrunken. »Diese Erscheinung steht im Gegensatz zu dem Verkehr im Altreich, wo die weitaus überwiegende Menge des Weines durch den Weingroßhändler verteilt wird«, schrieb Wobisch, ohne die Zahlen zu belegen.[230]

Von Zweigelt sind antisemitische Töne aus dem Jahr 1938 nicht überliefert. War er womöglich für den biologischen Rassismus des Nationalsozialismus nicht empfänglich? Jedenfalls muss es erstaunen, dass Studienrat Heinrich Weil, der nach den Nürnberger Gesetzen »halbjüdische« Deutschlehrer an der Klosterneuburger Anstalt, sogar noch im September-Heft des *Weinlands* eine weitere Folge seiner in den zwanziger Jahren begonnenen Serie über »Wein in der deutschen Literatur« publizierte.[231] Der angekündigte Schlussteil erschien jedoch nicht mehr.

Dass das in dem nach nationalsozialistischer Lesart jüdischen Verlag von Franz Bondy erscheinende *Weinland* über den Sommer 1938 in das Zeitschriftenimperium des Reichsnährstands eingegliedert wurde, hatte Zweigelt nicht zu verantworten. So oder so ähnlich war es in Deutschland bis auf dem bei Meininger verlegten *Weinblatt* allen Zeitschriften ergangen. Der kommissarische Leiter der Klosterneuburger Anstalt konnte vielmehr froh sein, dass seine Zeitschrift nicht umgehend eingestellt wurde. Diese Möglichkeit war im Sommer 1938 in Berlin ernsthaft erörtert worden. Auf eine Aktennotiz vom 17. August 1938,[232] mit der Zweigelt über die »Richtlinien über Entwicklung der weinbaulichen Presse Deutschlands« in Kenntnis gesetzt wurde, reagierte er nachgerade panisch – hatte man doch seitens der »Reichsnährstand Verlags-Gesellschaft« in Berlin über seinen Kopf hinweg und ohne vorherige Absprache mit ihm beschlossen, dass die in Mainz erscheinende Zeitschrift *Der Deutsche Weinbau* das Blatt schlechthin des deutschen Winzers sei und in der Ostmark größere Verbreitung finden solle.

»Um den österreichischen Bedürfnissen gerecht zu werden, ist eine Erweiterung … um 4 Seiten je Ausgabe anzustreben«, las Zweigelt zu seinem Erschrecken.[233] Über die beiden in Österreich erscheinenden Zeitschriften hieß es allerdings unter 3.), die *Neue Weinzeitung* und *Das Weinland* blieben »vorläufig erhalten und bekommen Sonderaufgaben zugeteilt«.[234] Näherhin solle das *Weinland* die Zeitschrift der Weinbauschule in Klosterneuburg bleiben, »also die fortschrittlich gesinnten und geschulten Winzer und Beamten weiterbilden«.[235] Gedacht wurde in diesem Zusammenhang auch an die Ausdehnung des Verbreitungsgebietes auf die Weingegenden des Altreiches und an eine Zusammenarbeit mit der Versuchs- und Forschungsanstalt in Geisenheim, deren »Ehemaligen-Organ« es werden solle. Allerdings müssten Schriftleitung und Anzeigenabteilung auch darauf Rücksicht nehmen, dass das *Weinland* auch für »die deutschen Gebiete in der Tschechoslowakei, Ungarns, Jugoslawiens, Rumäniens usw. usw. Bedeutung habe«. [236]

Auf diese Mitteilung hin schrieb Zweigelt dem Verlagsleiter Roland Schulze in Berlin einen siebenseitigen Brief, in der er auf die Bedeutung »seiner« Zeitschrift für die NS-Propaganda pochte und sich selbst als Garanten der Erfüllung des Willens der Nationalsozialisten pries. Das »Weinland« sei sein »ureigenstes Werk. Ich habe diesem Blatte durch meine eigene Arbeit, meine Kraft und schriftstellerische Veranlagung in schweren Zeiten jene Geltung verschafft, die es heute allüberall hat«, konnte man in Berlin lesen.[237] Und: »Ich habe keinen Vertrag, ich bin niemandem gegenüber verpflichtet, das Blatt zu führen, dass nur mei-

Offizielles Publikationsorgan für Oenologie der Höheren
Staats-Lehranstalt und Staats-Versuchsstation für Wein-,
Obst- und Gartenbau in Klosterneuburg.

Erscheint einmal monatlich.

HAUPTSCHRIFTLEITER: REGIERUNGSRAT DR. FRITZ ZWEIGELT

Im 10. Jahrgang erscheint nunmehr

»DAS WEINLAND«

und hat in dieser Zeit seinen Ruf als **führendes Fachblatt** für **Kellertechnik und Weinbau** begründet.

Auf dieser Tatsache beruht seine hervorragende Bedeutung.

Das Europäische Weinhandelsorgan

Neue Wein-Zeitung

**Internationales Fachblatt für Weinhandel, Weinbau und Kellerwirtschaft.
Zentralorgan für die mitteleuropäischen Staaten. Vereinigt mit der „Getränke-Börse".
Erscheint zweimal wöchentlich.**

Internationale Berichterstattung

und

Internationale Verbreitung

darum

Weitreichende Anzeigenwirkung!

28

19 Das »ureigenste Werk«: Zweigelts »Das Weinland« in einer gemeinsamen Anzeige aus dem
Jahr 1939 mit der »Neuen Wein-Zeitung«.

nem Idealismus seine Existenz verdankt, und dass ich nur deshalb weiterführen wollte, weil ich das Empfinden hatte, es wäre gut für unsern deutschen Weinbau, besonders in der Ostmark, von einer Warte aus, wie ich sie sehe, bedient und geführt zu werden. Mir ist das ›Weinland‹ viel zu wertvoll, als dass ich es führen wollte gegen den stillen oder lauten Wunsch von für diese Frage wirklich maßgebenden Kreisen. Und dann bin ich viel zu stolz, als dass ich bei meinen bisherigen Leistungen als Bettler auftreten würde, man möge mir die Zeitung nicht wegnehmen.«[238]

Die Korrespondenz zwischen Zweigelt auf der einen und dem Reichsnährstand-Verlag in Berlin sowie Hauptschriftleiter Roland Dünges (Der Deutsche Weinbau) auf der anderen Seite sollte sich noch mehrere Monate hinziehen – mit einem günstigen Ergebnis. Das Weinland blieb ihm erhalten – was der Leser an dem durchaus vertrauten Ton und den nicht weniger vertrauten Motiven erkennen konnte, mit denen Zweigelt den Jahrgang 1939, den zehnten »seines Weinlands« intonierte: »Überall, wo Deutsche wohnen, aber auch dort, wo die deutsche Sprache verstanden wird, ist es zum lieben Berater und Führer geworden, zum Bannerträger des Fortschritts in wissenschaftlicher Erkenntnis und damit zugleich der Wirtschaft selbst. (…) Wir wollen kein Jubiläum feiern in altem herkömmlichen Sinne, wir wollen die zehnte Wiederkehr der Gründung unserer Zeitung als feierlichen Appell nehmen zu erhöhter Arbeitsverpflichtung. Wir wollen schaffen für unsere große deutsche Heimat, für die Weltgeltung deutscher Kultur und deutscher Wissenschaft, getreu dem Befehle unserer Führers.«[239]

Zum 11. November 1939 wurde Zweigelt sogar zum »Hauptschriftleiter der Fachzeitschrift im Nebenamt« bestellt. Erscheinungsort seiner Zeitschrift war nun Linz, verlegt wurde Das Weinland in der dortigen Zweigstelle des Reichsnährstandsverlags.[240] Doch schon der Jahrgang 1940 war mit 136 Seiten nur noch halb so umfangreich wie der des Jahres 1939 – Papierknappheit setzte Zweigelts publizistischen Ambitionen erste Grenzen. Die letzten sollten es nicht sein.

Nicht für angängig

Das Verhalten der Reichsnährstands-Funktionäre im Sommer 1938 sollte die erste, aber nicht die letzte Demütigung des Österreichers sein, der sich so gerne auf Augenhöhe mit den Reichsdeutschen sah. Zu einer fast endlosen Geschichte entwickelte sich die Frage, in welcher Funktion und in welchem Amt der langjährige Leiter der Bundesrebenzüchtung von Klosterneuburg aus seine »Pflicht gegenüber dem gesamtdeutschen Volk« erfüllen könnte und sollte? Über das

Wochenende, an dem deutsche Truppen in Österreich einmarschiert waren, hatte die NSDAP-Ortsgruppe Klosterneuburg Zweigelt gemeinsam mit Max Prochaska, Professor für Pflanzenbau, Tierzucht, Volkswirtschaft, Betriebslehre und Buchführung, zum Leiter der Anstalt ernannt. Wenige Tage später ernannte der neue Landwirtschaftsminister Reinthaller Zweigelt offiziell zum »kommissarischen Leiter«.[241] Prochaska, der noch nicht Pg. war und erst im Herbst 1938 der NSDAP beitreten sollte, hatte das Nachsehen. Acht Jahre später, während der Zeugenvernehmung vor dem Bezirksgericht Klosterneuburg am 25. Februar 1946, sollte sich Prohaska so an sein Verhältnis zu Zweigelt erinnern: »Im Allgemeinen hatte ich von Dr. Zweigelt den Eindruck, dass er hochintelligent ist, als Wissenschaftler bedeutend, dass er sich aber auch unter allen Umständen durchsetzen will. Er hat einmal in einer Konferenz bemerkt, wenn zwei schwimmen, muss einer untergehen. In welchem Zusammenhang das war, weiß ich nicht mehr.«[242]

Am 17. März legte Zweigelt den Diensteid auf Adolf Hitler ab. Doch wurde er nicht zum »Direktor« ernannt – und das, obwohl der amtierende »großdeutsch eingestellte« Direktor Bretschneider seit fast einem Jahr so schwer an Diabetes erkrankt war, dass die Amtsgeschäfte seit Herbst 1937 von seinem »christl. sozial« eingestellten Stellvertreter Ing. Ludwig Stefl wahrgenommen wurden.[243] Stefl wiederum, Professor für Weinbau und Kellerwirtschaft und in den Augen von Nationalsozialisten wie Zweigelt ein »Klerikaler«, war am 14. März durch Reinthaller seiner Funktion als stellvertretender Anstaltsleiter enthoben und durch Zweigelt ersetzt worden.[244] Doch auch nach Bretschneiders Tod am 30. Juni 1938 wurde Zweigelt nicht zum Direktor ernannt.

Man könnte versucht sein, die Verzögerung auf die bürokratischen Prozesse zurückzuführen, die mit der Überführung eines österreichischen Beamten in das Reichsbeamtenverhältnis und die Eingliederung der Anstalt in den Hoheitsbereich des Reichsministeriums für Ernährung und Landwirtschaft (RMEL) und des Reichsfinanzministeriums einhergingen. In der Tat gab es wegen Beamtenrechts-, Haushalts- und Besoldungsfragen seit 1933 Konflikte zwischen dem preußischen Norm- mit dem nationalsozialistischen Maßnahmenstaat – bespielhaft dokumentiert in dem Scharmützel zwischen diversen Dienststellen über die Verwendung und Bezahlung des 1934 aus Österreich geflohenen Nazi-Aktivisten Ludwig Kohlfürst.[245]

Nach dem Einmarsch in Österreich und erst recht nach dem Beginn des Krieges 1939 wurden die Dinge nicht einfacher.[246] Im Falle Zweigelts etwa war zwar im Voranschlag für den Haushalt 1940 die Stelle »Direktor und Professor« vorgesehen. Doch scheiterte die Ernennung noch im Januar 1942 daran, dass dieser

Akt dem »Führer« vorbehalten sein sollte. In Berlin wurde jedoch »bei den gegenwärtigen Verhältnissen« die Einholung der Zustimmung seitens des Berliner Beamtenapparates »nicht für angängig« gehalten.[247]

Zeit der Abrechnung

Zweigelts Ambitionen scheiterten jedoch nicht nur an der Berliner NS-Bürokratie. Denn sollte er 1938 gehofft haben, sich durch eine umfassende »Säuberung« der Mitarbeiterschaft Klosterneuburgs von »Christsozialen« und »Klerikalen« den Weg an die Spitze der Anstalt bahnen zu können, so stieß sein Vorgehen auch in seiner unmittelbaren Umgebung auf Widerstand.

Zu den ersten Maßnahmen, die Zweigelt nach dem 8. März 1938 ins Werk gesetzt hatte, gehörte die Beförderung der Mitglieder der klandestinen nationalsozialistischen Betriebsorganisation (N.S.B.O.), der er seit 1936 selbst angehört hatte. Sein Augenmerk galt vor allem seinem Assistenten Franz Voboril, der 1932 in die NSDAP eingetreten war, »seit Jahren« Zellenleiter gewesen »und in den schwersten Zeiten den Kampf für unsere Ideale geführt« habe.[248] Um ihn, der kurz vor dem Abschluss eines Hochschulstudiums stand, zum Adjunkten ernennen zu können, enthob Zweigelt gleich in der ersten Woche nach dem Umsturz den jüngst »ohne Interventionsmöglichkeit seitens der Anstalt« zum kommissarischen Leiter des Laboratoriums für Pflanzenkrankheiten ernannten Dr. Karl Enser seines Amtes.[249] Das österreichische Landwirtschaftsministerium, in dem Zweigelt in der Person von Franz Wobisch einen langjährigen Weggefährten und Gesinnungsgenossen auf seiner Seite wusste,[250] bestätigte kurz darauf die Amtsenthebung und versetzte Enser an seinen vormaligen Arbeitsplatz in der Bundesanstalt für Pflanzenschutz zurück.[251]

Platz zu schaffen galt es auch für Zweigelts langjährige Sekretärin Franziska Polhak. Also bezichtigte Zweigelt die Direktionssekretärin Maria Klement, die seit 1916 in Klosterneuburg arbeitete, gegenüber dem Ministerium des Zusammenspiels mit klerikalen Stellen – hoffte er doch, Klement durch Polhak ersetzen zu können. Diese habe »im Laufe der letzten Jahre wegen ihres unerschrockenen Eintretens für die Ideale unserer Partei die größten Schwierigkeiten und Kränkungen« erfahren.[252]

Nach Klosterneuburg zurückholen wollte Zweigelt auch einen Assistenten namens Herbert Gretner, der 1934 wegen politischer Tätigkeit fristlos entlassen worden sei und sich seither »im Rahmen der Parteiformationen« hervorragend bewährt habe. Zweigelt hatte auch schon einen Kollegen dafür gewonnen, Gretner als Assistenten zu beschäftigen. Es handelte sich um Professor Prochaska, der seinerseits – wie aus anderen Quellen hervorgeht – mit der NSDAP sympathisierte und in die Partei eintreten wollte.[253]

Doch obwohl Zweigelt in den Märztagen des Jahres 1938 mit der für ihn typischen Direktheit zu Werke ging, so fielen nicht alle Vorschläge sofort auf fruchtbaren Boden – Klosterneuburg war schließlich nicht die einzige Institution, in der die Zeit der Abrechnung mit den Stützen der »Systemzeit« gekommen war.[254] Im Juni 1938 beschwerte sich Zweigelt bei Gaubauernführer Rudolf Benesch, dass auf die »Eingabe auf Wiedergutmachung« für bewährte Nationalsozialisten aus dem Kreis seiner Mitarbeiter keine Reaktion erfolgt sei. »Ich möchte Sie bitten, hier ein bisschen auch mit dem Staubtuch nachzuhelfen … Es scheint fast so, als ob es Kreise geben würde, die die letzten 3 Monate verschlafen haben.«[255]

Politische Säuberungen fanden jedoch in diesen Wochen überall in Österreich statt, das gesamte Weinfach und alle anderen Hochschulen nicht ausgenommen.[256] Anfang April erhielt Zweigelt brieflich davon Kenntnis, dass sein erster Assistent Paul Steingruber in Bedrängnis geraten sei.[257] Steingruber, der mit dem Nationalsozialismus nicht sympathisierte, sondern sich aus Überzeugung in der »Vaterländischen Front« engagiert hatte, hatte Klosterneuburg 1936 verlassen und war Direktor der Fachschule für Wein-, Obst- und Gartenbau in Rust am Neusiedler See geworden. Auch dort hatte er aus seiner Sympathie für die »Vaterländische Front« kein Hehl gemacht. Nun wurde Steingruber verdächtigt, einen Nationalsozialisten während der »Verbotszeit« angezeigt zu haben, was für jenen eine Gefängnisstrafe und ein zeitweiliges Berufsverbot nach sich gezogen haben sollte. Die betreffende Person, ein Apotheker namens Mischkonnig, war nun im Begriff, sich an Steingruber zu rächen, und bat Zweigelt über einen Mittelsmann um Auskünfte.[258] Zweigelt lieferte umgehend. »Steingruber war lange Jahre mein Assistent und hat von mir jederzeit die dankbar (sic) größte Förderung erfahren. Dass er studieren konnte, ist ausschließlich mein Verdienst. Ich habe damals durch Jahre die Assistentenarbeiten zum größten Teil selber gemacht, um ihm den Weg freizumachen.«[259]

Dann aber hieß es: »Er hat, wenn auch nicht mir gegenüber, so doch anderen gegenüber in der Zeit unseres illegalen Kampfes durch Denunziantentum in erster Linie mir selbst eine bittere Enttäuschung bereitet. Wir wissen heute, dass er … zu den Drahtziehern des Systems gehört hatte. Ich ziehe daraus die Konsequenz … dass er mindestens als Leiter einer Schule, mithin als Miterzieher der Jugend im Geiste unserer Bewegung nicht mehr infrage kommen kann.«[260]

Zweigelt sann aber nicht auf die physische oder auch nur materielle Vernichtung Steingrubers oder anderer politisch-weltanschaulicher Gegner. Mit der

Formulierung »wir Nationalsozialisten wollen auch solche Menschen nicht um ihr Brot bringen«[261] begründete er seinen Rat, dass in der Direktion der Ruster Schule ein Wechsel eintreten müsse und er sich freue, wenn besagter Apotheker die Initiative ergreifen würde. Steingruber möge »aber andererseits, denn fachlich ist er sehr tüchtig und fleißig ist er auch, in irgend einem praktischen Betriebe Verwendung finden«.[262]

Tatsächlich wurde Steingruber 1938 »aufgrund seiner seinerzeitigen politischen Einstellung« entlassen.[263] Gegen Ende des Krieges wurde er zum Volkssturm einberufen und geriet in Gefangenschaft. 1949 übernahm er in Klosterneuburg die Leitung der Abteilung Weinbau und Kellerwirtschaft und setzte bald alles daran, an die zwanziger Jahre anzuknüpfen und die ehemalige Bundesrebenzüchtung in Form einer Abteilung zu reaktivieren.[264] 1953 trat Steingruber als Nachfolger von Emil Planck als zweiter Direktor nach 1945 an die Spitze der Klosterneuburger Anstalt. So sollte sich der Wunsch bewahrheiten, den Zweigelt 1933 seinem damaligen Assistenten im Weinland auf den weiteren Weg gegeben hatte: »Sein Fleiß und sein Können werden Österreichs Weinbau noch manchen Dienst erweisen.«[265]

Kräftiger Rückschnitt

In Klosterneuburg selbst musste Zweigelt derweil niemandem raten, was zu tun sei, um die Anstalt von »schwarzen«, »klerikalen« oder ihm fachlich untragbar erscheinenden Mitarbeitern zu »säubern« – wobei das eine in seinen Augen in der Regel mit dem anderen einherging. Auf den 11. April 1938 ist eine »Denkschrift« an Landesbauernführer Anton Reinthaller datiert, in der Zweigelt ihn dafür zu gewinnen suchte, nach dem »Niedergang«, den die Anstalt in den zurückliegenden zehn Jahren erlebt habe, nun alles daranzusetzen, um den »Vorsprung, den die Schwesteranstalten im Deutschen Reich naturgemäss hatten erringen müssen« aufzuholen.[266] Dazu müsse die »Mission als älteste Anstalt im ganzen Deutschen Reiche« erneuert und alles unternommen werden, um »das Versuchswesen auszubauen und zu modernisieren«.[267] »Unumstößlich fest« stehe aber auch: »Soll Klosterneuburg seiner Aufgabe gerecht werden können, dann müssen junge, elastische, zugleich aber auch im Zeichen der nationalsozialistischen Bewegung stehende Menschen berufen werden, denn die Führung und Erziehung der Jugend kann und darf sich vor allem nicht auf das Fachliche beschränken, sondern muss den ganzen Menschen erfassen, wozu nur Leute befähigt sein können, deren Einstellungen nicht bis in die letzten Tage von Hass und

Verfolgung alles Nationalen in den Schülern diktiert war.«[268] Kurz gesagt: »Eine notwendige aber erfolgreiche Verjüngung durch kräftigen Rückschnitt wird ein erster Schritt sein müssen, den gesteckten Ziele näher zu kommen … Kloster-neuburg kann, muss und wird in alter Größe erstehen, würdig seiner heutigen Mission im Großdeutschen Reiche.«[269]

Wie dieser »kräftige Rückschnitt« aussehen sollte, ließ Zweigelt das Landwirt-schaftsministerium unter dem Datum des 16. April 1938[270] und nochmals am 13. Juni[271] in weiteren »Denkschriften« wissen. Sie dienten im Wesentlichen dazu, alles erdenkliche Nachteilige über seine unmittelbaren Kollegen wie Stefl, Kloss, Reich und Planckh, aber auch über einige andere Mitarbeiter auszubreiten. Fachliche Kritik und drastische Schilderungen der Folgen der Alkoholkrankheit eines Kollegen mischten sich mit Schilderungen weltanschaulicher Unzuver-lässigkeit. Ludwig Stefl etwa, verantwortlich für Weinbau und Kellerwirtschaft, habe bereits »weit über seine Zeit gedient«, und sei »längst an den brennenden Fragen der Gegenwart vorbeigegangen«.[272] Julius Kloss erschien Zweigelt als »schwerer«[273] beziehungsweise »chronischer Alkoholiker«[274] untragbar, Viktor Reich (Professor für allgemeine Chemie, Mineralogie und Bodenkunde sowie Leiter des agrikulturchemischen Laboratoriums) und Emil Planckh (Professor für Obstbau und Obstverwertung) aus »politischen Gründen«.[275] Er habe es »glänzend verstanden, sich mit allen Parteien gut zu stellen. Als Angehöriger des C. V. war er würdig befunden worden, die Bezirksführung der Vaterländischen Front zu übernehmen und Gemeindeverwalter der Stadt Klosterneuburg zu wer-den … Nicht minder kennzeichnend für Prof. Planckhs politische Standfestig-keit ist, daß er szt. bei den Feber-Unruhen in Wien des Jahres 1936 meinte, ihm könne nichts geschehen, denn er habe 20.000 rote Siedler hinter sich. Das Prof. Emil Planckh überdies sachlich nichts geleistet und den Betrieb in einem ganz heruntergekommenen Zustande übergeben hat, läßt sich jederzeit kommissio-nell feststellen.«[276]

Reich habe »alle Parteischattierungen des vergangenen Systems, vom gross-deutschen Abgeordneten angefangen, von der Heimwehr bis zum fanatischen Gegner des Nationalsozialismus, ja bis zum Anhänger dieser Bewegung absol-viert«.[277] Planck sei sogar VF-Bezirksführer und Gemeindeverwalter der Stadt Klosterneuburg gewesen. Besonders erbost zeigte sich Zweigelt darüber, dass Planckh »mit dem Umsturz seine politische Überzeugung über Bord geworfen hat und dem Nationalsozialismus seine volle Sympathie entgegenbringt«[278] – und damit womöglich zum potentiellen Konkurrenten für die endgültige Nach-folge Bretschneiders geworden war.

Dass der Lehrbetrieb über einer derart forcierten Entlassungswelle sondergleichen zusammenzubrechen drohte, war Zweigelt bewusst. Daher, so sein Rat, sollten die Abberufungen erst im Sommer 1938 und damit nach dem Ende des laufenden Schuljahres erfolgen. Zum neuen Schuljahr wollte Zweigelt mit einer neuen Professorenschaft aufwarten, die Gewähr für fachliche wie ideologische Exzellenz bot.

Wen er für die neu zu besetzenden Positionen gewinnen wollte, hatte er schon im zeitigen Frühjahr festgelegt: Ein erster Kandidat war der Klosterneuburger Absolvent und spätere Assistent Heinrich Konlechner. Dieser hatte 1932 ein sehr gut lesbares Fachbuch über die »Flaschenweinbereitung«[279] vorgelegt und zunächst im Burgenland und seit 1936 in der ungleich größeren Steiermark als Kellereiinspektor in Diensten des Bundesministeriums für Land- und Forstwirtschaft gestanden.[280] 1935 war Konlechner in die in Österreich verbotene NSDAP eingetreten,[281] was ihn zusammen mit seinen guten wissenschaftlichen und praktischen Kenntnissen in den Augen Zweigelts dafür qualifizierte, an Stefls Stelle die Leitung des Instituts für Weinbau und Kellerwirtschaft zu übernehmen.[282]

Ein Auge geworfen hatte Zweigelt auch auf Otto Kramer, den langjährigen Vorstand der Versuchsanstalt für Wein- und Obstbau im württembergischen Weinsberg.[283] Beide kannten sich seit den frühen zwanziger Jahren und hatten sich unter anderem auf der »1. Reichstagung des Deutschen Weinbaues« gesehen, die vom 22. bis zum 29. August 1937 in Heilbronn a. N. stattgefunden hatte.[284] Kramer hielt dort zwei Vorträge, den einen über »Winzergenossenschaften und Kellerwirtschaft«,[285] den anderen unter dem Titel »Behandlung des Weines unter besonderer Berücksichtigung der kellerwirtschaftlichen Maßnahmen«.[286] Zweigelt (»Klosterneuburg, Österreich«) war unter den annähernd dreißig Vortragenden der einzige, der nicht aus Deutschland stammte. Ein Unbekannter war er nicht. Viele Mitwirkende kannte er längst persönlich, hatte er doch 1923 vielen Kollegen von Österreich aus mit Lebensmittelpaketen über eine schwere Zeit hinweggeholfen. Zweigelts Thema in Heilbronn war denn auch ein zentrales: »Die Aufgaben der Rebenzüchtung«[287] – wie er mutmaßlich auch den für seine Zuhörer passenden Ton anschlug: »Eines steht fest«, so beschloss er seine Ausführungen: »Deutsche Energie, deutsches Genie, deutsche Arbeit und deutsche Zähigkeit, die in der Welt schon so viel und so Erstaunliches geleistet haben, werden auch die Fragen der Rebenzüchtung meistern.«[288]

Kaum ein halbes Jahr später war es an Zweigelt, einen erfahrenen Reichsdeutschen für Klosterneuburg zu gewinnen: »Kramer hat selbst den Wunsch, nach Klosterneuburg zu kommen … Kramer gehört zu den führenden Fachmännern im alten Reiche, ist ein ausgezeichneter Redner, Lehrer und Forscher und hat

20 Ein hochbegabter Wissenschaftler: Titelblatt des 1932 im Selbstverlag erschienenen Lehrbuchs »Flaschenweinbereitung« von Heinrich Konlechner.

21 Neuzeitlicher Weinbau: Die Lehrschau der 1. Reichstagung des Deutschen Weinbaues in Heilbronn a.N. im Sommer 1937.

sich durch zahlreiche Publikationen einen Namen gemacht«, behauptete Zweigelt nun.[289] Dass dieser Mitglied der NSDAP und der SS war, wog für Zweigelt offenkundig schwerer als dass Kramer als Biologe nicht unbedingt geeignet war, die Nachfolge von Julius Kloss in der Leitung des Laboratoriums für Weinchemie und Gärungsphysiologie zu übernehmen.[290] Er biete alle Gewähr dafür, »dass die erwähnten Disziplinen rasch auf das Niveau des übrigen Deutschland gehoben werden«.[291]

Zweigelt war aber nicht der Einzige, der Pläne für die Zukunft von Klosterneuburg schmiedete. Als Reaktion auf die Säuberungsbestrebungen Zweigelts ergriffen im Frühjahr 1938[292] mehrere Lehrkräfte die Initiative, um ihn mittels einer breit gestreuten Eingabe »als kommissarischen Leiter unmöglich zu machen«.[293] Die treibende Kraft hinter der Aktion war indes nicht Julius Kloss, obwohl er Anfang Juli das erste Opfer Zweigelts geworden war: Wie Zweigelt seinem »Freund« Wobisch mitteilte, hatte das Landwirtschaftsministerium ihn »ermächtigt, Kloss bis auf weiteres zu beurlauben«.[294]

Tatsächlich saß der Professor nun zwischen allen Stühlen, weil er sich (nach seinen eigenen Worten) »nicht vollumfänglich« auf die Seite der Gegner Zweigelts geschlagen hatte. »Es ist ein Hass gegen mich, weil ich Ihre Person als kommissarischen Leiter nicht restlos verdammte«, schrieb Kloss am 11. Juli 1938.[295] Anstatt mit Zweigelts Widersachern zu konspirieren, sei er jederzeit für ihn eingetreten »und zwar auch bis zum letzten Moment, wo man gegen Sie eine Hetzjagd veranstaltet hat, um Sie als kommissarischen Leiter unmöglich zu machen (Memorandum vom Juni 1938). Bei dieser Gelegenheit habe ich meine Bedenken geäussert, was mir von vielen Kollegen niederen und höheren Grades verübelt wird«.[296]

Grund des Kesseltreibens war es auch nicht, wie es Max Prohaska bei einer Vernehmung durch die Staatspolizei am 18. Juli im Sommer 1945 darstellte, das »egoistische«, »streberische« und »gemeine« Verhalten Zweigelts gegenüber den

Gedächnisschrift

zur Wahrung des Ansehens der altehrwürdigen Lehr-und Forschungsstätte
Höhere Staatslehranstalt und Staatsversuchsstation für Wein-, Obst -
und Gartenbau in Wien - Klosterneuburg.

In letzter Zeit wiederholen und mehren sich die Fälle, daß durch
fragwürdige Machenschaften gewisser Kreise das Ansehen der berechtig -
ten Weltruf genießenden Höh. Staatslehranstalt und Staatsversuchs -
station für Wein-, Obst- und Gartenbau in Wien-Klosterneuburg unter -
graben und herabgesetzt wird.

Zu allernächst sei auf einen Fall verwiesen, der hierfür als das
typische Beispiel angesehen werden kann. Wegen fachlicher Unbrauch -
barkeit hat über Antrag des Absolventenverbandes der Staatslehran -
stalt und der Leitung des Institutes das Ministerium für Landwirt -
schaft die Kündigung des Obergärtners Leop. Korntheuer verfügt.

Korntheuer wußte sich Verbindungen zu verschaffen und erwirkte
durch die Kanzlei Gauleiters Joseph Bürckel, daß der Fall zu neuer -
licher Behandlung gebracht **warde.**

Hiezu sei zur objektiven Beurteilung des Falles Korntheuer fest -
gehalten : es ist allgemein bekannt, daß Korntheuer den verantwor -
tungsvollen Posten eines Obergärtners an einer höheren Anstalt, an
der Gartenbau als Hauptfach gelehrt wird und für die Gartenbauwirt -
schaft richtungweisende Versuchstätigkeit durchgeführt werden soll,
nicht ausfüllen kann. Korntheuer ist gelernter Sattler und vermag
keinen Nachweis zur fachlichen Befähigung zu erbringen. Er wurde
übrigens schon Jahre vor dem Umbruch durch die Österr. Gartenbau -
gesellschaft bei der Bewerbung zur Ablegung einer Fachprüfung mangels
voraussetzender Bildung und Kenntnisse abgelehnt.

(Beweis : Studienrat Auer, Leiter der Gartenbauschule der

Österr. Gartenbaugesellschaft)

Daß Korntheuer als Obergärtner unzulänglich ist, läßt sich

22 »In kürzester Zeit Widerstände überwinden«: Eine von mehreren Denunziationsschriften
Zweigelts aus dem Sommer 1938.

Kollegen.[297] Prohaska hatte 1945 vielmehr ein recht eigennütziges Motiv, um seinerseits Zweigelt zu denunzieren: Ohne bis März 1938 Mitglied der NSDAP gewesen zu sein, genoss er in der Klosterneuburger Ortsgruppe der Nationalsozialisten anscheinend erheblichen Rückhalt. Angeblich, so Zweigelt, habe Prohaska der von Voboril gegründeten illegalen Betriebszelle angehört, während er allen Werbungen widerstanden habe.[298]

Nach der Machtübernahme der Nationalsozialisten im März 1938 sollte Zweigelt im Auftrag des Ortsgruppenleiters der NSDAP mit ihm »wegen der gemeinsamen Leitung der Anstalt« verhandeln.[299] Prohaska, so die vorläufige Vereinbarung, sollte künftig für das Pädagogische zuständig sein, Zweigelt für das Wissenschaftliche und Personelle. Die Übereinkunft hielt jedoch nur wenige Tage – was Zweigelt 1945 so beschrieb: »Später versuchte dann Prohaska mich bei Hofrat Kober herabzusetzen. Dadurch wurde ich misstrauisch und besprach dann die Angelegenheit mit Gaubauernführer Ing. Benesch, der mir den Auftrag gegeben hatte alle politisch nicht tragbaren Angestellten vom Dienst zu entheben. Zwischenzeitlich wurde durch Dekret des damaligen Ackerbauministers Anton Reinthaller meine Ernennung zum Vertreter des erkrankten Direktors ausgesprochen.«[300] Nun war es – so wiederum Zweigelt – mit der »loyalen Zusammenarbeit« vorbei.[301] Kein Wunder, war Prohaska doch ein ziemlich gleichaltriger Bewerber und ein »Mann von stets bekundeter nationaler Einstellung und erprobten fachlichen Fähigkeiten«.[302]

Zum Schutz der Reinheit der nationalsozialistischen Idee

Leider hat sich die gegen Zweigelt gerichtete Eingabe, die an das Landwirtschaftsministerium und die Gauleitung in Wien sowie an mehrere Stellen in Berlin gerichtet war und überdies in den Kreisen der Klosterneuburger Absolventen kursierte,[303] in den vorhandenen Akten nicht im Original erhalten.[304] Die Vorwürfe an sich müssen daher aus parallelen Überlieferungen rekonstruiert werden. Im Wesentlichen, so ist einer auf den 21. Dezember 1938 datierten Abschrift einer Abschrift eines Schreibens an den Staatskommissar beim Reichsstatthalter Dr. Otto Wächter, zu entnehmen, wurde Zweigelt bezichtigt, Mitglied der »Schlaraffia« gewesen zu sein.[305] Des Weiteren sollte für seine politische Haltung bezeichnend sein, »dass er einen ehemaligen heftigen Gegner der Bewegung, der sich noch kurz vor der Machtergreifung in abfälliger Weise über den Führer geäußer(t) hatte, zu seinem Sekretär ernannte und ihn als Leiter der NSBO einsetzte«.[306]

Einen nachteiligen Eindruck sollte drittens machen, dass Zweigelt schon seit mehreren Jahren »mit allen Mitteln die Stellung des Direktors der höheren Lehranstalt für Wein- und Obstbau« erstrebt habe. »Schon vor 1½ Jahren frug seine Frau den damaligen national eingestellten Direktor, der jeden Tag mit seiner Entlassung rechnen musste, wann eigentlich die Wohnung in der Anstalt frei werden würde. Nach dem Tode seines Vorgängers erhielt Z. tatsächlich die Wohnung und die Stelle als Direktor. Seinen bisherigen Wohnungsvermieter empfahl er eine jüdische Familie als Nachfolger. Seine judenfreundliche Einstellung geht außerdem noch daraus hervor, dass die Kinder dieser Familien zu ihm und seiner Frau ›Onkel‹ und ›Tante‹ sagten.« Mit dem Vorwurf des privaten freundschaftlichen Umgangs mit Juden aber war es immer noch nicht genug. »Dr. Z. war ferner Hauptschriftleiter der von einem Juden herausgegebenen Zeitschrift ›Das Weinland‹«. All das konnte nur bedeuten: »Nach Ansicht von eingeweihten Partei- und Fachkreisen erscheint Dr. Z. aufgrund seiner politischen und charakterlichen Haltung während der Systemzeit nicht geeignet, die Lehranstalt für Wein- und Obstbau im naz.soz. Sinne zu führen.«[307]

Ende Juni musste Zweigelt in einem Gespräch mit Wiener Gaubauernführer Rudolf Benesch den Eindruck gewonnen haben, dass die Argumente seiner Gegner nicht ohne Wirkung geblieben waren – und das, obwohl es sich nach seiner Meinung um dieselben Kräfte handelte, »die ebensogut auch unter Schuschnigg gegen mich als Ankläger hätten auftreten können!«[308] – und offenkundig mit ihren Anwürfen durchgedrungen waren.[309] Der kommissarische Leiter war indes wie immer nicht um eine Verteidigung verlegen: »Man mag sich vielleicht wundern, dass gerade der Mann – und ich bin eingebildet genug, es zu sagen, – der die ganzen Jahre her als einziger Klosterneuburg hochgehalten hat, international gearbeitet hat und so das Haus in der internationalen Wissenschaft neuerdings verankert hat, der sich allerdings durch einen weit über den Pflichtenkreis gehenden Fleiss und ein damit verbundenes Uebergewicht fast alle zu Feinden gemacht hat, weil diese anderen nicht nur fachlich in den Hintergrund getreten sind, sondern dadurch, dass im Laufe der Jahre der eine mehr, der andere weniger Butter auf sein Haupt geladen hatte, mit Recht fürchten musste, dieser Zweigelt könnte einmal Direktor werden und es könnte dann für die anderen eine gefährliche Situatiob (sic) erwachsen.«[310]

Aus Zweigelts Sicht hatte sein Engagement nur zu seinen Ungunsten ausgehen können: »Es ist dann wohl begreiflich, dass diese anderen sich zusammenschließen, umso durch die durch die Eingabe der kommissarischen Leitung an das Ministerium wegen Versetzung in den Ruhestand tatsächlich aktuell gewordene Gefahr für sich selbst zu beschwören.«[311] Der Grad der Emotionalität, mit der

Zweigelt auf die unerwartete Gegnerschaft reagierte, war jedoch noch steigerungsfähig. Das Schreiben an den Gaubauernführer endete mit dem Absatz: »Und die NSDAP muss sich solche Art mit einer Aktion von Gegnern von gestern gegen einen alten illegalen Kämpfer befassen, einen Kämpfer, der immer seine Pflicht getan hat, der – und das unterstreiche ich besonders –, den Direktor Bretschneider, der fachlich schwach war, immer unterstützt hat. Wenn je ein Artikel oder eine Rede Bretschneiders notwendig gewesen war, wer hat all das gemacht? Zweigelt! Wenn eine Festschrift oder eine Festnummer notwendig war im Interesse des Hauses, wer hat das verfasst? Zweigelt! Und wenn es galt, den Direktor zu ehren, ihn in der Presse öffentlich zu würdigen, wer hat das trotz bitterster Enttäuschungen gerade von dieser Seite – die Beweise folgen im Verfahren – gemacht? Zweigelt!«[312]

Zu dem Parteigerichtsverfahren, auf dem der sich in seiner Ehre als Wissenschaftler und illegaler Kämpfer doppelt getroffene Mann im Juni »in bedingungsloser Gefolgschaft« befand, kam es nie – was Zweigelt rückblickend bedauerte. Am 13. November 1938 schrieb er an Kreisleiter Slupetzy: »Es war ja abscheulich zu sehen, dass sich CVer und VFer ›zum Schutz der Reinheit der nationalsozialistischen Idee‹ zusammenfanden. Ich habe es damals bedauert, dass ich nicht zur Verantwortung gezogen worden bin; ich hätte gerne Gelegenheit genommen, diesen scheinheiligen Leuten die Maske vom Gesicht zu nehmen.«[313]

Leider ist in den Quellen nicht klar zu erkennen, wie sich Zweigelt gegen den Vorwurf judenfreundlichen Verhaltens und seiner Mitgliedschaft in der »Schlaraffia« zur Wehr setzte, die vielen Nationalsozialisten als vermeintliche Freimaurerorganisation verdächtig war. 1938 wollte er aus der Schlaraffia unter anderem wegen der Nicht-Durchsetzbarkeit des Arierparagraphen ausgetreten sein – was sich aber nicht überprüfen lässt.[314] Den Vorwurf hingegen, er habe einen Gegner des Regimes protegiert, konterte Zweigelt mit der Behauptung, die fragliche Person namens Alexander Voboril (ein Bruder von Franz) sei zwar seinerzeit Sozialdemokrat gewesen, habe aber alle Parteifunktionen schon 1926 niedergelegt. »Es ist außerordentlich billig, ihn zum Kommunisten zu stempeln, sich so seiner zu entledigen und nicht zur Kenntnis nehmen zu wollen, dass der Mann seit Jahren schon den Ideen der NSDAP nahegestanden hat. Oder glaubt man, dass wir ihn zum Vertrauensmann der Partei und zum Betriebszellenleiter des Hauses gemacht hätten, weil und wenn er Kommunist war? Offiziell aber wurde als Kommunist verfolgt, kannalso (sic) die Begünstigungen eines Gesetzes, das den Nationalsozialisten gilt, nicht genießen.«[315]

Ebenso wenig Erfolg wie die Kampagne gegen Zweigelt hatte der Versuch des von ihm wegen angeblicher »fachlicher Unfähigkeit« entlassenen Obergärtners

Leopold Korntheuer,[316] den Gang der Dinge durch die Einschaltung der Kanzlei des Gauleiters Josef Bürckel aufzuhalten. Zu spät auch, nämlich erst im Umfeld der Maturakneipe im Juni, versuchten die von der Verdrängung bedrohten Professoren, Teile der Schülerschaft gegen die neuen Herren im Haus zu mobilisieren.[317] Erst recht zu spät kam der Versuch einer Reihe von Absolventen von Klosterneuburg, Zweigelts Vorgehen gegen die alten Lehrkräfte durch eine Unterschriftenaktion zu skandalisieren. »Ich fühle mich hier verpflichtet, mitzuteilen, dass in letzter Zeit neue Aktionen gegen mich als Leiter aufgezogen werden« schrieb Zweigelt unter dem Datum des 13. November.[318] »Nach vertraulichen Mitteilungen soll eine solche Anzeige gegenwärtig beim Ministerium wie beim Stellvertreter des Führers laufen. Da, soweit ich die Argumente kenne, alles Lug und Verleumdung ist, wird mir nur der Weg zur Gestapo übrig bleiben.«[319]

Was war geschehen? Zweigelt hatte davon Wind bekommen, dass ein ehemaliger Klosterneuburger namens Hans Falkinger sich an ehemalige Studienkollegen gewandt hatte, um sie für die Unterschrift unter eine Erklärung gegen die Maßregelungen der von Zweigelt aus der Anstalt verdrängten Professoren zu gewinnen, hätten diese doch »in jeder Hinsicht objektiv ohne Rücksicht auf Weltanschauungen den Schülern« gegenübergestanden.[320] Besonders die »nationalen oder nationalsozialistisch eingestellten Kameraden« sollten sich bestätigen lassen, »dass sie vom Lehrkörper wegen der Zugehörigkeit zu einer verbotenen Organisation nicht verfolgt wurden«.[321] Bei ihrer Argumentation zugunsten der vormaligen Lehrer sollten die Absolventen es nicht versäumen die eventuelle Zugehörigkeit zur NSDAP oder deren Gliederung durch die Ortsgruppe bestätigen zu lassen.

Im Herbst 1938 fühlte sich Zweigelt als kommissarischer Leiter jedoch so fest im Sattel, dass er einem im Wiener Landwirtschaftsministerium angesiedelten Staatskommissär namens Gross sogleich eine weitere Denkschrift »Zur Personalfrage an der Klosterneuburger Staatsanstalt« unterbreitete.[322] Denn was immer hinter den Kulissen der Partei ausgefochten wurde, der Rückhalt Zweigelts im Landwirtschaftsministerium war stärker gewesen – Ministerialrat Wobisch stand ganz offenkundig weiterhin ganz auf der Seite des kommissarischen Leiters, ebenso hatte Zweigelt Gaubauernführer Benesch davon überzeugen können, dass er Opfer einer Intrige des Klerikalismus in der Ostmark gewesen sei.[323]

Schon unter dem Datum des 12. Juli 1938 hatte Zweigelt Wobisch mitteilen können, das Ministerium habe ihn ermächtigt, Kloss, den er unter anderem wegen alkoholisierten Erscheinens im Dienst angezeigt hatte, bis auf weiteres zu beurlauben. Am 16. August und damit gut einen Monat später wurde Planckh beurlaubt, am 26. August waren Reich, Prohaska und Stefl an der Reihe, die beiden letzteren offiziell aufgrund der bereits überschrittenen Altersgrenze und damit unter Wahrung ihrer Pensionsansprüche.[324] Im neuen Schuljahr waren die von Zweigelt ausgebooteten Kollegen, die zum Teil noch länger als er in Klosterneuburg gearbeitet hatten, nicht mehr an der Anstalt zu finden.[325]

Sollten die übrigen Mitglieder des Lehrkörpers Ende 1938 den Eindruck gehabt haben, mit dem »kräftigen Rückschnitt« sei es nun vorbei, so wurden sie im Frühjahr des kommenden Jahres eines Besseren belehrt: Unter dem Datum des 27. Mai 1939 setzte Zweigelt ein Schreiben an das Ministerium für Landwirtschaft in Wien auf, indem er – angeblich zum wiederholten Mal – darauf drang, den Assistenten Josef Falch vom Dienst zu entheben bzw. ihn zu kündigen.[326] Aus eigenem Antrieb wollte Zweigelt nicht tätig geworden sein, handelte es sich bei dem Mitarbeiter doch nicht um jemanden, der in der Abteilung Weinbau tätig war. Falch war seit 1933 Assistent in der Abteilung Obstbau und Obstverwertung[327] und verstand sich nach Darstellung Zweigelts mit seinem neuen Vorgesetzten, dem Nationalsozialisten und leitenden Professor für Obstbau, Moissl, denkbar schlecht.

»Wegen Falch ist nicht nur die Direktion, sondern sind auch Abordnungen des Hauses wiederholt vorstellig geworden, dass es nicht angehen einen Mann an der Anstalt zu behalten, der als C.V. und Anhänger des verflossenen Systems durch seinen Beruf mit der Jugend zu tun hat«, war es in dem von Zweigelt unterschriebenen Schriftstück zu lesen. Im Einzelnen habe sich der Ingenieur zu Schulden kommen lassen, dass er »bald nach dem Umbruche bei den Schülern dadurch Anstoß erregt, dass er den Hitlergruss nicht erwiderte«. Außerdem habe er von sich aus bei der Kreisleitung der Deutschen Arbeitsfront eine Eingabe gegen Zweigelt eingereicht, wobei aus dem Brief nicht hervorgeht, was Falch gegen den neuen Machthaber in der Anstalt vorgebracht haben könnte.

Was ihm jedoch zum Schicksal zu werden drohte, war, dass er »seinerzeit aus politischen Gründen während der Systemzeit anstelle des wegen seiner Betätigung für die NSDAP entlassenen Gretner in die Anstalt gekommen« sei. Mit der Wiedereinstellung Gretners im Sinne der Wiedergutmachung sei die Beibehaltung Falchs überflüssig geworden, weshalb er schon einmal dem Ministerium zur Verfügung gestellt worden sei. Diese Bemühungen seien aber nicht von Erfolg gekrönt gewesen, weil Falch aus politischen Gründen andernorts nicht willkommen gewesen sei. Nun aber sah Zweigelt die Zeit endgültig gekommen, um sich auch dieses Mitarbeiters zu entledigen. »Sein arrogantes Wesen den Vorgesetzten gegenüber hat mehrfach zu scharfen Auftritten geführt,« behauptete er. Und: »Falch hat bis heute innerlich den Anschluss an die aufbauwilligen Nationalsozialisten nicht gefunden, weshalb Weiterverbleiben an der Anstalt als untragbar bezeichnet werden muss.«

Ob Zweigelt mit seinem Versuch Erfolg hatte, ist in der Volksgerichtsakte nicht dokumentiert. Fest steht nur, dass Josef Falch 1945 und damit noch vor Paul Steingruber an die Anstalt zurückkehrte und in den fünfziger Jahren als Professor für Obstbau, Obst- und Gemüseverwertung zu den wichtigsten Lehrkräften in Klosterneuburg gehören sollte.[328]

Das Recht der deutschen Menschen

In der Öffentlichkeit hat Zweigelt nichts von den Konflikten durchblicken lassen, die er in der Anstalt provoziert hatte. So erschien auch das *Weinland* ohne weitere Erklärung seit August 1938 in einem neuen, selbstverständlich systemnahen Verlag. Dass langjährige Lehrkräfte, die dann und wann auch in »seiner« Zeitschrift publiziert hatten, Klosterneuburg verlassen sollten oder verlassen hatten, war der Zeitschrift nicht zu entnehmen. Auch über die Neubesetzung mehrerer Positionen verlor Zweigelt kein Wort. Vielmehr publizierten Heinrich Konlechner, der an seine Ausbildungsstätte zurückgekehrt war, wo er von 1919 bis 1922 studiert hatte,[329] und der aus Württemberg nach Klosterneuburg gekommene Otto Kramer im *Weinland* so, wie sie von ihren vormaligen Wirkungsstätten aus die Klosterneuburger Zeitschrift bedient hatten – streng wissenschaftlich.

Zweigelt veröffentlichte ebenfalls weiterhin wissenschaftliche Abhandlungen, als wäre nichts geschehen. Auch sein Arbeitseifer kannte weiterhin keine Grenzen. 1938 übernahm er auch noch die Leitung der Abteilung Phytopathologie.[330] Was politisch die Stunde geschlagen hatte, ließ Zweigelt seine Leser nur in den Leitartikeln wissen. Die aber waren ein Spiegel seiner völkischen Gesinnung.

Im Herbst 1938 wurde die Besetzung des Sudetenlandes durch Nazi-Deutschland überschwänglich begrüßt.[331] Im Mai 1939 hieß es aus Anlass von Hitlers 50. Geburtstag »Dem Führer Dank und Gelöbnis« – wobei der Leser desselben Heftes aus dem Bericht Heinrich Konlechners über die erste Tagung des Reichsnährstandes für die Weinbaufachbeamten Großdeutschlands in Geisenheim am Rhein erfuhr, dass Zweigelt diesen »in fesselnder Weise« einen Überblick über den Weinbau in der Ostmark gegeben habe.[332] Ein Jahr zuvor war Zweigelt schon einmal in offizieller Mission in Deutschland gewesen, allerdings nicht in Geisenheim, sondern bei der »Reichstagung über die Müller-Thurgau-Rebe« in Alzey. Dort war er »mit herzlichen Worten begrüßt«[333] worden – und schon damals »nicht als Gast, sondern als Vertreter des deutschen Weinbaugebietes Österreich«.[334] So jedenfalls wurde er von dem Nationalsozialisten Wilhelm Heuckmann, dem Leiter der Weinbauabteilung im Reichsnährstand, als Teilnehmer einer Tagung eingeführt, auf der zum ersten Mal alle verfügbaren Erkenntnisse über die Stärken und Schwächen der Müller-Thurgau-Rebe zusammengetragen wurden.[335]

Zur Sache selbst schien Zweigelt nicht viel beigetragen zu haben, obwohl er schon 1932 einen längeren Artikel über »Müller-Thurgau-Weine in Österreich« veröffentlicht[336] und eine »Weinkost« mit Müller-Thurgau-Weinen anberaumt hatte.[337] 1934 wiederum hatte er akribisch alle neueren Informationen über das Verhalten der Rebe im Weinberg und den Ausbau der Weine zusammengefasst.[338] Möglicherweise aufgrund der mit der Annexion Österreichs einhergehenden Turbulenzen in Klosterneuburg gab es auf der Müller-Thurgau-Tagung 1938 aus der neuen »Ostmark« im Unterschied zur Schweiz, zu Italien und auch Rumänien keinen Bericht – jedenfalls keinen, der in die Tagungsmaterialien aufgenommen worden wäre. Doch beteiligte sich Zweigelt ausweislich des Nachwortes des hektographierten Tagungsberichtes an einer Diskussion über die Müller-Thurgau-Rebe und deren wirtschaftliche Bedeutung.[339]

Im September-Heft 1939 feierte Zweigelt in seinem *Weinland* enthusiastisch den seit Jahresbeginn immer wieder angekündigten »Internationalen Weinbaukongress«.[340] Tatsächlich hatte dieser wenige Tage vor dem Überfall auf Polen in Bad Kreuznach stattgefunden, war allerdings einen Tag früher als geplant wegen Kriegsgefahr zu Ende gegangen.[341]

Im selben martialischen Tonfall begrüßte Zweigelt im Leitartikel des November-Heftes den Ausbruch des Zweiten Weltkrieges: »In atemberaubendem Tempo hat der deutsche Soldat den Größenwahnsinn der Polen gebrochen und das Recht des deutschen Menschen im Ostraum auf sein Volkstum wieder hergestellt. England bekommt immer schärfer die Klinge des deutschen Schwertes zu spüren. Zu Land, zu Wasser und in der Luft hat das Soldatentum einmalige Taten gesetzt, die ebenso in die Geschichte eingehen werden wie die herrlichen Leistungen deutschen Geistes in Wissenschaft und Technik, die mitgeholfen haben, die Grundlagen für diese beispiellosen Erfolge zu schaffen«. Den Absatz »Die planmäßige Ernährungswirtschaft, die reichen Ernten der letzten Jahre im Feldbau, im Getreidebau, im Obstbau werden alle Hoffnungen unserer Gegner zunichtemachen, jemals dieses deutsche Volk in die Knie zu zwingen« schloss Zweigelt mit den Worten: »Jüdischem Spekulationsgeist ist für alle Zeiten der Boden entzogen.«[342]

1939 kamen weitere Aufgaben und Pflichten auf Zweigelt zu. Schon im Frühjahr war er mit der kommissarischen Leitung der Staatslehranstalt und Versuchsanstalt für Gartenbau in Hetzendorf, Schönbrunn, betraut worden. Zweigelt bestätigte den entsprechenden Erlass mit Schreiben an das Präsidium des Ministeriums für Landwirtschaft unter dem Datum 24. April 1939.[343] Die Dreifach-

belastung durch die Leitung von Klosterneuburg, die Leitung der Bundesrebenzüchtung und nun Hetzendorf-Schönbrunn, für die Zweigelt nicht nur finanziell
entschädigt wurde, sondern auch um ein Dienstkraftfahrzeug nachgesucht hatte,
dauerte nicht lange. Die Gartenbau-Anstalt wurde per Erlass des Reichsministers
für Ernährung und Landwirtschaft vom 24. Februar 1940 aufgelöst.[344]

Am 26. November 1939 wurde Zweigelt zum ständigen Mitglied im »Reichs-
ausschuss für Weinforschung« bestellt, dem höchsten wissenschaftlichen Gremium in Deutschland.[345] Als füg- und folgsamer Zeitgenosse galt er den Berliner
Nationalsozialisten jedoch immer noch nicht. »Die schwierige Situation war für
mich vorauszusehen«, schrieb Zweigelt unter dem Datum des 11. April 1940 im
Anschluss an eine Unterredung mit einem Beamten namens Frankovski aus dem
Reichsministerium für Ernährung und Landwirtschaft.[346] »Aus dem Frage- und
Antwortspiel, welches Ministerialrat Meyer im Foyer des Hotels Holzwarth mit
mir abführte, sprach ein leiser Verdacht, ich hätte die ganzen Pläne beim Gau
verraten. Und umgekehrt erhielt ich vom Gau schärfsten Verweis, dass ich zu
Unrecht mit Berlin Fühlung gehabt hätte usw.«[347] Mehr noch: »Nur dem Dazwi-
schentreten von Oberregierungsrat Hoffmann ist es zu danken, dass ich nicht in
ein Disziplinarverfahren gezogen zu werden.«[348]

»Die ganzen Pläne?« Aus dem Brief und dem Kontext, in dem er überliefert
ist, wird nicht klar, warum Zweigelt zwischen die Fronten von Wien und Berlin
hatte geraten können. Indes hatte Frankovski sich seinerseits am 8. April 1940
an Zweigelt gewandt, nachdem er sich »dienstlich« im Januar und Februar in
Klosterneuburg aufgehalten hatte. Nun bat er nicht nur, wie Zweigelt es ihm
angeboten hatte, um die Übersendung einiger Flaschen Wein. Der Beamte
schrieb auch: »Unser Etat liegt beim R.F. Min., ich bin sehr gespannt auf den
Erfolg.«[349]

Die Gedanken der Herren drehten sich offenbar um einen Haushaltsansatz,
mutmaßlich jenen (noch) für das Jahr 1940, der sich in den Akten des Berliner
Reichsministeriums für Finanzen erhalten hat.[350] Diesen hatte Zweigelt mit einer
undatierten, aber wohl um die Jahreswende 1939/40 verfassten »Denkschrift
zur Übernahme der Versuchs- und Forschungsanstalt für Wein- und Obstbau in
Klosterneuburg durch das Reichsministerium für Ernährung und Landwirtschaft
in Berlin« flankiert.[351] Zu lesen war über vier Seiten hinweg sein Credo von den
Leistungen und der »Mission Klosterneuburgs nach dem Südostraum«[352] und
dem »Wettstreit mit den Schwesteranstalten des Altreiches«. So wollte er begrün-
den, warum hinter den im Haushaltsplan für das Jahr 1940 niedergelegten Bitten
und Wünschen nicht ein »uferloser Drang nach Vergrößerung des Betriebes und
Vermehrung des Personals vorliegt, sondern dass das Bestreben massgebend ge-

wesen war, die Schäden auszumerzen, die die letzten Jahre der Anstalt gebracht haben«.[353]

Wie es dem Etatansatz erging und wie Zweigelts Denkschrift in Berlin aufgenommen wurde, erschließt sich aus den verfügbaren Quellen nicht. Jedoch deutet alles darauf hin, dass der Feuerkopf Zweigelt sich in Berlin wie in Wien Feinde gemacht hatte, weil er eigenmächtig in die Rolle des Sprachrohrs »seines« Klosterneuburgs geschlüpft war. In diesen Kontext scheint eine Äußerung zu gehören, die sich in den Akten des Gaus Wien der NSDAP, Amt für Beamte, Fachschaft 12, Fachgruppe Wirtschaft, Arbeit und Landwirtschaft erhalten hat. Darin hieß es zunächst, Zweigelt habe sich »insofern illegal betätigt, als er Flugschriften verteilt und Abzeichen verkauft hat. Er hat Parteigenossen dadurch unterstützt, dass er Absolventen der Anstalt, die Nationalsozialisten waren, im Altreiche unterbrachte.«[354] Weiterhin wusste das Gaupersonalamt unter dem Datum des 17. April 1940 dem Reichskommissar für die Wiedervereinigung Österreichs mit dem Deutschen Reich zu berichten, Zweigelt sei schon in der Systemzeit ein eifriger Anhänger der Bewegung gewesen »und hat auch seinen Sohn im nationalen Sinne erzogen – bis dahin, dass dieser »auch wegen national. Betätigung in der Systemzeit seinerzeit verhaftet« worden sein soll.[355] Hinsichtlich seiner Mitgliedschaft in der »Schlaraffia« hieß es, Zweigelt sei von selbst ausgetreten, als dieser Verein im Altreich verboten wurde. Die vierte und letzte Bemerkung lässt aufhorchen: »Bezüglich seiner fachlichen Eignung genießt er einen vorzüglichen Ruf und hat im Bewusstsein seiner Fähigkeiten zuweilen seine eigenen Interessen allzu sehr im Auge.«[356]

Hatte der Österreicher etwa auch gegenüber Berlin selbstbewusst seine Fähigkeiten ausspielen wollen und sich dabei von seinen eigenen Interessen derart blenden lassen, dass er nicht gewahr wurde, wie sehr er als Parvenu nicht nur die Kreise der alteingesessenen Ministerialbürokratie störte, sondern in Zeiten der Umstellung auf Kriegswirtschaft für Österreich Ressourcen reklamierte, die im Altreich knapp zu werden drohten? Doch warum dann ihn als ideologisch unzuverlässig darstellen? Hatten seine Gegner kein anderes Mittel? Oder war dies schlicht der einfachste Weg, um einen unliebsamen Konkurrenten zu diskreditieren? Wenn es so oder auch nur ähnlich gewesen war, dann dürfte Heinrich Konlechners eigentümliche Bemerkung in dessen Nachruf auf Zweigelt im Jahr 1964 (auch) auf diesen Konflikt gemünzt sein: Zweigelt sei »gesteuert von großem Ehrgeiz, beflügelt durch eine mitunter zur Selbsttäuschung neigenden Phantasie«.[357]

Wie auch immer: Am 10. Juni traf im Reichsministerium für Ernährung und Landwirtschaft in Berlin ein Schreiben aus dem Braunen Haus in München ein.

Ein Mitglied des Stabes des Stellvertreters des Führers namens Sommer teilte darin mit: »Nach Abschluss meiner Ermittlungen über Prof. Dr. Zweigelt teile ich Ihnen mit, dass gegen die politische Zuverlässigkeit Zweigelts keine Einwände mehr erhoben werden … Er bietet daher die Gewähr, daß er sich auch in Zukunft jederzeit rückhaltlos für den nationalsozialistischen Staat und für die Bewegung einsetzen wird.« Wer der Adressat und was der Anlass der Ermittlungen waren, ist auf der Basis der vorliegenden Akten nicht zu rekonstruieren. In einer mit Bleistift niedergelegten Bemerkung auf dem Schreiben aus München heißt es nur: »Hier müssen aber endlich die Gemeinheit(en) besonders gegen Zweigelt aufhören.«

In Österreich hingegen konnte ihm mehr als zwei Jahre nach der Annexion wohl niemand mehr gefährlich werden. Bei Gauleiter Josef Leopold bedankte sich Zweigelt unter dem Datum des 13. Juni dafür, dass er ihm zwei (!) Briefe aus dem Stab des Stellvertreters des Führers zugänglich gemacht habe. Nunmehr werte er »diese Lösung als die endgültige Zerschlagung aller Aspirationen der schwarzen Gegner auf die Eroberung meiner Anstalt«.[358] Also wolle er »noch zäher und fester als bisher auf dem eingeschlagenen Wege weiterschreiten und aus Klosterneuburg nicht nur fachlich, sondern auch politisch ein Bollwerk machen, auf das das Dritte Reich stolz sein soll«.[359]

Eine illegale, klerikale Sache

Der Leitartikel des *Weinland* in der Januar-Ausgabe des Jahres 1940 kam deutlicher daher als die vor Kriegsbegeisterung strotzenden Einlassungen des Vorjahres – aber er war auch nicht von Zweigelt verfasst, sondern von dem Vorsitzenden der Hauptvereinigung der deutschen Weinbauwirtschaft, Diehl. Dieser hielt es für angebracht, die Winzer zu Beginn des neuen Jahres auf die endgültige Umstellung auf Kriegswirtschaft einzustimmen. »Der uns von den Feinden aufgezwungene Krieg hat auch die Weinbauwirtschaft stärkstens getroffen«, schrieb der Reichsfachwart. Und: »Die Erschütterungen, die zwangsläufig mit der Umstellung auf Kriegswirtschaft verbunden waren, sind überwunden. An Wein wird es in Deutschland nicht fehlen, aber wir müssen haushalten. Gilt es doch vor allem, unsere tapferen Kämpfer an der Front mit dem guten und edlen deutschen Wein zu versorgen, damit er ihnen in ihrem schweren Dienst Abwechslung und Freude spende.« Alles in allem möge man sich keinen Zweifeln darüber hingeben, »daß auch die kommende Zeit große Anforderungen an jeden einzelnen stellen werde. »Aber wir wollen und werden in diesen erlebnisreichen Tagen alle

Schwierigkeiten, die sich unseren Aufgaben entgegenstellen, meistern und unsere ganze Kraft einsetzen zum Wohle unseres großen Deutschlands.«[360]

Der Stimmung bei der Feier des 70. Geburtstags von Zweigelts Mentor Ludwig Linsbauer, dem Vorgänger Bretschneiders, hatten die Widrigkeiten nach dem Beginn des Krieges keinen Abbruch getan. Formationen von HJ, SA, SS und NSKK standen am 8. Dezember 1939 Spalier, der kommissarische Leiter war als Dichter in seinem Element (»In zähem Ringen schuf der deutsche Krieger/Die deutsche Heimat, heilig, groß und stark…«), die Feier endete mit »Sieg Heil« und »der Absingung der Lieder der Bewegung«.[361]

Im Juni 1940 kam es im Augustiner-Chorherrenstift Klosterneuburg zu einem Vorkommnis, das aus der Geschichte des Widerstandes gegen den Nationalsozialismus in Österreich herausragt. Der Gründer der »Österreichischen Freiheitsbewegung«, der Augustiner-Chorherr Karl Roman Scholz, war verhaftet worden.[362] Im Stift selbst scheint man nicht unfroh gewesen zu sein, Scholz nicht mehr in den eigenen Reihen zu wissen, war er doch den meisten als überzeugter Nationalsozialist bekannt – was er ursprünglich wohl auch war. Sollte es nun Befürchtungen gegeben haben, so bezogen sie sich nicht auf das Schicksal des Mitbruders. Die Chorherren mussten vielmehr Angst haben, dass die Gestapo endlich über eine Handhabe verfüge, um sich das Stift anzueignen.[363]

In den Überlieferungsschichten, die im Zuge der Rekonstruktion des Lebens und Wirkens von Friedrich Zweigelt freigelegt wurden, haben die Ereignisse rings um die Verhaftung von Scholz im Juni 1940 keine unmittelbaren Spuren hinterlassen. Allerdings wurde Zweigelts Anstalt insofern in die Causa Scholz hineingezogen, als sich die Lehrerkonferenz am 28. August und damit fast zwei Monate nach der Verhaftung mit einer »illegale(n), klerikale(n) Sache« befassen musste: Unter den rund 300 Mitgliedern der von Scholz unter wenig konspirativen Umständen ins Leben gerufenen »Österreichischen Freiheitsbewegung« war mindestens ein Schüler der Anstalt gewesen. Sein Name war Josef Bauer.

Laut dem Protokoll der Lehrerkonferenz teilte der kommissarische Direktor zu Beginn mit, dass »auch Schüler unserer Anstalt beteiligt sind; so wurde unter anderem der Schüler Bauer in diesem Zusammenhang verhaftet«.[364] Der Vater des 1920 in Wien geborenen Pflanzenschutztechnikers, so berichtete es nun Kramer, habe ihm in seiner Eigenschaft als Stellvertreter des Direktors gemeldet, dass sein Sohn von der Gestapo verhaftet worden sei und nicht zu Schulbeginn erscheinen könne. »Gleichzeitig ersuchte Herr Bauer um die Ausstellung eines Zeugnisses, in welchem die Anstalt eine charakterliche Beschreibung des Schülers Bauer gibt. Dieses Zeugnis soll den Zweck verfolgen, bei der Behandlung des Falles von Seiten der Gestapo eine Milderung zu erreichen.«[365]

23 »Im Wettstreit mit den Schwesteranstalten des Altreichs«: Lehrsaal und Zeichensaal in der HBLA Klosterneuburg (vor 1930).

Ein weiteres Mitglied des Lehrkörpers namens Dr. Baeran[366] erstattete daraufhin einen Bericht über das Verhalten des Schülers während der letzten Monate: »Bauer sei bekannt als einer der Führer der klerikalen Bewegung in Klosterneuburg (Bibelstunden!) und habe mitunter Schwierigkeiten während des weltanschaulichen Erziehungsunterrichtes gemacht. Charakterlich wird Bauer als ein großer Streber und guter Schüler, der immer vorbereitet war, beschrieben; moralisch und politisch aber sei er vollkommen unhaltbar und zeige auch seinen Mitschülern gegenüber ein unkameradschaftliches Verhalten, weshalb er eine schlechte Note in weltanschaulicher Erziehung erhalten habe, trotz gutem Prüfungsergebnisses.«[367]

Kramer schlug daraufhin vor, angesichts der »Mängel einer Note in Weltanschauung« in dieser Kategorie keine Note zu erteilen, »sondern blos eine charakterliche Beschreibung als Grundlage ins Zeugnis zu geben«.[368] Zweigelt erklärte daraufhin, »dass in diesem Zusammenhang auch die Fleiss und Sitten-Note ein anderes Gesicht in den neuen Zeugnissen erhalten werde«.[369] In Bezug auf den Fall Bauer selbst hieß es dann, »dass Leute, die verhaftet wurden, nicht mehr die Anstalt betreten können, da dies in der Öffentlichkeit missverstanden werden und eventuell auf die Lehrkräfte zurückgeführt werden könnte. Nach den Statuten hat der Lehrkörper das Recht, die schwerste Strafe (Beantragung des Ausschlusses von allen öffentlichen Lehranstalten) über solche Schüler zu verhängen.«[370] Inspektor Gretner riet davon ab. Man müsse »vorerst das Ergebnis der Gestapo abwarten; erst dann könne man entscheiden, ob man von der schwersten Bestrafung Gebrauch machen dürfe oder nicht«.[371]

Es kam zu einer »längeren Wechselrede«, in deren Verlauf sich die Ansicht durchsetzte, dass das Kollegium von der Beantragung des Ausschlusses des Schülers von allen öffentlichen Lehranstalten absehen solle. Baeren war der gegenteiligen Ansicht. Sollte Zweigelt diesem beigepflichtet haben, wäre der Beschluss wohl anders ausgefallen. So wurde »nur« beschlossen, Bauer »für immer« von Klosterneuburg zu verweisen – aber eben nicht von allen öffentlichen Anstalten. Außerdem wurde ihm die Ausstellung eines Sittenzeugnisses verweigert, »solange es nicht ausdrücklich von der Gestapo gefordert wird. Eventuelle weitere Schritte hängen von dem polizeilichen Untersuchungsergebnis ab.«[372] Am 28. August 1940 wurde Bauers Vater Josef davon in Kenntnis gesetzt, dass sein Sohn Josef laut Konferenzbeschluss vom selben Tag gemäß Paragraph 9 Absatz F der Disziplinarordnung »für immer« von der Anstalt »weggewiesen« worden sei.[373]

Aus den Archivalien geht nicht hervor, dass Zweigelt oder ein anderes Mitglied des Lehrkörpers in der Sache Bauer nochmals konsultiert wurde. Es kann daher weder die Rede davon sein, dass Zweigelt den Schüler der Gestapo ausgeliefert habe, noch dass er aktiv zum Nachteil Bauers tätig geworden sei. Ob ein Sittenzeugnis, wie es der durch und durch nationalsozialistisch eingestellte Lehrkörper ausgestellt hätte, Bauer genützt (wie es der Vater wohl dachte) oder nicht eher geschadet hätte, muss dahingestellt bleiben.

Bauer blieb nach seiner Verhaftung im Sommer 1940 bis zum 21. September bei der Gestapo in Untersuchungshaft. Das Landgericht Wien verhängte am 22. September Haft bei Gericht. Das Ermittlungsverfahren, das gegen ihn wegen Vorbereitung zum Hochverrat angestrengt wurde, endete mit seiner Entlassung aus dem Männerstrafgefängnis und Frauenzuchthaus Anrath (bei Mönchengladbach) nach Ober-Wölbling am 5. April 1943. Insgesamt war Bauer 138 Wochen politischer Häftling gewesen, ohne dass ihm aus seiner Verhaftung weitere Nachteile erwachsen sollten.[374] Scholz, der Gründer der »Österreichischen Freiheitsbewegung« wurde 1944 hingerichtet.

Nach dem Zusammenbruch der Nazi-Herrschaft und der Verhaftung Zweigelts Ende Juni 1945 wurde der Fall Bauer nochmals aufgerollt. Mit Datum vom 21. September 1945 und damit im Zusammenhang der Ermittlungen der Kriminalpolizei gegen den im Anhaltelager Klosterneuburg inhaftierten vormaligen Direktor wurde eine Abschrift aus dem Protokollbuch der Lehrerkonferenz angefertigt und von dem neuen Direktor der HBLA, Emil Planckh, beglaubigt.[375] Wie sich Zweigelt als kommissarischer Leiter 1940 gegenüber Bauer verhalten hatte, war also bekannt. Eben dieser Kontext aber macht es unwahrscheinlich, dass ein darüberhinausgehendes Fehlverhalten Zweigelts gegenüber Bauer oder anderen Schülern, die ebenfalls Mitglieder der »Österreichischen Freiheitsbewegung« gewesen sein könnten, nicht ermittelt worden wäre. Vor allem wäre 1945 wohl kaum verborgen geblieben, dass Zweigelt von sich aus einen oder mehrere Schüler bei der Gestapo denunziert hätte – wenn es denn so gewesen wäre.

Weil aber der Tatkomplex Scholz/Bauer weder in den Verhören beziehungsweise Vernehmungen der Jahre 1945 und 1946 noch in dem Volksgerichtsprozess auch nur die geringste Spur hinterlassen hat, muss mit an Sicherheit grenzender Wahrscheinlichkeit angenommen werden, dass sich Zweigelt gegenüber Josef Bauer oder anderen Schülern nichts hat zuschulden kommen lassen. Nach der Vernehmung zahlreicher Zeugen kam die Kriminalpolizei Klosterneuburg im September 1945 vielmehr zu dem Ergebnis: »Inwieweit Schüler der Anstalt durch Zweigelt zu Schaden kamen, konnte bis jetzt nicht ermittelt werden.«[376]

Offenkundig hatte weder ein Be- noch ein Entlastungszeuge gegenüber der Staatspolizei das Verhalten Zweigelts in der Causa Josef Bauer thematisiert, noch war die Kriminalpolizei ihrerseits auf diesen Fall gestoßen. Auch die Staatsanwaltschaft Wien hatte offenkundig keine Anhaltspunkte dafür, dass sie das Verhalten des Direktors gegenüber dem Chorherrenstift im Allgemeinen beziehungsweise gegenüber Schülern wie Josef Bauer im Besonderen zum Gegenstand von Ermittlungen hätte machen können oder gar müssen. Seitens des Chorherrenstiftes wiederum gab es nach der Rückübertragung der Wein- und Obstbauflächen keinen Grund, die Amtsführung des Direktors der Anstalt zu beanstanden. In den Ermittlungsakten spielt die Beziehung zwischen der Anstalt und dem Stift von der Vernehmung eines im Weinbau tätigen Mitarbeiters abgesehen keine Rolle.[377] Das aber kann nichts anders heißen, als dass die Behauptung, Zweigelt habe Bauer bei der Gestapo denunziert, als »frei erfunden« gelten muss.

In seinem Element

Wenige Monate nach der Verweisung des Schülers Josef Bauer von der Anstalt wurde der 80. Jahrestag der Gründung Klosterneuburgs so gedämpft begangen, wie das Kriegsjahr begonnen hatte. Im Dezember 1940 wurde von einer großen Feier Abstand genommen – was Zweigelt nicht davon abhielt, bei dieser Gelegenheit abermals die Mission seiner Anstalt zu beschwören: »Bulgaren, Rumänen, Jugoslawen, Türken und Russen und noch viele andere Nationen haben in Klosterneuburg ihre fachliche Ausbildung erfahren, sie haben aber mit dieser Klosterneuburg selbst in ihren Herzen als alma mater mitgenommen in ihre Heimat und dort Verständnis gepredigt für deutsche Kultur und deutsche Wissenschaft. So hat Klosterneuburg, lange es heimkehren durfte ins Deutsche Reich, Pionierarbeit geleistet für Deutschland und ist stolz darauf.«[378]

Im Hintergrund schmiedete Zweigelt unterdessen große Pläne, ausweislich einer Werbeschrift aus dem Jahr 1939, tatkräftig unterstützt von dem Verband der Klosterneuburger Önologen, Pomologen und Gartenbauarchitekten.[379] Dessen Vorsitzender Ludwig Profaus propagierte einem Geleitwort in täuschend ähnlicher Diktion jene Ziele, die sich Zweigelt auf die nunmehr sichtbaren Fahnen geschrieben hatte: »Die überragende Bedeutung der Klosterneuburger Lehranstalt bis zu dem Umsturzjahr 1918 nicht für die Monarchie, sondern für den ganzen Südosten Europas ist bekannt. Der Zusammenbruch, der Schmachvertrag von St. Germain und das vergangene System brachten schwere Tage für Klosterneuburg. Wiederholt ist die Auflösung der Anstalt erwogen worden … Diese bitteren Zeiten sind nun endgültig vorbei.«[380] In diesem Sinn legte Zweigelt 1939 in einer Denkschrift zu Händen des RMEL, die sich in Akten des Berliner Reichsfinanzministeriums zusammen mit dem Voranschlag des Haushaltsplans für das Jahr 1940 erhalten hat, ein Programm zum Ausbau von Klosterneuburg vor.[381] Ein Jahr später konkretisierte er seinen Traum von der »Mission nach dem Südostraum« und der »große(n) nationalen Aufgabe, im Gleichschritt mit Geisenheim zu bestehen,« abermals in Form von umfangreichen Umbau- und Ausbauplänen. Aus Anlass des achtzigsten Geburtstags der Anstalt übermittelte er die Pläne im Dezember 1940 dem zuständigen RMEL. Ausweislich der Aktenlage wurden sie jedoch nicht weiter beachtet – wie so vieles, was Zweigelt zum künftigen Ruhm Klosterneuburgs in Berlin jemals zu Gehör brachte.[382]

Da half es auch nichts, dass Zweigelt wieder die Kriegstrommel rührte. In dem Leitartikel, der in der ersten Ausgabe des »Weinlands« im Jahr 1941 erschien, zog er wieder alle Register der Begeisterung: »Das gewaltigste Jahr der deutschen Geschichte ist abgerollt, Erfolge von einmaliger Größe hat die deutsche Armee an ihre Fahnen geheftet, die Grundlagen für den endgültigen Sieg sind geschaffen und zuversichtlich wie noch nie haben wir die Schwelle zum neuen Jahr überschritten. Von grenzenlosem Vertrauen zum Führer getragen, haben alle, die Männer an den Fronten draußen ebenso wie die Männer und Frauen in der Heimat, restlos ihre Pflicht erfüllt, stolz und glücklich, Zeitgenossen einer Entwicklung zu sein, die dem deutschen Volke und damit zugleich ganz Europa ungezählte Jahre des Friedens, der Arbeit kulturellen Schaffens und damit wahren Glückes bringen wird.«[383]

Nach der Besetzung Jugoslawiens im April 1941 durch Nazi-Deutschland war Zweigelt gleich doppelt in seinem Element: Er huldigte »dem Führer« nicht allein wegen eines neuerlichen Akts der »Heimholung«. Denn diesmal handelte es sich nicht um irgendeinen Landstrich, sondern um die Untersteiermark. Dieser Landstrich war, obgleich seit dem Mittelalter Teil der Habsburgischen Erblande, 1919 durch den Vertrag von St. Germain dem neugeschaffenen Königreich der Serben, Kroaten und Slowenen (ab 1929: Jugoslawien) zugeschlagen worden. Die gewaltsame »Wiedervereinigung« der Steiermark, die zusammen mit Kärnten als Aufmarschgebiet für die deutschen Truppen gedient hatte, ließ den gebürtigen Steirer Zweigelt jubeln: »Nun seid ihr wieder bei uns! Jahrhundertelang habt ihr mit uns Mittel- und Obersteirern zusammengelebt, gemeinsam ist unsere Geschichte, unserer Art, durch Jahrhunderte gemeinsam waren unsere Sorgen und Freuden, unser Kämpfen und unser Ringen! … Nun ist die große Stunde gekommen und nichts in aller Zukunft kann und soll uns mehr von Euch trennen. Deutschlands Weinbau aber empfängt in Euch und mit Euch ein wahres Juwel: Menschen und Weine, die ihresgleichen suchen in der Welt und den Ruhm des deutschen Weinbaues und der deutschen Winzer hinaustragen werden weit über die Grenzen eurer Heimat!«[384] Tatsächlich war die Steiermark durch die de-facto-Annexion der Untersteiermark und die verwaltungstechnische

Eingliederung in die »Ostmark« über Nacht mit etwa 30 000 Hektar Rebfläche zu dem zweitgrößten Weinanbaugebiet des Großdeutschen Reiches geworden. Übertroffen wurde es nur noch von dem »Reichsgau Niederdonau«, für den rund 41 000 Hektar ausgewiesen wurden.[385]

Freilich blickte Zweigelt von Klosterneuburg aus nicht nur nach Süden, sondern auch nach Osten in die Slowakei, die nach der Zerschlagung der Tschechoslowakei nunmehr zu einem Vasallenstaat des Großdeutschen Reiches geworden war. Die bewährten Klosterneuburger Nationalsozialisten Zweigelt, Kramer und Konlechner sowie sein Assistent Ernst Pöch ließen es sich nicht entgehen, nach der Lese des Jahres 1941 die »Schulung« und die »moderne Ausrichtung« der »volksdeutschen« Winzer am Fuß der Kleinen Karpaten zwischen Preßburg (Ljubljana) und Bösing (Pezinok) zu übernehmen. Vorträge wurden gehalten, Kurse geplant, Tagungen anberaumt, die Bildung von Winzergenossenschaften ins Auge gefasst, ganz im Sinne der Überzeugung Zweigelts, dass Klosterneuburg »auch hier Mittler und Vermittler des deutschen Geistes und Wissens für die Volksgenossen in der befreundeten Slowakei« sei, »getreu der alten Mission nach dem Südostraum«.[386]

Mit reiner Wissensvermittlung war es indes nicht getan. »Die Tagung stand ganz im Zeichen der straffen Führung durch den Nationalsozialismus«, hieß es im Dezember 1942 im Rückblick auf Aktivitäten Zweigelts, Kramers, Konlechners und Pöchs im zurückliegenden Herbst. »Die Bauern selbst erschienen in der FS-Uniform, Frühsport und Fahnenhissung eröffneten jeden Morgen die Kursarbeit, nationale Lieder erklangen in den Zwischenpausen, die Mahlzeiten wurden gemeinsam eingenommen und die Abende in kameradschaftlichem Beisammensein verbracht.«[387]

Schon einige Monate zuvor war eine »Arbeitsgemeinschaft der Weinbauschulen in Donauland und Südmark« ins Leben gerufen wurden. Der Gründungsakt wurde am 26. April 1941 im Festsaal der Klosterneuburger Anstalt unter der Federführung Zweigelts vollzogen.[388] Bis zum Herbst des folgenden Jahres fanden gleich sechs Tagungen statt, und zwar in Klosterneuburg, Gumpoldskirchen, Krems, Mistelbach, Marburg und Eisenstadt.[389] Da konnte es als eine Anerkennung wirken, dass Zweigelt am 12. Juli 1941 rückwirkend zum 1. April jenes Jahres in die Stelle eines Oberregierungsrates eingewiesen und ihm die »endgültige Leitung« der Klosterneuburger Anstalt übertragen worden war.[390] Professor und Direktor war Zweigelt aber damit immer noch nicht. Diese Ernennung erfolgte nochmals fast zwei Jahre später, am 27. Mai 1943. Erst dann wurde er in eine »freie Stelle eines Direktors und Professors der Besoldungsgruppe A 1 B« eingewiesen.[391] Die Nazis im Berliner Reichsministerium für Ernährung und Landwirtschaft hatten nach mehr als fünf Jahren ein Einsehen mit dem Österreicher, der alles darangesetzt hatte, Klosterneuburg seit dem 18. März 1938 zu einer »nationalsozialistischen Hochburg« zu machen.

Noch fanatischer als bisher

Was aber verstand der vormalige Kellereiinspekteur Heinrich (Heinz) Konlechner, der selbst zwanzig Jahre später bis zu seiner Pensionierung im Jahr 1968 die Höhere Bundeslehranstalt im Rang eines Direktors leiten sollte, damals unter einer nationalsozialistischen Hochburg? Wie es um die Gesinnung der Schülerschaft stand, lässt sich den verfügbaren Quellen nicht mit hinreichender Sicherheit entnehmen. In dem Schlussbericht der Kriminalpolizei Klosterneuburg hieß es unter dem Datum des 27. September 1945 summarisch, Zweigelt sei einer derjenigen Lehrer gewesen, »welcher die studierende Jugend mit dem Nationalsozialismus vergiftete, wohl wissend, dass eben die Jugend in politischer Hinsicht für Herren dieser Sorte ein willfähriges Werkzeug ist. Dies ist ihm auch in der Weinbauschule in Klosterneuburg vollauf gelungen.«[392]

Zweigelt war bei der Indoktrination der Schülerschaft nicht auf sich allein gestellt. Nach den Ermittlungen der Kriminalpolizei stützte er sich unter anderem auf einen SA-Standartenführer namens Hermann Kweta, »welcher in der Anstalt den Weltpolitischen Anschauungsunterricht predigte«.[393] Sodann gab es noch einen »politischen Leiter und Angehörigen des SD, Dr. Baeran, welcher die politische Gesinnung der Angestellten und Schüler eifrig zu überwachen hatte«.[394] Über etwaige Aktivitäten irgendwelcher NS-Organisationen haben sich in den Archivalien keine Hinweise finden lassen.

Bei den zentralen Figuren des Lehrkörpers hatten die Nationalsozialisten offenkundig nichts zu beanstanden, lagen diese doch ideologisch auf derselben Linie. Zweigelt hatte seit 1938 ganze Arbeit geleistet. Professor Otto Kramer, seit 1932 Mitglied der NSDAP und seit 1934 als Mitglied der allgemeinen SS »innerhalb eines Sturmes für die Schulung über Bauern- und Siedlungsfragen eingesetzt«,[395] hatte seine Stelle als Vorstand der Weinbauversuchsanstalt in Weinsberg (Württemberg) aufgegeben und zum 1. Januar 1939 mit dem Unterricht in Klosterneuburg begonnen. Zweigelt hatte Kramer nach eigenen Angaben 1920 kennengelernt.[396] Seit 1929 hatte er wiederholt in Zweigelts *Weinland* veröffentlicht, so etwa 1933 über arsenfreie Mittel zur Bekämpfung des Heu- und Sauerwurms,[397] so dass es ihm nicht schwerfiel, nach 1938 auch publizistisch in Klosterneuburg Fuß zu fassen. Im Juli 1941 konnte er sich aus der

Feder Zweigelts im *Weinland* für seine nationalsozialistischen Überzeugungen belobigen lassen.[398]

Wenige Monate später durfte Heinrich Konlechner in der April-Nummer von Zweigelts *Weinland* ausgiebig jene dreißig Jahre Revue passieren lassen, die Zweigelt seit März 1912 in Diensten der Anstalt verbracht hatte.[399] Jedermann konnte damals und damit seither nachlesen, dass Zweigelt 1938 auch wegen seiner Verdienste als »illegaler nationalsozialistischer Kämpfer« Leiter der Anstalt geworden war.[400] Zudem hatte es Konlechner bei einer Feierstunde im »blumengeschmückten Festsaal« der Anstalt seinem Vorgesetzten hoch angerechnet, dass es diesem gelungen sei, »in kurzer Zeit Widerstände zu überwinden und die Anstalt zu einer nationalsozialistischen Hochburg zu machen«.[401] Betriebsobmann Alexander Voboril wiederum durfte den Jubilar aus demselben Anlass als »wahrhaft aufgeschlossenen nationalsozialistischen Betriebsführer« rühmen.[402] Zum Abschluss der Veranstaltung bedankte sich Zweigelt ausweislich des Berichts für ein Schreiben des Reichsstatthalters Baldur von Schirach, das sich in seinen persönlichen Unterlagen erhalten hat. Schirach hatte ihm darin unter anderem attestiert, Zweigelt habe es »verstanden, in den Zeiten grösster Schwierigkeiten die Anstalt auf einem hohen Niveau zu halten und schliesslich auch die Umbildung nach der Vereinigung des ehemaligen Landes Österreichs mit dem Reich in einer Weise durchgeführt, die der alten Tradition gerecht wurde. Sie können mit Stolz auf diese Ihre Arbeit zurückblicken«[403] – was Zweigelt zum Anlass nahm seine Mitarbeiter dazu aufzurufen, »in diesen großen Zeiten nur noch fanatischer als bisher dem Aufgabenkreis der Anstalt zu dienen und an Klosterneuburg festzuhalten als Kulturträger des Wein- und Obstbaus für den ganzen Südostraum«.[404]

In das Jahr 1942 fiel außer dem Tod des zum Professor avancierten Franz Voboril[405] ein Ereignis, das rückblickend den Endpunkt der Entwicklung der Anstalt unter der NS-Herrschaft markierte: Die Anbau- und Versuchsflächen der Anstalt für Reben und Obstpflanzungen, die bislang nur etwa fünf Hektar groß gewesen waren, wurden erheblich vergrößert. Dies geschah jedoch nicht auf dem Weg, dass die Anstalt neue Flächen hätte pachten oder kaufen können. Vielmehr hatte die Gestapo das Chorherrenstift Klosterneuburg im Juni 1941 und damit knapp ein Jahr nach dem Auffliegen der Widerstandsgruppe um den Chorherrn Karl Roman Scholz aufgelöst. Der Anstalt, »die bekanntlich nur über geringe Versuchsflächen verfügt«, wurden daraufhin die Wein- und Obstgärten des Chorherrenstiftes im Umfang von 40 Hektar[406] samt dem Kellereibetrieb zum 1. August 1942 zur Bewirtschaftung übereignet.[407]

Dass sich das deutsche Kriegsglück im Winter 1942/43 zu wenden begann, könnte ein Grund dafür gewesen sein, dass die Geleitworte Zweigelts zu Jahresbe-

24 Zentrum der »nationalsozialistischen Hochburg«: Der große Vortragssaal (vor 1930).

25 »Nur geringe Versuchsflächen«: Die Weingärten der Anstalt im Jahr 1939.

ginn 1943 deutlich zurückhaltender ausfielen als noch im Jahr davor. Allerdings kam der Krieg ihm auch persönlich näher. In der wie üblich in hymnisch-nationalen Ton abgefassten Personalie aus Anlass des 60. Geburtstags seines Freundes Albert Stummer erwähnte Zweigelt im Juni 1942 auch, dass dessen Sohn Friedl im Jahr zuvor den »Heldentod« gestorben sei.[408]

Ob Zweigelt bei der Abfassung der Personalie an seinen einzigen Sohn Rudolf dachte, der 1940 sein Medizinstudium beendet[409] und nach Langenlois geheiratet hatte? Am 9. Juli 1943 kam die Familie Zweigelt noch einmal zusammen. »Was ist Wein?« heißt es in einem Eintrag im Gästebuch der Anstalt, das sich auf wundersame Weise erhalten hat. Die Antwort auf die Frage gab ein Spruch aus dem Ratskeller in München: »Wein ist Sonnenschein, den die Reben sogen ein«. Weiter ist zu lesen: »Dementsprechend war unsere Stimmung und die Freude über das Wiedersehen mit unserem Freund und ›Osturlauber‹ Rudi Zweigelt«. Ihre Unterschrift hinterlassen haben unter anderem Fritz Zweigelt, seine Frau Fritzi und seine Schwester Hertha. »Wärmende Sonne für lange Wintermonate«, heißt es noch in der Handschrift des Direktors.

Rudolf Zweigelt fiel am 16. Oktober 1944 in Ostpreußen. Ob sein Vater auch darin einen »Heldentod« sah, ist nicht sehr wahrscheinlich – auch wenn er ihn »im nationalen Sinn erzogen« haben soll und dieser »auch wegen nationals. Betätigung in der Systemzeit seinerzeit verhaftet« worden sein soll.[410] Aus den Gedichten, die Zweigelt im Herbst und Winter 1944/1945 schrieb, spricht alleine die Verzweiflung des Vaters angesichts des Verlusts des geliebten Kindes. In einer persönlich gehaltenen Würdigung Zweigelts aus Anlass seines 70. Geburtstags hieß es noch im Januar 1958: »Zwischen all seinen lieben Briefen, die ich nach meiner Heimkehr erhalten durfte, klingt sein nachhaltender Schmerz immer und immer wieder aus den Zeilen durch.«[411]

Zerfall eines Lebenswerks

Im Frühjahr 1943 und damit inmitten des Krieges fand Zweigelt die Zeit, seine anscheinend vor vielen Jahren abgebrochene Habilitation an der Hochschule für Bodenkultur abzuschließen.[412] Im Sommersemester gab er daraufhin dort ein zweistündiges Kolleg über die Pathologie der Forstpflanzen. Dass er die Zeit dafür aufbringen konnte, lag wohl auch daran, dass er nicht mehr als Hauptschriftleiter der Zeitschrift *Das Weinland* tätig war – und das nicht aus freien Stücken.

Im Januar 1942 hatte er noch mit dem Leiter des Reichsnährstandsverlags in Berlin, Rudolf Schulze, über die Idee korrespondiert, ein »Fachorgan für die Fragen des Weinbaus und der Weinkultur« herauszubringen, das der italienischen Zeitschrift *Enotria* vergleichbar wäre. Schulze hatte diese Idee an ihn herangetragen, doch Zweigelt witterte sogleich den Versuch, Einfluss auf sein *Weinland* zu nehmen. Wieder einmal war Zweigelt nicht zu bremsen. Auf neun (!) Seiten ließ er Schulze unter dem Datum des 26. Januar 1942 wissen, dass er von seiner Idee nichts halte.[413]

Gut ein Jahr später wurde Zweigelt bei einem Besuch der Verlagsfiliale in Wien gewahr, dass im Zuge kriegsnotwendiger Einsparungen auch sein *Weinland* betroffen sein könnte.[414] Umgehend setzte er sich mit dem ihm lange bekannten Ministerialdirigenten Ludwig Schuster im Berliner Reichsministerium für Ernährung und Landwirtschaft in Verbindung[415] und bat ihn, beim Verlag des Reichsnährstands für »seine« Zeitschrift eine Lanze zu brechen. »Mir wäre das ganz besonders leid, denn ich sehe mit der Einstellung dieses Blattes, fast möchte ich sagen, ein Lebenswerk zerfallen, denn eine Zeitschrift nach dem Kriege neu aufzubauen wird erstens schwer zu erreichen sein und erfordert zweitens außerordentlich viel Arbeit, denn es verliert sich sowohl der Mitarbeiterkreis als vor allem auch die Leserschaft.«[416] Schuster, dem Zweigelt in der ersten Ausgabe des Jahres aus Anlass des 60. Geburtstags ein üppiges Porträt gewidmet hatte, tat wie gebeten. Doch auch er, der (nach Zweigelts Darlegungen) die Belange der Ostmärker stets wohlwollend behandelt hatte, konnte das Ende der Zeitschrift nicht abwenden.

Am 22. Februar 1943 hatte Schulze einen Brief an Zweigelt aufgesetzt, der an Eindeutigkeit nicht zu überbieten war. »Aufgrund der durch die Reichspressekammer verfügten Anordnung muss leider infolge der Einschränkungsaktion auf dem Zeitschriftensektor das ›Weinland‹ mit der Zeitschrift ›Der Deutsche Weinbau‹ zusammengelegt werden, und zwar in der Form, dass das Weinland für die Dauer des Krieges im ›Deutschen Weinbau‹ aufgeht. So bedauerlich diese Entwicklung ist soll aber diese Einschränkung mit dazu beitragen, durch das Freiwerden von Arbeitskräften in Druckereien die Massnahmen des totalen Krieges zu erleichtern.«[417] Gesagt, getan. Schon im Februar-Heft des *Weinlands* wurde auf Seite 31 ein Kasten in einen Artikel eingeblockt, in dem zu lesen war, dass die Reichspressekammer aufgrund von Einsparungen, die durch die Kriegslage notwendig geworden waren, »für die Dauer des Krieges« die »Zusammenlegung« mit *Der Deutsche Weinbau* angeordnet habe. Ab dem 1. April sollten aller Leser diese Zeitschrift erhalten statt des *Weinlands* – ironischerweise fand sich der Kasten inmitten eines Artikels von Zweigelt über die »Rote Spinne in Rumänien« wieder.[418]

Zweigelt reagierte ebenso ausführlich und ebenso emotional wie 1938, als die Einstellung seiner Zeitschrift schon einmal über seinen Kopf hinweg erwogen worden war. Doch gleich welche Argumente er über Wochen und Monate in ausführlichen Schreiben an verschiedene Berliner Dienststellen variierte und wen immer er für seine Sache in Stellung brachte, die Entscheidung war unumstößlich. Dass er sich als überzeugten Nationalsozialisten gab und als Idealisten bezeichnete, verfing nicht.[419] Es war auch kein Trost, dass die im selben Verlag erscheinende *Neue Wein-Zeitung*[420] ebenfalls eingestellt wurde und Robert Dünges, der Hauptschriftleiter der in Mainz redigierten Zeitschrift *Der Deutsche Weinbau*, ihn wärmstens zur Mitarbeit einlud,[421] schließlich hatte Zweigelt dann und wann auch dort publiziert. Sollte Zweigelt damals gar Zweifel an der Integrität der Nationalsozialisten und ihres weltpolitischen Projektes gekommen sein? »Ihr müsst in Euren Methoden jene Geradlinigkeit anstreben, die mir Zeit meines Lebens Richtschnur gewesen war und mit der ich immer am besten gefahren bin. Du wirst mir auch zugeben müssen, dass gerade in der Frage ›Weinland‹ von den verschiedenen Stellen draußen eine, sagen wir recht merkwürdige Taktik verfolgt worden ist. Heil Hitler« – so endete ein vierseitiger Brief an Dünges.[422]

Als Heimat uns verhaßt

Sollten Zweigelt damals Zweifel beschlichen haben, so haben sie nur geringe Spuren in jener Festrede hinterlassen, die er am 13. März 1943 aus Anlass des »Umsturzes« vor den Schülern der Klosterneuburger Anstalt hielt. Vielmehr unterschied sich die Ansprache des Jahres 1943,[423] die 13 maschinenschriftliche Seiten umfasste, nicht wesentlich von den beiden anderen Ansprachen aus den Jahren 1940[424] und 1941.[425]

Wie üblich stellte Zweigelt die Aggressionen Nazi-Deutschlands gegen die Nachbarvölker als eine zivilisatorische Mission dar. Wie üblich wurden das Österreich der »Systemzeit« als »innerlich morsch und faul, als Heimat uns verhaßt, denn es war keine Heimat mehr gewesen« geschmäht,[426] das »gigantische Werk« des Führers gelobt und die eigene heldenhafte Rolle als Illegaler während der Systemzeit herausgestellt. Allerdings legte sich die Niederlage im Kampf um Stalingrad wie ein Schatten auf die Ansprache. Die Kriegsbegeisterung der Jahre 1940 und 1941 war wie weggeblasen. Stattdessen musste Zweigelt andere Mittel zur ideologischen Stärkung und politischen Mobilmachung einsetzen – darunter zwei Passagen, in denen er mittlerweile »klassische« Topoi der nationalsozialistischen Judenhetze variierte. Er sah »den Juden« die Plutokratien des Westens ebenso beherrschen wie dieser in der Sozialdemokratie im System-Österreich die Führung innegehabt habe.[427] Überhaupt Österreich: »Der Jude war übermäch-

FESTREDE zum 13. März 1943.
==

In großer ernster schwerer, aber auch gewaltiger Zeit habe
ich Sie zusammengerufen jener Stunden zu gedenken, in denen wir nach
jahrelangem bitteren entsagungs- und enttäuschungsreichen Kampfe
endlich haben heimkehren dürfen ins Reich, einer Zeit, die für uns,
die wir im Strudel der Ereignisse vorwärts getrieben werden und vor=
wärts treiben, fast traumhaft weit zurückliegt, als wäre nicht erst
5 Jahre seither ins Land gezogen, als lägen Jahrzehnte zwischen damals
und heute. Ich habe Euch zur Gedenkfeier zusammengerufen in einer Zeit,
womit Blut und Eisen Geschichte geschrieben wird, da ein Volk wie nie
zuvor eines auf dieser Welt im nackten Existenzkampf für sich und die
übrigen Völker dieses Kontinents all seine Kraft zusammenballt und
einen lebendigen und unüberwindlichen Wall gegen Zerstörung und Ver=
nichtung, gegen das Chaos, gegen den Untergang des Abendlandes.

Wie oft ist doch im Laufe der Jahrhunderte der Orient ange=
rannt gegen die alte Kultur Europas, wie oft haben deutsche Stämme
bluten müssen im Abwehrkampf gegen die wilden Völker des Ostens, die
hereingebrochen sind, sengend und brennend, plündernd und mordend, die
sich im Laufe der Jahrhunderte immer wieder im weiten russischen Raum
gesammelt und festgesetzt hatten, vorzubrechen bis in die heiligen
Gefilde deutschen Heimatbodens. Und immer und immer wieder ist der
deutsche Mensch im heldenhaften Kampfe für Blut und Boden für Frau,
Kind und Heimat emporgewachsen zu schier überirdischer Grösse. Im Kampf
wuchs seine Kraft, im Glauben an seine heilige Mission gewann er ein
unbesiegbares Vertrauen und in diesem Selbstvertrauen lag letzten
Endes das Geheimnis des schliesslichen Erfolges.

Und niemals dürfte das deutsche Volk die Früchte dieses
Kampfes um die europäische Kultur ernten. Immer wieder zerflatterte
das Bild eines deutschen Enderfolges eines wahrhaft deutschen Friedens
und die blutige Fahne neuer Kriege zog drohend auf vor den Grenzen
seiner Gemarkungen und ein neues Ringen um Sein oder Nichtsein zer=
störte die Friedensarbeit voraufgegangener Jahre und Jahrzehnte.

Nicht aber von aussen allein ist dieses Schicksalhafte
Ringen hereingetragen worden in die deutsche Heimat, der Feind saß und
lauerte im Innern selbst. Ein Volk, daß selbst im Kriege nicht auf=
hören konnte innere Fehden auszutragen, ein Volk, daß in Epochen des
Friedens Stamm gegen Stamm zum Kriege antrat, ein Volk, das so wenig
Nationalbewusstsein hatte, daß es sich nicht schämte im Kampfe der
Stämme gegeneinander die Hilfe fremder Völker und Staaten in Angriff

26 »Oratorische Eingleisungen«: Aus Zweigelts »Festrede« zum Jahrestag des »Anschlusses« Österreichs am 13. März 1943.

tig in Presse im Rechtswesen in der Heilkunde, im Geschäftsleben, die Emissäre fremder Staaten fühlten sich in Österreich zu Hause.«[428]

Was für die Zukunft auf dem Spiel stand, hörte sich so an: »Es gibt nur 2 Möglichkeiten: Deutschland siegt – und dass es siegt, dafür bürgt die Zusammenballung aller seiner Kräfte – dann bleibt Europa was es ist, nicht nur das, nein, eine blühende Zukunft für all seine Völker ist sicher und es wird ein Frieden kommen, dessen Segnungen allerdings erst kommende Generationen in vollem Maße werden genießen können. Oder aber: der Ostwall zerbricht und die asiatischen Horden überfluten unserer Heimat, zertreten und vernichten alles an Kultur was eine mehr als zweitausendjährige Geschichte aus dem Fleiß und den können ungezählte Generationen bester Menschen geschaffen und in zahllosen Bausteinen mühsam zusammengetragen hat. Das aber ist das Chaos, das ist das Ende Europas, das Ende des Abendlandes.«[429]

Die Konsequenz aus diesem Schreckensbild konnte nur sein: »Wer heute nicht mit dem Führer ist, wer heute nicht weiß oder nicht wissen will um was es geht, wer nicht selbst seine ganze Kraft einsetzt in diesem gigantischen zukunftsentscheidenden Kampf eines Kontinents, wer auch nur den Versuch macht sich dagegen zu stemmen, oder durch Sabotage am Kriege oder an der Arbeit selbst in Wort oder Tat den Sieg verzögern will, der stellt sich außerhalb der deutschen Volksgemeinschaft, der hört damit auf unser Kamerad zu sein, der hat sein Leben verwirkt.«[430]

Über diese Rede hinaus haben sich aus den letzten Kriegsjahren in keiner Quellenschicht signifikante Dokumente erhalten.[431] Der in Berlin verlegte »Völkische Beobachter« nahm jedoch unter dem Datum des 19. April 1944 Notiz von einer »Feierstunde in Klosterneuburg«. Demnach waren aus Anlass des Geburtstages von Adolf Hitler der Kreisleiter Dr. Meier sowie namhafte Vertreter von Staat und Wehrmacht »als Gäste zur studierenden Jugend und ihren Lehrern gekommen«. Sie alle lauschten Worten des Direktors der Anstalt, des Oberregierungsrats Dr. Zweigelt, der in seiner Begrüßungsansprache »mit dem Dank an den Führer das Versprechen treuer Gefolgschaft bis zum letzten Atemzug« gab.[432]

Unbeirrt setzte Zweigelt in den letzten Kriegsjahren alles daran, den Unterrichtsbetrieb in Klosterneuburg aufrechtzuerhalten. Wie es scheint, hatte er damit Erfolg, konnte er im Juli 1945 zum Beweis seines unermüdlichen Engagements für die Sache des Weinbaus in Österreich doch behaupten, seine Anstalt sei die gesamtdeutsche Weinbauschule, in der noch bis zum März Lehrveranstaltungen abgehalten worden seien – eine Anspielung darauf, dass in Geisenheim zuletzt nicht mehr unterrichtet worden war.[433]

Was sein Privatleben angeht, so sprechen einige Schriftstücke dafür, dass Zweigelt im Zusammenhang seiner Habilitation und dem Kontakt mit der Hochschule für Bodenkultur die alten Beziehungen mit den Insektenkundlern reaktiviert hatte. Im Keller der Anstalt hat sich überdies ein handschriftlicher Brief erhalten, in dem Zweigelt unter dem Datum des 6. Juli 1944 in Anspielung auf seine Mitgliedschaft in der »Schlaraffia« als »Ritter Maikäfer« angesprochen wurde – ein gewisser »Famulus« übermittelte ihm darin die Nachricht von der Versetzung seines Sohnes Rudolf. Seine neue Feldpostnummer sei ihm aber noch nicht bekannt. In einem weiteren Brief gab er private Dinge von sich preis, die in den fünfziger Jahren in keiner Beschreibung seines Lebenslaufs fehlen sollten. Er sei musikalisch, dichte und male.

Zweigelt, ein Idealist?

Den Zusammenbruch der Naziherrschaft in Österreich und den Einmarsch der Roten Armee erlebte Zweigelt bei der Familie der Frau seines gefallenen Sohnes in Langenlois. Er galt aber als geflüchtet, denn er hatte sich schon am 6. April von Klosterneuburg entfernt und kehrte erst am 27. Mai in seine Wohnung in der Anstalt zurück. Allerdings konnte er der Staatspolizei nachweisen, dass er mit einem Dienstbefehl des Volkssturms von Klosterneuburg nach Langenlois gefahren war und infolge der militärischen Ereignisse zunächst nicht hatte zurückkehren können.[434] Zunächst geschah ihm nichts, erst am 30. Juni hieß es in einem Vermerk der Polizeidirektion Wien, Staatspolizei Gruppe XXVI, Zweigelt sei wegen »illegaler Betätigung« festgenommen und »dem Arbeitslager Klosterneuburg übergeben worden«.[435]

In einem ersten Verhör am 6. Juli 1945 machte er Angaben zur Person, die ihn als harmlosen Mitläufer erscheinen lassen sollten.[436] Zweigelt gab zu, im April 1933 in die NSDAP eingetreten zu sein – »bis zum Verbot«. Während der Verbotszeit sei er Mitglied der »Schlaraffia« geblieben, der er seit 1920 angehört habe. 1938 wollte Zweigelt um Wiederaufnahme in die Partei gebeten, aber erst 1941 das rote Mitgliedsbuch mit der niedrigen Mitgliedsnummer 1.611.378 erhalten haben, die ihn als einen Nazi der frühen Jahre auswies.[437] Eine Funktion bei der NSDAP habe er niemals innegehabt, beteuerte er. Dass die Zeit zwischen 1933 und 1938 als Zeit der Mitgliedschaft in der Partei angerechnet wurde, führte Zweigelt auf Angaben seines 1942 verstorbenen Assistenten Franz Voboril zurück. Zu seiner Entlastung behauptete Zweigelt ferner, er habe in »rassischer Hinsicht« gegenüber den Juden »eine völlig neutrale Haltung« eingenommen.[438]

Für diese Behauptung konnte Zweigelt schon in der ersten Vernehmung einen unverdächtigen Zeugen aufbieten. Es war niemand anders als Studienrat

Poliseidirektion Wien
Staatspolisei Gruppe XXVI .

66/45

Zl. 66 /45/2

Klosterneuburg, am 6.7.1945

Haft

N i e d e r s c h r i f t

Aufgenommen mit Dr.Fritz ZWEIGELT, am 13.1.1888 in
Hitzendorf bei Graz geb. zust. nach Klosterneuburg,
gottgl. verh. Gattin Fritzi, geb.Hochmuth, wohnhaft
Klosterneuburg,Kierlingerstr.10, welcher auf Vorladung
folgendes angibt.

Zur Person: Ich besuchte 5 Kl.Volksschule, 8 Kl.
Gymnasium und die Universität in Graz
wo ich das Doktorat im Sommer 1911
erhielt.
Vom Jahre 1910-1911 war ich Assistent auf
der Universität Graz. 1912 kam ich nach
Klosterneuburg in die Weinbauschule und
war dort als Assistent mit einen Anfangs-
gehalt von 120 Kronen tätig. Ich erreichte
dann die Stufen vom Adjunkt, Insp. Ober-
Insp. Laboratoriumsvorstand, Regierungsrat,
mit einem Gehalt von 5-600 Sch.
Vom Jahre 1917 - 1922 war ich im Klosterneuburger Lyzeum als Professor in Privatstel-
lung. Vom Jahre 1923-1928 Redakteur der allg.
Weinzeitung. Von 1928 - 1943 war ich
Redakteur der Zeitschrift " Das Weinland "
Verlagsleiter, war bis 1938, Bondy,nachher
wurde diese Zeitschrift vom Reichsnährungsstand-
verlag übernommen. Hier bezog ich ein Einkommen von RM 100.---
Im März 1938 wurde ich durch die NSDAP.
für den kranken Direktor, der im Sommer
gestorben ist, mit der kommisarischen
Vertretung desselben, betraut. Im Jahre
1943 wurde ich erst Direktor der Weinbauschule Klosterneuburg und im gleichem Jahre
wurde ich Dezent auf der Hochschule für
Bodenkultur. Seit dem Jahre 1938 war ich als
Leiter der Reichsrebenzüchtung Ostmark eingesetzt. (unentgeltlich). Ich hatte ein
Einkommen als Direktor bis zum Jahre 1945
brutto zirka RM 900.---
Seit 1920 wohnte ich ständig in Klosterneuburg, Hölzlgasse 7 und seit 1937 Kierlin-
gerstrasse 10.
Mitglied der NSDAP war ich seit April 1933
bis zum Verbot. Während der Verbotszeit
blieb ich bei der "Schlaraffia", der ich
seit 1920 angehört hatte. Als zeuge führe ich
Prof. Weil, Kierlingerstr.22 und Prof.
Braun, Wien 9.,Spitalgasse 13, an.

Im Jahre 1938 bat ich um die Wiederaufnahme
in die NSDAP. 1941 erhielt ich das rote
Mitgliedsbuch mit der Nr.1,600...
Eine Funktion bei der NSDAP. hatte ich niemals
inne. Bei der Wiederaufnahme setzte sich

27 »Mitglied der NSDAP bis zum Verbot«?: Auszug aus dem Protokoll der Vernehmung Zweigelts
am 6. Juli 1945.

Heinrich Weil, nach den Nürnberger Rassegesetzen ein »Halbjude«. Ursprünglich Lehrer am Bundesreal- und Obergymnasium Klosterneuburg, hatte er seit September 1905 auch an der Klosterneuburger Lehranstalt Deutsch unterrichtet. 1938 war er von den Nationalsozialisten entlassen worden – und das, obwohl sich Zweigelt nach seinen Worten »alle erdenkliche Mühe« gegeben hatte, ihm das Verbleiben an der Anstalt zu ermöglichen.[439] Gegen die Entscheidung des Ministeriums für innere und kulturelle Angelegenheiten habe der kommissarische Leiter der Anstalt jedoch keine Handhabe gehabt, hielt Weil unter dem Datum des 27. Juni und damit noch vor (!) der Verhaftung Zweigelts in einer maschinenschriftlichen Erklärung fest.

Wie ernst es Zweigelt mit ihm immer gewesen sei, machte Weil daran fest, dass der Leiter der Anstalt ihn seit 1938 nicht nur finanziell unterstützt habe. Außerdem habe er weiterhin zu denselben Bedingungen Wein, Obst, Gemüse und Saatpflanzen von der Anstalt beziehen können wie alle anderen Mitglieder des Lehrkörpers. Außerdem habe er die Bibliothek weiterhin benutzen können. Kurzum: »Dr. Zweigelt hat sich also mir gegenüber jederzeit kollegial und freundschaftlich verhalten.«

Weils Darstellung wurde während des Ermittlungsverfahrens von niemandem bestritten. Ebenso wenig wurde Zweigelt von irgendjemandem bezichtigt, sich abträglich über Juden ausgelassen zu haben – weder von jenen, die seinen Reden anlässlich des 8. März gelauscht hatten, und erst recht nicht von jenen, die ihn 1938 der Freundschaft mit Juden bezichtigt hatten.

Weils Verteidigungsbemühungen waren mit seiner prophylaktisch verfassten Stellungnahme noch nicht am Ende. Am 4. Juli 1945 und damit unmittelbar nach der Verhaftung Zweigelts versicherte Weil in einer Eidesstattlichen Erklärung nicht nur, dass der vormalige Direktor ihm stets »in freundlicher und selbstloser Weise« entgegengekommen und ihn zur Zeit des Dritten Reiches in jeder Weise unterstützt habe. Der Deutschlehrer war vielmehr der erste, der Zweigelt zu einem nationalbewussten Österreicher und einem fehlgeleiteten Idealisten stilisierte: »Aus seiner Haltung konnte ich ferner entnehmen, dass er stets für seine österreichische Heimat war, der er durch seine wissenschaftlichen hervorragenden Arbeiten einen dauernden Dienst erwiesen hat. Er hat an den Übergriffen des Nationalsozialismus wiederholt scharfe Kritik geübt und namentlich die Behandlung des Judentums in scharfer Weise gegeißelt. Er hat seine österreichische Heimat namentlich auch zur Zeit des Dritten Reiches stets verteidigt und viele Schwierigkeiten mit den Behörden in Berlin auf sich genommen. Noch vor der Befreiung Österreichs hat er sich in bitteren Worten hieüber (sic) geäußert. Er hat sich ferner niemals bereichert und ist heute noch derselbe Idealist, als den ich Ihn vor mehr als 30 Jahren kennengelernt habe.«

Im Februar 1946 fügte Weil während seiner Vernehmung als Zeuge vor Gericht weitere Details hinzu. Vor der Vereidigung der Angestellten der Anstalt auf Adolf Hitler im März 1938 habe Zweigelt ihn zu sich gerufen und ihn über seine Abstammung befragt. »Ich habe ihm darüber erschöpfend Auskunft gegeben. In der folgenden Zeit bis in den Herbst 1938 kann ich mich über Dr. Zweigelt in keiner Weise beschweren. Nach Beginn des Schuljahres im Herbst 1938 hat das Ministerium meine Entfernung aus der Anstalt aus rassischen Gründen in Aussicht genommen. Ueber Einschreiten des Dr. Zweigelt beim Ministerium wurde mir dann eine Abfertigung meiner Ansprüche zugestanden, wovon mir den grösseren Teil die Anstaltskasse über Anordnung des Dr. Zweigelt ausgezahlt hat. Ich habe ferner die Bibliothek der Anstalt noch weiter benutzen dürfen und habe auch die ganze Zeit hindurch wie früher Obst, Gemüse, Wein und Pflanzen zu den dort üblichen ermässigten Preisen erhalten. Es war dies ein Entgegenkommen seitens des Dr. Zweigelt.«[440]

Unter den gut eine Handvoll Personen, die sich im Juli 1945 und im Februar 1946 für Zweigelt verwandten, war Weil nicht der Einzige, der in dem vormaligen Direktor einen »Idealisten« sehen wollte. Schon am 4. Juli lag eine Eidesstattliche Erklärung eines Herren namens Irro vor, bei dem es sich ausweislich einer handschriftlichen Notiz um den Leiter oder einen Mitarbeiter des Arbeitsamtes in Klosterneuburg handelte. Darin erfuhren die Ermittlungsbeamte: »Obwohl ich Sozialdemokrat war, hat er sich während der schweren Erkrankung meines Schwiegervaters in selbstloser und echt freundschaftlicher Weise angenommen. Er hat damit gezeigt, dass er das rein Menschliche weit über alle Parteiinteressen gestellt hat. Ich bin ihm für manchen Dienst dankbar und kann bezeugen, dass er seine Zugehörigkeit zur NSDAP niemals missbraucht und sich immer restlos für seine österreichische Heimat eingesetzt hat.«[441]

Dr. Alfred Stanka, ein Zahnarzt, der in derselben Straße wie Zweigelt wohnte, sekundierte unter dem Datum des 7. Juli so: »Ich bestätige hiermit, dass ich Herrn Fritz Zweigelt seit vielen Jahren als Idealisten und selbstlosen Menschen kenne. Er hat sich mir gegenüber während meiner schweren Krankheit im Frühjahr dieses Jahres als wirklicher Freund erwiesen. Aber auch schon vor Jahren mich geschützt und unterstützt, als ich als Nicht-Vollarier mit mannigfachen Schwierigkeiten zu kämpfen hatte. Aus Gesprächen im Februar dieses Jahres weiß ich, daß er zur Art der Kriegsführung in scharfem Widerspruch gestanden ist, und seiner Heimat Österreich seit je die Treue hält.«[442]

Einen anderen Aspekt betonte Professor Dr. techn. M. Niessner in einer Erklärung vom 25. Juli. Zweigelt habe wiederholt die Dozentenschaften der Hochschulen zum »gedanklichen Gedankenaustausch« in sein Institut eingeladen.

»Seine politische Einstellung war mir bekannt und er hat in diesem Kreise niemals Propaganda betrieben, obzwar bei diesen Aussprachen auch eine Anzahl von Nichtparteimitgliedern zugegen waren. Auf Grund dieser Feststellung habe ich absichtlich gelegentlich politische Themen zur Diskussion gestellt und dabei immer wieder feststellen müssen, dass er aus rein ideellen Motiven dieser politischen Richtung verfallen ist; unvereinbar erschien mir immer seine strenge Objektivität und strenge Kritik, die er immer zum Ausdruck brachte.«[443] Kein Wunder, dass sich auch Zweigelt selbst nach seiner Festnahme umgehend als Idealisten und selbstlosen Kämpfer darstellte, dem es immer nur um die Sache Österreichs gegangen sei – wie es ihm seine Gewährsleute uneingeschränkt bestätigten.[444]

Unter dem Datum des 7. Juli und damit am Tag nach dem ersten Verhör durch die Kriminalpolizei in Klosterneuburg hatte er in dem von ihm sogenannten »Konzentrationslager« ein zweieinhalbseitiges, handschriftliches Bittschreiben an den namentlich nicht genannten Landwirtschaftsminister aufgesetzt.[445] Dabei könnte es sich um den Minister a.D. Rudolf Buchinger gehandelt haben, der vom 27. April bis zum 26. September 1945 das Amt eines Staatssekretärs für Land- und Fortwirtschaft bekleidete.[446] Zweigelt wollte ihn ausweislich seines Schreibens auf dem Internationalen Agrarkongress 1929 in Bukarest kennengelernt haben, was ihm nun als Vorwand diente, um auf seine unzähligen Verdienste zugunsten des österreichischen Weinbaus im Allgemeinen und Klosterneuburgs im Besonderen hinzuweisen. Dass man ihn nun »zum Illegalen stempeln« wolle, vermochte er nicht zu verstehen, habe er doch dem Nationalsozialismus abgeschworen, der ihm als »Idealisten« auch viele Enttäuschungen bereitet habe. Ob Buchinger das Schreiben Zweigelts zu sehen bekam oder sich gar für ihn verwendete, ist nicht bekannt. Immerhin trägt der Eingangsstempel des Ministeriums das Datum des 12. Juli 1945.

Zweigelt, ein Scharfmacher und Denunziant?

Andere Weggefährten des vormaligen Direktors zeichneten ein ganz anderes Bild des Mannes, der sich noch drei Jahre zuvor öffentlich hatte berühmen lassen, nach 1938 aus Klosterneuburg eine nationalsozialistische Hochburg gemacht zu haben. Ein Angestellter des Chorherrenstiftes namens Maximilian Stefan Wacker machte am 9. Juli in einem ersten Verhör durch die Staatspolizei Wien den Auftakt. Er kenne Zweigelt seit dem Jahr 1918 »als fanatischen Kämpfer für die Grossdeutsche Idee«,[447] als einen Hasser jeglicher Religion und als jemanden, der die Idee Hitlers als höchstes Gebot jederzeit anerkannt habe. Zweigelt habe ihm im April 1943 wegen »politischer ungünstiger Beurteilung« gekündigt, zudem gebe es unter den Angestellten der Weinbauschule noch eine ganze Reihe, die durch Zweigelt gemaßregelt, oder versetzt und dadurch geschädigt worden seien.[448]

Zweigelts vormaliger Kollege Julius Kloss gab zu Protokoll, wie niederträchtig sich Zweigelt nach dem Umbruch gegenüber allen Lehrkräften und Angestellten verhalten habe.[449] Maria Klement wusste zu berichten, die Verfolgung der Lehrkräfte und Angestellten habe sofort nach dem Umbruch eingesetzt. Außerdem habe er den todkranken Direktor Arthur Bretschneider derart schikaniert, »dass es zu seinem Tode um vieles früher führte«.[450] Max Prohaska sprach in dem Verhör die Abfassung einer Protestschrift gegen Zweigelt an. Dieser habe nicht nur ganz unfähige Leute an lebenswichtigen Stellen der Anstalt eingesetzt, sondern gegenüber ihm und den anderen Lehrkräften ein »egoistisches und streberisches« Verhalten an den Tag gelegt.[451]

Planckhs Abrechnung mit seinem Vorgänger als Direktor stand denen der anderen vormaligen Kollegen nicht nach. Mehr noch: Zweigelt habe zehn oder elf Personen aus der Anstalt entfernt, habe vor 1938 unter dem Deckmantel der Rebenzüchtung ungezählte Reisen unternommen und sei hierbei in innigster Verbindung mit verschiedenen Illegalen gewesen. Zudem, so Planckh am 27. Juli, habe Zweigelt die Unterstützung des ganz nazistisch eingestellten Absolventenverbands genossen und anstelle von erfahrenen Lehrkräften unfähige Nichtfachleute eingestellt. Die einzige Frau, die dem Lehrkörper von Klosterneuburg angehörte, Dipl. Ing. Maria Ulbrich,[452] gab zum Abschluss der ersten Serie der Zeugenvernehmungen zu Protokoll, der frühere Direktor habe sich als ein Mensch erwiesen, »der andere Kollegen nur so lange neben sich duldet als sie ihm nützlich sind. Im Moment, wo er merkt, dass der andere ihm zuvorkommen oder ihn überflügeln könnte, lässt er den lästig Gewordenen ohne weiteres fallen.«[453] Gegen Ulbrich war Zweigelt 1938 nicht vorgegangen, weshalb sie ihn bis 1945 aus nächster Nähe hatte beobachten können.[454]

Im September 1945 meldete sich Friedrich Zweigelts Frau Fritzi gegenüber der Staatspolizei Wien zu Wort. Sie gestand ein, dass ihr Mann wohl als Illegaler gelten dürfte, doch sei er erst nach der Besetzung Österreichs der NSDAP beigetreten und bestreite entschieden, in der Verbotszeit für die Partei tätig gewesen zu sein. Zudem sei ihr nie bekannt geworden, dass sich ihr Mann irgendetwas hätte zu Schulden kommen lassen, was ihm eine Anklage nach dem Kriegsverbrecher- oder Schädlingsgesetz eintragen könne. Wie auch andere Zeugen zugunsten Zweigelts ausgesagt hätten, sei ihr Mann ein offener, ehrlicher Charakter, der aus rein ideellen Motiven der nationalsozialistischen Richtung verfallen sei, »niemals einen Nutzen daraus gezogen hat, niemals Propaganda betrieb, im Gegenteil scharfe Kritik an der Behandlung des Judentums und der Art der Kriegsführung geübt hat, sich verfolgten Nichtvollariern mit Rat und Tat annahm und sein Österreichertum niemals verleugnet, sondern die Interessen Österreichs, insbesondere auf dem Gebiete des Weinbaus, gegen die Gleichschaltungsbestrebungen Berlins mit aller Energie und Erfolg verfochten hat.«[455]

Die Klosterneuburger Kriminalpolizei machte sich auf die widersprüchlichen Aussagen einen eigenen Reim. In ihrem Schlussbericht vom 27. September 1945[456] zeichnete sie ein Bild des vormaligen Direktors, in dem dieser als »niederträchtiger Charakter« erschien. Nach der Machtübernahme sei er nur aufgrund seiner »Illegalität und der Denunziation jener Lehrkräfte, welche berufen gewesen wären die Leitung zu übernehmen,«[457] an die Spitze der Anstalt gekommen. Um seine Zwecke zu erreichen, seien ihm alle Mittel heilig gewesen. Die Widersprüche zwischen den Aussagen Zweigelts und seiner Gewährsleute auf der einen und den Aussagen der Belastungszeugen und sowie den bei Zweigelt gefundenen Dokumenten[458] waren den Polizisten nicht nur nicht verborgen geblieben, sondern erschienen ihnen nachgerade als Beweis für den schlechten Charakter Zweigelts. »In rassischer Hinsicht will Zweigelt auf der einen Seite, wie aus seiner Vernehmung hervorgeht, gegenüber den Juden eine völlig neutrale Haltung gewarnt haben, während auf der anderen Seite, wie es seinen verschiedenen Festreden an die Jugend zu entnehmen ist, er zum Kampf gegen das Judentum aneiferte«, hieß es beispielhaft.[459] Kurzum: »Fritz Zweigelt war ein Scharfmacher und Denunziant großen Formates, der nicht scheute und beruflich in die Höhe zu kommen … inwiefern Schüler der Anstalt durch Zweigelt zu Schaden kamen, konnte bis jetzt nicht ermittelt werden.«[460]

Hochverrat

Auf der Basis dieses Berichts wurde Zweigelt am 25. Oktober 1945 von dem Staatspolizeilichen Anhaltelager IV in Klosterneuburg in das Gefangenenhaus des Landesgerichts für Strafsachen Wien II überstellt.[461] Drei Tage zuvor hatte die Polizeidirektion Wien, Staatspolizeireferat XI., bei der Staatsanwaltschaft Anzeige erstattet. Zweigelt stand endgültig im Verdacht des Verbrechens des Hochverrats im Sinne des Paragrafen 11 des (seit dem 8. Mai 1945 mehrfach novellierten) Verbotsgesetzes (VG). Hinzu kamen Delikte, die man ihm als Verbrechen der Kriegshetzerei nach Paragraf 2 beziehungsweise als Verbrechen der

Denunziation nach Paragraf 7 des Kriegsverbrechergesetzes (KVG, in Kraft seit 26. Juni 1945, seitdem mehrfach novelliert) zur Last legte.[462]

Zur Begründung wurde angeführt,[463] Zweigelt habe der NSDAP seit dem 1. Mai 1933 und der Nationalsozialistischen Betriebszellenorganisation (N.S.B.O.) seit 1936 ununterbrochen angehört und sich selbst als illegalen Kämpfer bezeichnet – so hatte Zweigelt es schließlich selbst 1938 schriftlich festgehalten.[464] In Verbindung mit seiner Betätigung für die NSDAP habe er weitere Delikte aus »besonders verwerflicher Gesinnung« dadurch begangen, dass er sich nach der Annexion Österreichs mehr oder weniger gewaltsam der Leitung der Anstalt für Wein- und Obstbau Klosterneuburg bemächtigt habe und als deren kommissarischer Leiter »im Wege der Denunziation« eine größere Anzahl von ehemaligen Angestellten dieser Anstalt entfernt habe, weil sie ihm politisch missliebig gewesen seien.[465] Drittens habe eine Hausdurchsuchung Konzepte seiner Reden zutage gefördert, die er bei politischen Anlässen vor den Professoren und Schülern der Weinbauschule Klosterneuburg gehalten habe. Aus diesen Reden gehe hervor, dass der Beschuldigte ein überzeugter Verfechter nationalsozialistischen Gedankenguts gewesen sei und »in extremer Ansicht« die Meinung vertreten habe, dass der Krieg »im Interesse des Volkswohls« gelegen sei.[466]

Das Landesgericht für Strafsachen in Wien folgte der Argumentation der Staatsanwaltschaft. Am 27. Oktober 1945 beantragte sie die Einleitung der Voruntersuchung und verhängte gegen Zweigelt Untersuchungshaft. Doch schon zwei Monate später wurde Zweigelt »gegen Gelöbnis gemäß § 194 StPO« aus der Untersuchungshaft entlassen – es war der 24. Dezember 1945. Sein am 17. Dezember gestelltes Gesuch um »Versetzung auf freien Fuss« war innerhalb weniger Tage positiv beschieden worden.[467] Nach Klosterneuburg kehrte er aber nicht zurück, sondern kam in Wien bei einem Professor namens Seefeldner unter.[468] Aus den Gedichten, die Zweigelt in den folgenden Monaten verfasste, sprach ein Mann, der sich vollkommen zu Unrecht verfolgt fühlte. Am 28. Juli 1945 war er sogar der »Evangelimann«. Die erste Strophe begann mit der gesperrt gesetzten Zeile »Selig sind die, Verfolgung leiden!«

Gänzlich bekehrt

Wenige Wochen später war von den drei Anklagepunkten nur noch einer übriggeblieben: Hochverrat im Sinn des Paragraph 58 StG in der Fassung des Paragraphen 11 des Verbotsgesetzes (VG). Die Staatsanwaltschaft Wien, die seit 1945 unter Leitung von Dr. Eugen Prüfer[469] zahlreiche Kriegsverbrecher vor dem

Volksgericht Wien zur Anklage gebracht hatte, war bei der Auswertung der Vernehmungsprotokolle zu dem Ergebnis gekommen, dass die Voruntersuchung hinsichtlich jener Tatbestände einzustellen sei, die unter das Kriegsverbrechergesetz fielen. »Eine konkrete Denunziation lässt sich nicht nachweisen«, war unter dem Datum des 11. September 1946 zu lesen. Desgleichen hieß es über die martialischen Reden, die Zweigelt seit 1939 jeweils am Tag des »Anschlusses« vor der versammelten Schulgemeinde gehalten hatte, diese »wurden von ihm nur vor (Original: von) einem kleineren Personenkreis gehalten«.[470] Der Entwurf der Anklageschrift sah demnach nicht mehr vor, dass der vormalige Direktor wegen Verstößen gegen das Kriegsverbrechergesetz belangt werden konnte. Tatsächlich wurde das Verfahren »in der Richtung der §§, 7 K.V.G.« im Herbst 1946 gemäß Paragraph 109 der Strafprozessordnung eingestellt.

Allerdings tauchten die beiden Vorwürfe in der Anklageschrift der Staatsanwaltschaft in der Strafsache gegen Zweigelt (AZ 15 St 21.246/46) insofern wieder auf, als der vormalige Direktor die Entfernung einiger Lehrer von Klosterneuburg »teils aus politischen, teils aus fachlichen Gründen erwirkt habe«.[471] Was seine Reden anging, so habe er verschiedentlich »Österreich und das österreichische Volk geschmäht«. Zweigelts in den eigenen Reden immer wieder herausgestellte Illegalität und die entsprechende Anerkennung als »alter Kämpfer« spielten hingegen in den Anklageschrift schon keine große Rolle mehr: Im Juni 1946 war Zweigelt unter Bezugnahme auf die einschlägigen Bestimmungen des Verbotsgesetzes und des Verfassungsgesetzes durch den Liquidator der Einrichtungen des Deutschen Reiches in der Republik Österreich wegen Illegalität und der Anerkennung als alter Kämpfer aus dem öffentlichen Dienst entlassen worden. Seine Beamtenkarriere war damit im Alter von 58 Jahren anscheinend zu Ende gegangen.[472]

Zur Verhandlung der Anklage vor dem Volksgericht Wien (AZ Vg 1 h Vr 3281/45) kam es einstweilen nicht. Knapp zwei Jahre später, im Februar 1948 wurde Zweigelt auf der Basis der neugefassten, auf einen deutlich nachsichtigeren Umgang gestimmten Vorschriften über den Umgang mit NS-belasteten Personen gemäß Paragraf 17 Abs. 3 VG in der Fassung des Jahres 1947 als »minderbelastet« eingestuft.[473] Der Bescheid vom 25. Juni 1946 über seine Entlassung aus dem öffentlichen Dienst wurde daraufhin mit Wirkung zum 18. Februar 1948 aufgehoben.

Umgehend suchte Zweigelt bei Bundespräsident Karl Renner (SPÖ) um Niederschlagung des gesamten Verfahrens auf dem Gnadenwege nach. Die Staatsanwaltschaft und die Oberstaatsanwaltschaft Wien erwiesen sich dem vormaligen Direktor bei diesem Vorhaben als äußerst hilfreich.

So konnte Zweigelts Anwalt unwidersprochen darlegen, sein Mandant habe der NSDAP bis zu deren Verbot angehört, in der Verbotszeit ihr aber weder angehört noch sie finanziell unterstützt noch sich für sie betätigt. Nach der Besetzung Österreichs habe er um Wiederaufnahme in die NSDAP nachgesucht und jene alte, niedrige »Vorverbotsnummer«, die bis 1945 ein Beweis seiner Eigenschaft als »Illegaler« gewesen war, »protektionsweise« zurückerhalten. Die 1942 im *Weinland* stolz referierte Eigenschaft als Illegaler versuchte der Anwalt mit dem Argument zu bestreiten, Zweigelt habe gar nicht illegal gewesen sein können, weil er bis 1936 der »Schlaraffia« angehört habe und 1938 wegen dieses Umstandes aus der NSDAP ausgeschlossen worden sei. Was seine angeblichen Verdienste während der Verbotszeit anging, die Franz Voboril[474] hervorgehoben habe, so habe er sich diese nie erworben. Voboril habe diese fingiert, um Zweigelt als Leiter der Weinbauschule zu halten.

Zugunsten seiner Interventionen bei Landwirtschaftsminister Anton Reinthaller und anderen Nazi-Größen, die im Sommer 1938 auf die Säuberung von »vier Nationalsozialisten und vier Christlich-Sozialen« (so die ohne Widerspruch bleibende Bilanz) hinausgelaufen war, machte Zweigelt 1948 geltend, er habe sich in erster Linie von fachlichen Momenten leiten lassen – eine Behauptung, die ihm die Wiener Staatsanwälte unwidersprochen abnahmen.[475] Drei Professoren seien wegen Alkoholisierung, Unterschlagung von Staatsgeldern bzw. des Erreichens der Altersgrenze und wissenschaftlicher Nichteignung in den Ruhestand versetzt worden.

Gegen Ende der Nazi-Zeit wollte Zweigelt nun auch kein überzeugter Parteigänger mehr gewesen sein: Die Handhabung der NS-Idee durch ihre Führer und die Auswirkungen ihrer Taten hätten ihn gänzlich bekehrt. Sein Sohn sei im Krieg gefallen, und durch Kriegshandlungen habe er alles verloren – und das, wo er doch »immer nur für die Wissenschaft gelebt und große Erfolge und große Anerkennung seitens des In- und Auslandes gefunden« habe. Sein Name, so Zweigelt, »sei nicht als Parteipolitiker, sondern nur als Wissenschaftler bekannt und geachtet«.[476]

Oratorische Entgleisungen

Die Oberstaatsanwaltschaft Wien schloss sich den Selbstrechtfertigungen Zweigelts vorbehaltlos an. Sie befürwortete das Gnadengesuch »mit Rücksicht auf die allgemein anerkannten hervorragenden Leistungen des Dr. Z. auf dem Gebiete des heimischen Weinbaus«.[477] Das Bundesministerium für Justiz leitete das Gna-

dengesuch daraufhin mit Datum vom 5. Juli 1948 zum Vortrag an den Bundespräsidenten weiter.

Für die Kriegshetze und die Einschwörung auf das nationalsozialistische Welt-
bild in den drei erhaltenen Reden Zweigelts zum 13. März fanden die Wiener
Juristen eine Erklärung, die rückblickend als eine brachiale Geschichtsklitterung
daherkommt. Zwar hatte Selma Stouy, die seit 1938 als Kanzleikraft in der Direktion gearbeitet hatte,[478] 1946 als Zeugin bestätigt, dass Zweigelt die maschinen-
schriftlich fixierten Reden »gewöhnlich mit geringen Abweichungen tatsächlich
so gehalten hat, wie sie in seinem Konzept gestanden sind«.[479] Diese Aussage
hielt die Staatsanwaltschaft und die Oberstaatsanwaltschaft Wien nicht davon
ab, die sichergestellten Manuskripte und die in ihnen enthaltenen Aussagen mit
den Hinweisen zu relativieren, Zweigelt habe die Reden zum 13. März »vor einem kleinen Kreis« vorgetragen. Im Übrigen handele es sich bei den einschlägigen Einlassungen des vormaligen Direktors um »oratorische Entgleisungen«.[480]
Zweigelt selbst verstieg sich zu der Behauptung, die Staatsanwaltschaft könne
ihm ja gar nicht nachweisen, dass er die Reden »im Sinne dieser Entwürfe« überhaupt gehalten habe. Er sei ein »geübter Stegreifredner und habe alle meine bei
Apellen (sic) gehaltenen Reden ohne die Vorlage eines Konzeptes gehalten.«[481]

Warum die Wiener Strafverfolger nicht mehr das geringste Interesse daran
hatten, die offenkundigen Lügen Zweigelts und die Widersprüche in der Verteidigung herauszustellen, geben die Akten nicht zu erkennen. Dabei hätte es zur
Klärung vieler Sachverhalte schon ausgereicht, nur die öffentlich zugänglichen
Zeitschriften zu konsultieren, in denen sich Zweigelt selbst seiner Verdienste um
den Nationalsozialismus gerühmt hatte und berühmen ließ. Indes hat – soweit
ersichtlich – keiner der Klosterneuburger Professoren, die von Zweigelt aus ihren Ämtern gedrängt worden waren, die Ermittler auf diese Spur gebracht, geschweige denn, dass sie sich selbst die Mühe gemacht hatten, die Zeitschriften
auszuwerten.

Manche Beschuldigungen blieben daher 1948 unbeachtet im Raum stehen,
obwohl sie sich ganz einfach hätten verifizieren lassen. Hätte sich jemand etwa
die Mühe gemacht, in den Schriften Zweigelts nach Belegen für den Vorwurf zu
suchen, er habe sich abfällig über den Präsidenten des Internationalen Weinamtes (OIV) in Paris, Édouard Barthe, geäußert, er wäre in diesem Fall schnell fün-
dig geworden. Im August 1939 wurde im *Weinland* in sachlichem Ton eine Rede
Barthes auf dem 18. Internationalen Landwirtschaftskongress in Dresden zusammengefasst, in dem dieser seine (von Zweigelt geteilten) Vorstellungen über die
»Erreichung einer gesunden Weinbaupolitik« dargelegt hatte.[482] Im April 1942
war im *Weinland* aus Anlass der Verhaftung dieses sozialistischen Abgeordneten

und Weinbaufunktionärs durch die Vichy-Regierung in hasserfüllten Ton zu lesen: »Wir Ostmärker hatten zur Zeit, als noch das kleine Österreich bestand, wiederholt die ›Ehre‹ seiner Anwesenheit genießen dürfen – jede seiner schwungvollen Ansprachen, wo immer und aus welchem Anlasse immer sie gehalten wurden, waren ein Dokument verlogener Dialektik und vor allem der Ausdruck seiner Anschlußgegnerschaft. Immer wieder verschwendete er seine Liebe und seine Sympathie an den Österreicher, den er überall entdeckte an den sogenannten österreichischen Menschen, dessen Besonderheiten und Vorzüge er feierte. Dass die Träger des hier verflossenen Systems ihrem Beschützer besonders zugetan waren lag nahe … Mit ihrem Schutzgeist sind auch sie für immer von der Bildfläche verschwunden.«[483] Gezeichnet war dieser Artikel mit Z. – dem Kürzel für Zweigelt. Und hatte es nicht in Zweigelts Rede zum 13. März 1943 geheißen, Barthe sei ein treuer Freund im Sinne des Separatismus und eine »Kreatur, die inzwischen von den Franzosen hinter Schloss und Riegel gesetzt worden« sei?[484]

Max Maitinger, ein Entlastungszeuge, hatte indes in einer eidesstattlichen Erklärung unter dem Datum des 15. September 1945 zu Protokoll gegeben: »So war ich selbst bei einem Besuch anwesend, den der französische Präsident Barthe ihm abstattete, und ihn gelegentlich seiner Freundschaft versicherte.«[485] Auch Friederike Zweigelt wollte nie etwas Abträgliches über Barthe gehört haben. Ihr Mann sei ein »hervorragender Wissenschaftler und Forscher, der internationalen Ruf genießt. Der französische Präsident (!) Barthe besuchte ihn persönlich und auch mit russischen Forschern stand er in regem Verkehr.«[486]

Weit weg von jeder Politik

1947 und 1948 konnten demnach über Zweigelt unwidersprochen Dinge behauptet werden, die sein Leben und Wirken alles in allem als glanzvoll erscheinen ließen. Neben den beiden hymnischen Artikeln auf ihn, die er 1937(!) aus Anlass seines 25-jährigen Dienstjubiläums in seinem *Weinland* hatte erscheinen lassen, konnte Zweigelt zur Absicherung des Abolitionsgesuchs, das sein langjähriger Anwalt Dr. Ludwig Margreiter am 4. Dezember 1947 an das Justizministerium mit der Bitte um Begnadigung durch den Bundespräsidenten richtete,[487] eine Art Unabkömmlichkeitserklärung des Direktors des Instituts für systematische Botanik und den Vorstand des pflanzenphysiologischen Instituts der Universität Graz beibringen. Dieser behauptete darin über Zweigelt, dass in Österreich außer ihm niemand die komplizierten Zusammenhänge der Rebkrankheiten erkennen könne, Zweigelts dauernde Mitarbeit auf dem Gebiet der Rebenzüchtung unerlässlich und niemand da sei, der seine Arbeit auf diesem Gebiet fortsetzen und die wertvollen Resultate der Praxis zuführen könne.[488]

Die Landesregierung der Steiermark wiederum wollte wissen, dass es für den Obst- und Weinbau in Österreich von größter Wichtigkeit sei, dass Zweigelt seine Arbeit als international anerkannter Forscher fortsetzen könne. Schon jetzt würden Anstalten und Wissenschaftler aus Jugoslawien, Italien, der Schweiz, Argentinien und anderen Ländern wieder mit ihm in Verbindung treten, um womöglich seine Mitarbeit zu gewinnen. Nichts sei bedauerlicher, als wenn Zweigelt »endgültig an das Ausland verloren ginge«.[489] Weinbaufunktionäre, mehrheitlich Steiermärker, hatten schon im Oktober 1946 wissen wollen, dass Zweigelts Arbeiten »für seine Heimat stets weit von jeder Politik« lagen und seine Verdienste von Fachleuten aller politischen Richtungen anerkannt würden.[490]

Der Bundesjustizminister beziehungsweise einer seiner Mitarbeiter sah das ähnlich. Auf die »Gnadentabelle« der Oberstaatsanwaltschaft Wien und letztlich auf das Urteil des Ersten Leitenden Staatsanwaltes Dr. Eugen Prüfer aus dem Jahr 1946 gestützt hieß es nun: »Dr. Z. war ein begeisterter Nat. Soz., doch hat er seine Stellung nicht in eigennütziger Weise missbraucht«.[491] Zum Beweis wurde nun das Zeugnis einer politisch geschädigten Frau namens Anna Berinatz beigebracht, die »persönlich bei mir Fürbitte für Dr. Z. eingelegt (habe), weil sie in der ns. Ära viel mitgemacht und durch Dr. Z. gerettet worden sei.[492] Zudem, so der Justizbeamte, wäre zu berücksichtigen, dass Zweigelt ein fortgeschrittenes Alter erreicht habe und der Verlust seines Sohnes, die Sorge für dessen Kind, die Sorge für seine Gattin Friederike sowie der Verlust seines ganzen Vermögens für seine Gnadenwürdigkeit sprächen. Die Oberstaatsanwaltschaft Wien trat dem derart umfassend ausgeschmückten Gnadengesuch mit Datum des 21. April bei.[493]

Am 10. Juli 1948 ordnete Bundespräsident Dr. Karl Renner an, dass das gegen Dr. Friedrich Zweigelt beim Volksgericht Wien anhängige Strafverfahren eingestellt werde.[494] So kam es: Mit Beschluss des Volksgerichtes Wien vom 4. August 1948 wurde Zweigelt »in Ansehung dieser strafbaren Handlung (i.e. Hochverrat, D.D.) außer Verfolgung gesetzt«.[495] Ein Freispruch war dies ausdrücklich nicht: »Gleichwohl steht ihm kein Entschädigungsanspruch zu, weil der die Verfolgung und die Haft begründende Verdacht nicht zur Gänze entkräftet erscheinen.«[496] Es blieb aber dabei, dass Zweigelt, wie es in einer Bescheinigung des Magistratischen Bezirksamtes vom 18. Februar 1949 mitgeteilt worden war, »rechtskräftig als minderbelastet im Sinne des § 17(3) VG.1947« eingestuft und seine Entlassung aus dem öffentlichen Dienst aufgehoben sei.

Der Gnadenakt endete indes mit der Anordnung Renners nicht. Ein halbes Jahr nach der Begnadigung wollte Renner wissen, ob Zweigelt ausgewandert sei.[497] Der Bundespräsident hegte den Verdacht, Zweigelt habe ihn betrogen, indem er die Niederschlagung des gegen ihn anhängigen Strafverfahrens nur betrieben habe, um auswandern zu können. Mitte Dezember wurde aus Graz nach Wien berichtet, dass Zweigelt weiterhin in der Stadt wohne und nicht beabsichtige auszuwandern. Einige Monate später stellte sich heraus, dass Renner auf die Idee gekommen war, Zweigelt habe ihn hintergangen, weil irrtümlicherweise ein Vorakt eines anderen »Tilgungsbewerbers« dem Zweigelt-Akt beigefügt worden war. Ein Versehen also.

Ihren österreichischen Typus bewahrt

Das Volksgerichtsverfahren war kaum eingestellt, da wurde Zweigelt mit Wirkung zum 31. Oktober 1948 in den Ruhestand versetzt. Ein Gesuch um nachträgliche Bewilligung bzw. Auszahlung diverser Bezüge für den Zeitraum seit 1945 hatte keinen Erfolg – obwohl Zweigelt zur Begründung eine ausführliche Liste erstellte, in der er sämtliche Verdienste zusammentrug, die er sich für Österreich erworben hatte.[498] So habe er vor 1933 in weit mehr als 1000 Versammlungen zu Arbeitern und Bauern gesprochen, zwischen 1933 und 1938 diverse Medaillen erhalten[499] und 1935 einen Ruf als Rektor an die landwirtschaftliche Hochschule Karadj bei Teheran in Persien aus »Anhänglichkeit zur Heimat« abgeschlagen.[500]

Wer noch letzte Zweifel an seiner durch und durch patriotischen Gesinnung hegte, den sollten die beiden letzten Sätze überzeugen: »In der Zeit nach der Annexion Österreichs führte er einen ständigen Kampf um die Sonderinteressen des österreichischen Weinbaus und seiner Institutionen. Insbesondere ist es ein ausschließliches Verdienst, dass die Klosterneuburger Weinbauschule ihren österreichischen Typus bewahren konnte und bis zum Zusammenbruch als die einzige Höhere Weinbauschule im ganzen damaligen Reich ohne Unterbrechung arbeiten konnte.«[501]

Zu Nachzahlungen kam es trotzdem nicht. Vom 1. November an bezog Zweigelt eine Pension, die auf der Basis einer anrechenbaren Dienstzeit von rund 29 Jahren berechnet wurde, näherhin für den Zeitraum vom 1. März 1912 bis zum 12. März 1938 zuzüglich 2 Jahre und sechs Monate für die Zeit zwischen 1914 und 1918. Die zehn Jahre, sieben Monate und 18 Tage zwischen dem 13. März 1938 und dem 31. Oktober 1948, in denen Zweigelt de jure nicht in österreichischen Diensten stand, wurden aufgrund von Paragraph 11 des Beamtenüberleitungsgesetzes nicht anerkannt.[502]

1948 – 1964: Zweigelts Treue

21 Jahre nach der von Friedrich Zweigelt veranstalteten Festschrift zum siebzigjährigen Bestehen Klosterneuburgs erschien 1950 abermals ein weiteres Buch, das der Geschichte der ältesten önologischen Forschungseinrichtung im deutschen Sprachraum gewidmet war. Der im Haupttitel angezeigte Anlass »90 Jahre Höhere Bundeslehr- und Versuchanstalt für Wein-, Obst- und Gartenbau« ließ die Brisanz der Veröffentlichung nicht erkennen. Diese ergab sich aus dem Untertitel: »Jahresbericht 1945/50 – 5 Jahre Wiederaufbau«.[503]

Wer den Bericht aufschlug, begegnete sogleich einem alten Bekannten aus der *Allgemeinen Wein-Zeitung* wie aus dem *Weinland*: Heinrich Weil beschwor mit einem »Vorspruch« die Stimmung der neuen Zeit: »Es ruft der junge Tag mit hellem Lichte/Euch zu sein schmetterndes: Erwacht! Erwacht!«, hieß es in der letzten der drei Strophen. Das Gedicht endete mit einer pathetischen Formel, die auch von Zweigelt selbst hätte stammen können: »Und mahnt: Helft mit in gläubigem Vertrauen / Die alte Schule wiederaufzubauen.« Heinrich Weil, der langjährige Deutschlehrer, der schon 1924 die Fünfzigjahrfeier der Bundes- und Lehranstalt mit einem »Poem« bereichert hatte,[504] 1938 als Nichtarier aus der Anstalt entfernt worden war, hatte die sieben nationalsozialistischen Jahre anscheinend an Leib und Seele unversehrt überstanden. Zweigelt hatte daran anscheinend einen nicht geringen Anteil – so jedenfalls hatte es Weil nach 1945 als Zeuge im Zuge der Ermittlungen gegen den vormaligen Direktor mehrfach zu Protokoll gegeben.

Ohne irreparable Schäden

Professor Emil Planckh, der am 21. Dezember 1946 von der Regierung in Wien als Nachfolger Zweigelts zum Direktor ernannt worden war und nunmehr der Herausgeber der Gedenkschrift, kam umgehend zur Sache.[505] Der Fachmann für Obstbau und -verwertung ließ die vergangenen fünf Jahre kurz Revue passieren. Nach einem kurzen Abriss der Geschichte schloss Planckh mit den Worten: »Das Jahr 1938 brachte für viele treue Mitarbeiter einen jähen Abschied von ihrer Wirkungsstätte. Die Anstalt selbst hat die Jahre bis 1945 immerhin ohne irreparable Schäden überstanden.«[506]

28 »Die alte Schule wiederaufzubauen«: Titelblatt der Broschüre »90 Jahre Höhere Bundeslehr-und Versuchsanstalt für Wein-, Obst- und Gartenbau Klosterneuburg 1860–1950«.

Sehr viel Genaueres über die Zeit seit 1938 oder auch nur über die letzten Kriegswochen und die erste Zeit des Wiederaufbaus war dem unmittelbar anschließenden Bericht nicht zu entnehmen. Die Chemikerin Dipl. Ing. Maria Ulbrich, die Zweigelt nicht hatte verdrängen können, weil sie als Fachkraft unersetzbar war, hatte sich indes bald wieder zur Arbeit zurückgemeldet.[507] Auch die Kanzleikraft Maria Klement war bald nach Klosterneuburg zurückgekehrt.[508] Schnell an seiner ehemaligen Wirkungsstätte wiedereingefunden hatte sich Professor Julius Kloss, der 1938 im Alter von 53 Jahren auf Betreiben Zweigelts pensioniert worden war. Der Professor für Weinchemie, den Zweigelt durch den langjährigen Vorstand der Weinbauversuchsanstalt in Weinsberg (Württemberg) Otto Kramer ersetzt hatte, starb allerdings schon 1948.[509]

Andere, die 1938 und 1939 aus Klosterneuburg »ausgeschieden oder pensioniert worden waren« (so die beschönigende Formulierung Planckhs),[510] wären womöglich ebenfalls wieder tätig geworden, sofern sie nicht ebenfalls verstorben waren oder für eine Wiederverwendung nicht in Betracht kamen, »weil sie der Partei angehört hatten«.[511] Wer in diese Kategorie gefallen sein könnte, ließ Planckh seine Leser nicht wissen. Nicht nur der Direktor nannte keine Namen. Als habe man sich kollektiv das Gesetz des Schweigens auferlegt, verlor in der Festschrift niemand auch nur ein Wort über das Leben in der Anstalt in den sieben Jahren zwischen 1938 und 1945, geschweige denn, dass man die beim Namen nannte, die Klosterneuburg in eine »nationalsozialistische Hochburg« verwandelt hatten.

Was aber war aus den strammen Nationalsozialisten geworden? Otto Kramer, der 1940 in Wien zum SS-Obersturmführer (ehrenhalber ohne Befehlsbereich) befördert worden war, hatte im Mai 1945 bei seiner Flucht aus Wien zusammen mit seiner Frau und den drei Kindern allen Besitz zurückgelassen und war am 10. Juni 1945 in württembergischen Weinsberg festgenommen worden. Am 16. Juni 1945 wurde er von den Amerikanern in Ludwigsburg interniert.[512] In dem Entnazifizierungsprozess, der nach 26 Monaten Haft am 8. März 1948 stattfand, wurde er als Minderbelasteter eingestuft.[513] Nach seiner umgehenden Entlassung aus der Haft – Kramer war im Ersten Weltkrieg bei einem Gasangriff verletzt worden, war seither zu 40 Prozent erwerbsgemindert und wurde nach dem Zweiten Weltkrieg nicht zu »Sonderarbeit« verurteilt – kehrte er nicht mehr in den öffentlichen Dienst zurück, publizierte aber noch viele Jahre.[514]

Kein Wort auch über oder von Heinrich Konlechner. Der vielversprechende Klosterneuburger Absolvent, der es bis 1938 zum Kellereiinspektor zunächst für das Burgenland und dann für die Steiermark gebracht hatte[515] und unter vorläufiger Belassung auf diesem Posten zum 26. August 1938 »zur Dienstleitung« an die Klosterneuburger Anstalt versetzt worden war,[516] der zwischen 1939 und

1943 im *Weinland* zahlreiche streng wissenschaftliche Beiträge veröffentlicht hatte und noch 1945 an der Hochschule für Bodenkultur »unter Nachsicht der Diplomprüfung« mit einer Arbeit über Reberziehung zum Dr. agr. promoviert worden war,[517] war in den letzten Kriegsmonaten zum Volkssturm eingezogen worden und im April in die Wehrmacht eingerückt. Konlechner geriet in amerikanische Kriegsgefangenschaft, wurde als Höherer Beamter und Mitglied der NSDAP in Moosbruck (Bayern) interniert und im Dezember 1945 in ein Internierungslager in der Nähe von Salzburg überstellt. Von dort wurde er am 5. Oktober 1946 entlassen. Anschließend verdingte er sich als Hilfsarbeiter in einem Sägewerk, trat aber schon zum 1. Januar 1947 in die Dienste der Weinhandlung Ludwig Cembran in Linz, wo er bald Prokura bekam.[518]

Im Staatsdienst hatte Konlechner einstweilen nichts mehr verloren, sondern wurde »wegen seiner früheren Zugehörigkeit zur NSDAP ausser Dienst gestellt«.[519] Zum 31. Juli 1951 wurde er unter Anrechnung seiner Dienstzeit bis 1945 als Bundeskellereiinspektor pensioniert – wobei es schon damals hieß, dass es zu bedauern sei, »dass eine so tüchtige und junge Kraft nicht weiter im Bundesdienst verwendet wird«.[520] Zum 5. April 1954 kehrte er als Professor auf seine letzte Stelle in Klosterneuburg zurück – und das wohl nicht nur dann mit Wissen und Willen des Bundeskanzleramtes, sondern womöglich sogar auf Betreiben eines Mannes, der zwischen 1938 und 1945 von den Nationalsozialisten kaltgestellt worden war: Paul Steingruber. In einem auf den 26. Januar 1954 datierten »Einlegeblatt« hieß es, der nunmehrige Direktor der Anstalt benötige »durch die ihm übertragenen Aufgaben dringend eine neue Kraft«.[521] Gegen seinen Willen wird Konlechner diese neue Kraft an der Seite Steingrubers nicht geworden sein.

Völlig positiv eingestellt

Planckh war 1952 als Direktor von Klosterneuburg ausgeschieden, um die Leitung der seit 1951 selbständigen »Höheren Bundeslehr- und Versuchsanstalt für Gartenbau« in Wien-Schönbrunn zu übernehmen.[522] Sein Nachfolger wurde 1953 Paul Steingruber, einst Zweigelts Assistent an der Bundesrebenzüchtungsstation in Klosterneuburg und 1938 von den Nationalsozialisten »aufgrund seiner seinerzeitigen politischen Einstellung« als Leiter der Schule in Rust entlassen.[523] 1940 erwog »die Staatliche Versuchsanstalt« offenbar wieder eine wie auch immer geartete Mitarbeit Steingrubers, der seit Herbst 1939 wieder in Weidling bei Klosterneuburg lebte. Das Vorhaben scheiterte an einer »Politischen Beurteilung durch die Ortsgruppe Klosterneuburg.[524]

Nach der Rückkehr aus einer kurzen Kriegsgefangenschaft hatte Steingruber auf einigen Umwegen wieder in Klosterneuburg Fuß gefasst. Die Leitung des Instituts für Weinbau und Kellerwirtschaft hatte als Nachfolger Konlechners seit 1945 der ehemalige Weinbaudirektor im Burgenland Hans Bauer inne, weswegen Steingruber nach seiner Rückkehr nach Klosterneuburg im Jahr 1945 nur einfacher Lehrer der landwirtschaftlichen Fächer und Pflanzenzüchtung (Rebenzüchtung) werden konnte. Von Oktober 1948 an leitete er die Höhere Landwirtschaftliche Bundeslehranstalt Francisco-Josephinum, Schloss Weinzierl bei Wieselburg, kehrte aber nach dem Tod Bauers abermals nach Klosterneuburg zurück,[525] um dort ab dem 1. März 1949 die Abteilung Weinbau und Kellerwirtschaft zu übernehmen. 1953 wurde Steingruber nach dem Ausscheiden Planckhs dessen Nachfolger. Als Steingruber 1961 aus Altersgründen als Direktor in den Ruhestand trat, wurde Konlechner sein Nachfolger.[526] Steingruber hat sich – soweit bekannt – niemals öffentlich über Leben und Werk seines ersten »Chefs« Friedrich Zweigelt geäußert.

Konlechner hingegen hatte keine Hemmungen, Friedrich Zweigelt nach dessen Tod im Jahr 1964 ein literarisches Denkmal zu setzen, das frei von allen (selbst)kritischen Zwischentönen war. Seine Würdigung, die in der vielgelesenen *Österreichischen Weinzeitung* erschien,[527] dürfte zusammen mit den Personalien aus Anlass des 70.[528] und des 75. Geburtstags[529] in den Jahren 1958 beziehungsweise 1963 maßgeblich dazu beigetragen haben, dass der Name Zweigelt in Österreich einen so guten Klang hatte, dass – soweit erkennbar – niemand öffentlich an der Benennung einer neuen, äußert vielversprechenden Rebe nach ihrem Züchter Anstoß nahm. Die Rede ist von der »Blauen Zweigeltrebe«.

Welchen Anteil Zweigelt, der 1948 sechzig Jahre alt geworden war, an dem Gang all dieser Dinge hatte, ist kaum zu ermessen. Gewiss ist, dass er 1947 in Graz, der Heimatstadt der Familie seiner Frau Fritzi, eine neue Heimat gefunden hatte, und das auch politisch.[530] Unter dem Datum des 14. Januar 1950 bescheinigte ihm die Landesparteileitung der steirischen ÖVP, er sei »zur Republik Österreich völlig positiv eingestellt« und habe »trotz seiner misslichen Lage in anregender Weise beim Wiederaufbau unserer Heimat mitgearbeitet, und das im »engsten Einvernehmen mit der ÖVP«.[531]

Die Landeskammer für Land- und Forstwirtschaft wiederum wusste zu bestätigen, Zweigelt sei seit zwei Jahren an der von ihr ins Leben gerufenen Berufsschule als Fachlehrer für Pflanzenschutz tätig und arbeite im Ausschuss der steiermärkischen Gartenbaugesellschaft erfolgreich mit: »Seine Treue zur Heimat kommt in dieser vielseitigen Tätigkeit im Dienste des Aufbaus der heimischen Wirtschaft sinnfällig zum Ausdruck.«[532]

Pflanzen-schutz-Kalender

unseren verehrten Kunden

gewidmet

HANS TAGGER & CO.
GRAZ

Verfaßt und bearbeitet von

Prof. Dr. Fritz Zweigelt

Konsulent der Firma

ulelent enɪt

29 »Verfaßt und bearbeitet von Prof. Dr. Fritz Zweigelt«: Pflanzenschutzkalender der Grazer Firma Tagger aus dem Jahr 1962.

Sein materielles Auskommen dürfte dank der Ruhestandsbezüge, die er nach dem Ende des Volksgerichtsprozesses und der darauffolgenden Versetzung in den Ruhestand bezog, sowie seiner Tätigkeit als »Konsulent« bei der Firma Hans Tagger und Co. mehr als hinreichend gewesen sein.[533] Noch 1962 erschien die »Neue Folge« des »Pflanzenschutzkalenders« der Firma Tagger mit dem fettgedruckten Hinweis auf der Titelseite, dieser sei »Verfaßt und bearbeitet von Prof. Dr. Fritz Zweigelt«.[534]

Trotz allem Verzagtsein

Glaubt man Zweigelts 1963 in eigener Sache vorgetragenen Erinnerungen und anderen wohlwollenden Schilderungen, dann pflegte der vormalige Direktor der Klosterneuburger Anstalt weiterhin viele Kontakte. Allerdings erstreckten sich diese mit Ausnahme Albert Stummers, den es aus Mähren in die Vereinigten Staaten verschlagen hatte, und seines Schülers Lenz Moser[535] wohl eher nicht auf Personen, mit denen er die Leidenschaft für Weinbau teilte. In seinen letzten Lebensjahren scheint vielmehr die nie gänzlich verstummte Leidenschaft für Entomologie und Biologie die Oberhand gewonnen zu haben – hatte er nicht schon bis 1943 in seinem *Weinland* immer wieder über entomologische Phänomene publiziert, etwa im Frühjahr 1942 aus aktuellem Anlass *Heuer ist Maikäferflug*?[536] Der Sympathie der Fachkollegen konnte er sich sicher sein. 1958 war in einer von einem gewissen Victor Richter (München) verfassten Personalie zu lesen: »Die vielen harten Schläge, die ihn zeit seines arbeitsreichen und pflichterfüllten Lebens verfolgten und dauernd begleiteten, haben ihn wohl müde werden lassen, und heute fühlt er sich so vereinsamt, daß er sich am liebsten in eine abgelegene Berghütte zurückziehen und hier mit Dichten, Denken und Malen seinen Lebensabend verbringen und beschließen würde. Doch wer ihn kennt, weiß und ist schon heute überzeugt, dass er sich diese Bergruhe nicht gönnen und trotz allem Verzagtsein und seine Pflichten für seine lieben Wissenschaften nach wie vor erfüllen wird!«[537]

Aus Anlass des 75. Geburtstages Zweigelts schrieb der Münchner Entomologe Victor Richter über seinen etwas älteren Kollegen: »Wer Zweigelt kannte, weiß, wie weltweit, umfassend und tief sein Denken und Wirken reichten: er war ein hervorragender Lehrer und Redner, dazu ein glänzender Gesellschafter und Erzähler, als Mensch im besten Sinne ein Vertreter der alten geistigen und künstlerischen Überlieferungen Österreichs.«[538] Vor diesem Hintergrund erschien es ihm »für den Fernstehenden unverständlich«, dass ein »so vielseitiger und hervorragender fachwissenschaftlicher Forscher wie Zweigelt trotz seiner Verdienste nach dem Ausgang des Zweiten Weltkrieges von der weiteren Ausübung seiner Forschertätigkeit ausgeschaltet wurde«.[539] Ob man an Zweigelts langjähriger Wirkungsstätte in Klosterneuburg ähnlich dachte, lässt sich auf der Basis der vorhandenen Archivalien nicht ermessen. Sie enthalten keine Hinweise darauf, dass es Bestrebungen gegeben haben könnte, Zweigelt in irgendeiner Weise für die Forschung oder auch die Lehre zu reaktivieren.[540]

So ist es auch nicht bezeugt, dass Zweigelt nach 1945 jemals wieder den Boden der Anstalt betreten hat. Ebenso wenig ermessen lässt sich, wie es um den persönlichen Kontakt zu ehemaligen oder auch neuen Mitgliedern des Lehrkörpers bestellt war, vor allem mit seinen Nachfolgern als Direktoren Planckh, Steingruber und Konlechner. Auf ungewissem Terrain bewegt man sich auch bei der Erwägung, inwieweit Zweigelt über den bloßen Kontakt mit Lenz Moser hinaus Anteil an dem Fortgang der züchterischen Bemühungen nahm, die er 1921 als Leiter der österreichischen Bundes-Rebenzüchtungsstation ins Werk gesetzt hatte.

Die Leser des *Weinlands* jedenfalls hatte Zweigelt seit 1938 nicht mehr über die Entwicklungen auf dem lange von ihm betreuten Feld der Rebenzüchtung in Klosterneuburg auf dem Laufenden gehalten. Ob er wohl das Interesse daran verloren hatte, nachdem sein Mitarbeiter Steingruber das Weite gesucht hatte? Eine Äußerung Konlechners könnte in diese Richtung weisen. Es sei »bedauerlich« gewesen, »dass nach dem Ausscheiden seines Mitarbeiters Dipl. Ing. Steingruber die Arbeiten nicht entsprechend fortgesetzt werden konnten«, schrieb dieser im Abstand von fast drei Jahrzehnten.[541] Ganz erloschen war Zweigelts Interesse an Fragen zum Fortgang der Rebenzüchtung jedoch nicht, auch wenn in den oft seitenlangen Aufzählungen seiner Verdienste, mit denen er sich von Juli 1945 an vor einer Verurteilung schützen wollte, das Engagement auf diesem Feld nicht vorkam. So hatte er noch 1940 unter anderem mit Rücksicht auf seine Verpflichtungen als Leiter der Bundesrebenzüchtung um ein Dienstfahrzeug nachgesucht.[542] Allerdings könnte Zweigelt unmittelbar nach dem Krieg geglaubt haben, dass alle Züchtungen verloren und damit alle Anstrengungen umsonst gewesen seien. Denn auch das wusste Konlechner zu berichten: »... dass in den Folgejahren der wirtschaftlichen Depression und sodann des Krieges das meiste Material verloren gegangen ist«.[543]

Wie aber konnte es dann doch dazu kommen, dass eine »Zweigelt-Rebe« ab 1960 in den Verkauf kommen konnte?[544] Hans Altmann, von November 1955 bis Mai 1960 Verwalter des Weingutes der Stadt Krems, erinnerte sich 1994 in einem maschinengeschriebenen Bericht daran, dass der mit Zweigelt seit Jahrzehnten bestens vertraute Rebenzüchter Lenz (Lorenz) Moser in den fünfziger Jahren auf

30 Wie alles anfing: Einschulen der vorgetriebenen Reben. Im Hintergrund die Stadt Klosterneuburg im Jahre 1924.

der Suche nach Rotweinsorten gewesen sei, die den österreichischen Weinbau hätten bereichern können.[545] Zu diesem Zweck habe er unter anderem französische Rebsorten wie Merlot, Cabernet sauvignon und Cabernet franc in seinen Weingärten in Mailberg im Großversuch erprobt – und das, obwohl die offiziellen Stellen davon abgeraten hätten, auf Rotwein zu setzen. »In diesem Zusammenhang kam er – ich glaube das war im Spätsommer 1957 – zu mir und fragte mich, ob ich von den ›Zweigeltzüchtungen‹ wüsste, welche unter anderem auch in Krems zum Versuch ausgepflanzt wurden«, heißt es bei Altmann.

Tatsächlich machten die beiden Fachleute nach Darstellung Altmanns eine Parzelle ausfindig, in denen ein Teil des Zweigeltschen Rebsortimentes alle Widrigkeiten überstanden hatte. Die Rebstöcke wurden beurteilt, und Lenz Moser durfte von den interessanten Sorten Edelreiser schneiden. Einige Jahre später erfuhr Altmann von Moser, dass unter diesen Sorten eine besonders interessant sei und er diese besonders stark vermehren würde. Damals habe sich zudem herausgestellt, dass ein anderer Rebenzüchter, der ebenfalls Zweigeltsche Neuzüchtungen in Obhut genommen hatte, auf dieselbe vielversprechende Rotweinsorte gestoßen war. Doch wie sollte man sie nennen? »Zu Anfang der sechziger Jahre waren wir in einem ganz kleinen Kreis im Arbeitszimmer von Lenz Moser zu einem Fachgespräch zusammen. Dabei kamen wir auch auf die vorgenannte Rotweinsorte zu sprechen und Lenz Moser meinte, wir sollten diese Sorte nach dem Namen des Züchters, also Zweigeltrebe, nennen. Und in einem beziehungsvollen Nachsatz – ›das hat er verdient, und das wird manche Leute ärgern‹. Wir ahnten, wer gemeint war, aber das ist Vergangenheit.«

Wer damit gemeint gewesen sein könnte, lässt sich aus dem zeitgenössischen Kontext nicht erschließen – sollte es überhaupt so gewesen sein wie dargestellt. Daran aber sind Zweifel angebracht, denn Altmanns Chronologie deckt sich in wichtigen Punkten nicht mit Aussagen von Moser selbst.

Von der Höhe ins Nichts

Man schrieb das Jahr 1958. *Die Österreichische Weinzeitung* erschien in ihrem ersten Heft des neuen Jahres mit gleich zwei Beiträgen, in denen Friedrich Zweigelt aus Anlass seines 70. Geburtstages gewürdigt wurde. Der erste Beitrag stammte aus der Feder eines Mannes, der Zweigelt schon in den dreißiger Jahren in den höchsten Tönen gelobt hatte: Albert Stummer.

Dessen Schilderung der Ereignisse während der dreißiger und vierziger Jahre verdient es, eine Karikatur genannt zu werden, ließ sie doch Zweigelt bruchlos vom Schriftleiter der Zeitschrift *Das Weinland* die Karriereleiter zum Direktorenposten emporsteigen: »Das ›W e i n l a n d ‹, eine Gründung Zweigelts, stand – ein seltener Fall! – wissenschaftlich und praktisch auf gleicher Höhe; die Zeitschrift war über viele Jahre das anerkannte Sprachrohr aller strebenden Fachleute. So konnte es nicht fehlen, dass man Zweigelt zum Direktor der Höheren Lehranstalt für Wein- und Obstbau in Klosterneuburg ernannte. Der neue Direktor fand in einer vorher nicht erreichten Weise den Anschluss an die Forschungsstätten des In- und Auslands, und es gab wohl keinen Fachmann in Deutschland, Frankreich, Italien, Jugoslawien und der Tschechoslowakei, mit dem er nicht persönlich und brieflich in Gedankenaustausch gestanden wäre; Klosterneuburg war wieder in aller Munde, und die wissenschaftliche Tätigkeit der einzelnen Institute fand damit den erwünschten Widerhall und Nährboden.«[546]

Stummer schreckte auch vor einer charakterlichen Bewertung Zweigelts nicht zurück: »Kein Honig war ihm süßer als der der Erkenntnis, Problemen nachzuspüren seine Lust, tätige Bewährung sein Ziel … so wollen wir auch den Menschen Zweigelt nicht vergessen, dem die Musen der Dichtkunst und der Malerei treue Weggenossen waren.«[547]

Die zweite, auf derselben Seite anhebende Lobeshymne hatte Dr. Franz Wo-bisch verfasst, also jener Sektionsleiter im nationalsozialistischen Landwirt-schaftsministerium, der Zweigelt 1938 behilflich gewesen war, Klosterneuburg von missliebigen Personen zu säubern. An der Stelle, an der es eine Chronologie der Ereignisse vor und nach der Annexion Österreichs und deren Auswirkun-gen auf Klosterneuburg im Jahr 1938 zu erzählen gegeben hätte, hieß es bei Wo-bisch: »1937 trägt er bei der Weinbautagung in Heilbronn über Rebenzüchtung vor, 1939 ist er Obmann einer Sektion des Internationalen Weinbaukongresses in Bad Kreuznach.«[548] Drei hymnische Absätze weiter hieß es zum Abschluss: »Eine solche Lebenskraft konnten auch die Ereignisse der Nachkriegszeit, die ihm den Sturz von der Höhe in das Nichts brachte, nicht beugen noch brechen. Diese Veränderungen betrafen letzten Endes nur Äußerliches. Fühlbarer traf ihn, dass sein Sohn, der als Arzt einer schönen Zukunft entgegensah, aus dem Krieg nicht mehr heimkehrte.«[549]

Eine dritte Personalie steuerte kein geringerer als Lenz Moser bei, allerdings wurde sie erst im zweiten Heft der *Weinzeitung* des Jahrgangs 1958 gedruckt. Die Überschrift lautete: »Ab 1960: Zweigelt-Kreuzungen im Verkehr«.[550] Ehe der Rebenzüchter, dessen »Hochkultur« genannte Weitraumerziehung damals als Fortschritt schlechthin galt,[551] zur Sache kam, zollte auch er seinem Lehrer Lob: »Wer Dr. Fritz Zweigelt einmal begegnet ist, oder wenigstens sprechen hörte, der hat ihn sicher Zeit seines Lebens nicht vergessen, denn dieser Doktor Zweigelt gehört zu jenen Menschen, von denen jenes gewisse Etwas ausgeht, dass wir mit einem Fremdwort als das ›Fluidum‹ bezeichnen und das nur wirklichen Persön-lichkeiten eigen ist.«[552]

Zweigelts Verdienste um die Rebenzüchtung beschrieb Lenz Moser mit den Worten, der Wissenschaftler habe »weit über 1000 Kreuzungen zwischen Europäer-reben untereinander sowie auch zwischen europäischen und amerikanischen Reben durchgeführt«. Die wichtigsten dieser Kreuzungen stünden heute noch in Klosterneuburg, Langenlois und Rohrendorf. Zwei Sorten würden gar schon in größerem Umfang vermehrt. Eine davon sei eine Kreuzung von St. Laurent × Blaufränkisch, »die zu Ehren des Züchters Zweigelt-Rebe benannt wurde«.[553]

Zu Ehren des Züchters

Zu Ehren des Züchters? Im Weinbau war es niemals ungewöhnlich oder anstö-ßig, eine neue Rebsorte oder auch nur eine neue Unterlagsrebe nach ihrem Züch-ter zu benennen. Das »Rollenmodell« war die Kreuzung Riesling × Madeleine royal, die in den zwanziger Jahren und damit noch zu Lebzeiten ihres Züchters Hermann Müller aus dem deutschschweizer Kanton Thurgau nach ihm benannt worden war – wobei der Zusatz »Thurgau« deswegen unabdingbar war, weil um die Jahrhundertwende die Müller-Rebe (Pinot Meunier) noch verbreitet war.[554]

Ein anderes Beispiel war eine Unterlagsrebe, die seit den zwanziger Jahren weit über Österreich hinaus Furore gemacht hatte. Sie war aus einer Kreuzung der nordamerikanischen Weinrebenart Vitis berlandieri mit der ebenfalls in Nordamerika vorkommenden Wildrebe Riparia hervorgegangen und von Sigmund Teleki sowie dem Wiener Hofrat Franz Kober (1864 – 1943) züchterisch bearbeitet worden.[555] Je nach Herkunft wurde sie im Unterschied zu Teleki 8B (ebenfalls Berlandieri × Riparia) als Teleki Kober 5 BB oder Kober 5BB bezeichnet.[556] In Deutschland sollte Ähnliches einer in den dreißiger Jahren von Carl Börner in Naumburg/Saale gezüchteten Unterlagsrebe widerfahren. Sie wurde und wird schlicht Börner genannt.[557]

Ebenfalls in Deutschland ging in den späten vierziger Jahren ein Schauspiel über die Bühne, das weltweit wohl als einmalig angesehen werden muss. 1936 hatte der weithin bekannte Alzeyer Rebenzüchter Georg Scheu (1873 – 1949) eine vielversprechende Neuzüchtung aus Sylvaner und Riesling aus dem Jahr 1916, die er als Sämling 88 in das Zuchtbuch eingetragen hatte, zu Ehren des Landesbauernführers Hessen-Nassau »Dr. Wagnerrebe« genannt.[558] Dr. Richard Wagner, 1902 in Colmar geboren und seit 1930 Mitglied der NSDAP, war von 1933 bis 1945 unter anderem Landesbauernführer Hessen-Nassau und in dieser Eigenschaft der direkte Vorgesetzte Scheus. Der wiederum war nach der Machtübertragung an die Nationalsozialisten 1933 umgehend in die NSDAP eingetreten.[559] Wagner selbst bescheinigte Scheu, politisch »absolut zuverlässig«[560] zu sein – was man Zweigelt von offizieller Seite nie attestierte. Auch haben sich in Zweigelts Schriften bislang keine Formulierungen wie die gefunden, dass die mannigfachen Absatzkrisen des Weinbaus in den ersten Jahrzehnten des 20. Jahrhunderts keine Folge der Überproduktion gewesen seien,[561] sondern »das Ergebnis übelster Spekulation oder falscher Zollpolitik. 80 % unseres Weinhandels waren verjudet«.[562]

Dass sich der Name »Dr.-Wagnerrebe« bis 1945 durchsetzte und Weine unter diesem Namen jemals auf Weinkarten erschienen, wäre noch zu beweisen. Als die neue Rebsorte nach dem Krieg »entnazifiziert« werden musste, stand ihr neuer Name schnell fest: Scheurebe. Denn wo in der ersten Auflage von Scheus überaus populären Lehrwerk »Mein Winzerbuch« aus dem Jahr 1936 noch »Dr.-Wagnerrebe« als neuer Name des »Sämlings 88« gestanden hatte, war in der zweiten Auflage aus dem Jahr 1950, an der Scheu bis kurz vor seinem Tod am 2. Oktober 1949 gearbeitet hatte, mit einem Mal von einer »Scheurebe« zu lesen.[563] Die Umbenennung und ein unverfängliches, an die neuen demokratischen Strukturen angepasstes Nachwort waren indes nicht die einzige Wege, um die Erinnerungen an die Anhänglichkeit Scheus an den Nationalsozialismus zu tilgen. Auch in dem Nachruf von Scheus kurzzeitigem Nachfolger in Alzey Hans Breider auf den »Altmeister« wurden die ideologischen Verirrungen der Jahre 1933 bis 1946 nicht einmal andeutungsweise erwähnt.[564]

Georg Scheu wurde – um mit Lenz Moser zu sprechen – 1950 unsterblich.[565] Von Zweigelt konnte man dies nicht sagen. Seine Existenz wurde, wenn man so will, totgeschwiegen. Zwar erinnerte man sich aus Anlass des hundertjährigen Bestehens der Klosterneuburger Anstalt im Jahr 1960 pflichtschuldigst daran, das unter den Direktoren der Anstalt einst auch ein gewisser Regierungsrat Professor Dr. Fritz Zweigelt war. Auch war zu lesen, dass dessen Amtszeit von 1938 bis 1945 gedauert habe. Doch in der kurzen Charakteristik seiner Person und seiner Verdienste wurde nichts davon erwähnt, was sich nach 1938 beziehungsweise nach 1945 in Verbindung mit seiner Person abgespielt hatte. Vielmehr hieß es: »Nur wer Gelegenheit hatte, Zweigelts Schaffen aus nächster Nähe beobachten zu dürfen, kann die Vielfältigkeit seiner Wissensgebiete und die kritische Wendigkeit bei der Behandlung der verschiedensten Probleme des Wein- und Obstbaues sowie des Pflanzenschutzes richtig abschätzen. Es gab für Zweigelt keinen Ruhepunkt; mit einer nie rastenden Zähigkeit strebte er der Lösung der mannigfaltigsten Fragen zu, ob sie nun aus dem Gebiete der Botanik, der Zoologie, der Pflanzenzüchtung oder des Weinbaus kamen. Seiner hervorragenden Feder entstammen eine Unmenge von Fachartikeln, und seine Werke über die Blattlausgallen, den Maikäfer und die Direktträger geben Zeugnis von seinem tiefschürfenden Wissen. Durch die Gründung der Bundes-Rebzuchtstation (1921) hat er jedoch dem österreichischen Weinbau sein bedeutungsvollstes Werk gewidmet. Diese jüngste Abteilung der Klosterneuburger Anstalt wurde von ihm unter Mitwirkung von einigen wenigen fortschrittlichen Praktikern und unter den größten finanziellen und personellen Schwierigkeiten aufgebaut. Seine konziliante und fürsorgliche Einstellung gegenüber den Schülern und vor allem seinen jungen Mitarbeitern gegenüber waren der Beweis seiner menschlichen Großzügigkeit.«[566]

Der Verfasser dieser Hommage an Zweigelt ist nicht zu ermitteln. Als Verfasser kommt Heinrich Konlechner in Frage, aber ohne Wissen und Willen des amtierenden Direktors Paul Steingruber wären diese Zeilen nicht gedruckt worden. Steingruber, der 1936 von Klosterneuburg nach Rust gegangen war und 1938 von den Nationalsozialisten unter Beteiligung Zweigelts aus dem Amt des dortigen

Schuldirektors gedrängt worden war, wollte aber auch seinerseits den Mantel des Schweigens über jene braune Zeit decken. In einem kurzen Abriss der Geschichte der Anstalt zwischen 1860 und 1950 schrieb er über die 1930er Jahre: »Wenn auch in der Folgezeit eine Aufwärtsbewegung vor allem auf dem Gebiet des Versuchs- und Forschungswesens darstellt, so bedeutet das Jahr 1938 einen jähen Abbruch derselben. Aufzeichnungen sind nur spärlich oder gar nicht vorhanden. Möge die Zeit zwischen 1938 bis 1945 als eine Pause in der friedlichen Aufwärtsbewegung bezeichnet werden.«[567]

Wie es in der Rebenzüchtung nach dieser »Pause« weiterging, beschrieb in der Festschrift aus dem Jahr 1960 der Leiter der Abteilung Rebenzüchtung, Leopold Müllner. Der nannte den Namen Zweigelt in Zusammenhang mit der Gründung der Bundesrebzuchtstation im Jahr 1921, wusste aber von der Kreuzung St. Laurent × Blaufränkisch mit der Zuchtnummer 71 – 2 nichts mehr zu berichten, geschweige denn von einer blauen Zweigelt-Rebe. In den Beschreibungen der Arbeiten in den Versuchsanlagen der Anstalt in Niederösterreich, Burgenland und Steiermark kam diese Z-Nummer nicht vor. Über die Anlagen in Klosterneuburg und am Bisamberg hieß es allgemein, dort stünden »von 174 Klosterneuburger Neuzüchtungen acht in der Zwischen- und Hauptprüfung«.[568] Gut möglich, dass eine Rebe mit dieser Zuchtnummer darunter war. Aber einen Hinweis auf jene Züchtung, deren Trauben zehn Jahre zuvor doch so vielversprechende Weine gebracht hatten, sucht man bei Müllner vergebens.

Lenz Moser hingegen hatte zwei Jahre zuvor Fakten geschaffen. 1958 kündigte er in der *Österreichischen Weinzeitung* und damit an prominenter Stelle an, dass die Blaue Zweigelt-Rebe sowie, als zweite vielversprechende Neuzüchtung, eine Zweigelt-Kreuzung aus Grünem Veltliner und Welschriesling, umgehend in Großvermehrung genommen würden und »ab 1960 an Weinbauern abgegeben werden« könnten.[569] Beide Sorten, so Lenz Moser, bereicherten das spärliche Rebsortiment für die Anlage von Hochkulturen »und werden den Namen Dr. Zweigelt unsterblich machen«.[570]

Was aber zeichnete die neue rote Rebsorte aus? Lenz Moser war um werbende Aussagen über die positiven Eigenschaften der Zweigelt-Rebe nicht verlegen. Sie sei so frühreif wie der blaue Portugieser, aber im Unterschied dazu sehr fäulnisfest. Man könne die Sorte bis in den November hängen lassen und werde dann noch 90 Prozent gesunde Trauben ernten, stellte er selbstbewusst fest. Für die neue Sorte spreche auch, dass sie gegenüber dem echten Mehltau unempfindlich sei und einen »sehr dunkelroten und säurearmen Saft« gebe. Der Wein selbst habe »ein sehr gutes Burgunderbukett, ist mild und samtig, gleicht einem Kalterer so vollkommen, dass selbst Südtiroler glaubten, eine Kalterer-Auslese vor sich zu haben«. Dabei habe gerade diese Rebe eine sehr frühe Holzreife und eine Frostfestigkeit, welche alle anderen Rotweinsorten übertreffe. So habe die Zweigelt-Rebe im Frühjahr 1956 als einzige blaue Sorte praktisch keine Frostschäden davongetragen und einen Vollertrag gebracht. Damit wäre Altmanns Chronologie in einem Punkt zu ergänzen, wenn nicht zu korrigieren: Lenz Moser hat lange vor 1957 damit begonnen, zwei Zweigelt-Reben gezielt zu vermehren, eine blaue und eine weiße. Der blauen galt dabei offenbar seine besondere Aufmerksamkeit.

Doch woher hatte Lenz Moser das Rebmaterial bekommen? Heinrich Konlechner, »Klosterneuburger« des Absolventenjahrgangs 1922, zwischen 1938 und 1945 an Zweigelts Seite eine Stütze der »nationalsozialistischen Hochburg« und seit 1961 Direktor der Anstalt, legte 1964 in seinem Nachruf auf Zweigelt eine interessante Spur. Er äußerte die Vermutung, dass es Zweigelt die Tatsache ein »Gefühl tiefer Befriedigung« vermittelt haben könnte, »daß sein so sehr gefährdetes Rebenzüchtungs-Werk von Prof. Dipl. Ing. Steingruber und von seinem Schüler Dipl. Ing. Müllner nach dem Krieg zu neuem Leben erweckt wurde und nun unter besseren Bedingungen eine Entwicklung genommen hat, die er im Interesse des österreichischen Weinbaues mit allen Kräften vergeblich angestrebt hatte«.[571]

In der Tat verloren sich nach 1935 für längere Zeit die Spuren des Zweigeltschen Rebenzüchtungssortimentes. Doch was wurde wirklich aus den Stöcken, die unter Zweigelts Leitung seit 1929 mit Blick auf die Bewährung unter verschiedenen Boden- und Klimaverhältnissen in Klosterneuburg sowie in anderen Orten ausgepflanzt worden waren?[572] Für die »Diskolation der Züchtungsarbeit in mehrere Weinbaugebiet« in Frage gekommen waren damals besonders eine Zuchtanlage innerhalb der Landesrebanlage Langenlois (für die erhofften Edelsorten) und eine Zuchtanlage der Stadt Krems in Gneixendorf (für die erhofften Direktträger)[573], aber auch Flächen in Walkersdorf, Obersulz, Guntramsdorf und anderen Orten.[574] So war es wohl auch gekommen.

1950 musste Steingruber indes feststellen: »Auf dem Gebiete der Neuzüchtungen ist leider wenig Erfreuliches zu berichten, da 1945 festgestellt werden musste, daß der größte Teil der Neuzüchtungen, mit deren weingartenmäßigem Auspflanzen der Berichterstatter bereits 1929 begonnen hatte, aus den beiden Versuchsanlagen in Langenlois und Krems-Gneixendorf verschwunden waren. Nach den Angaben des dortigen Personals wurden die Anlagen einfach gerodet.«[575] Anders gesagt: Ein erheblicher Teil dessen, was seit 1921 »mit enormem Arbeitsaufwand der seinerzeitigen Bundesrebenzüchtungsstation, die zwar mit recht bescheidenen Mitteln, aber um so größerem Fleiß gearbeitet hat«, war offenkundig unwiederbringlich zerstört.[576]

So hätte es wohl nie eine Zweigelt-Rebe gegeben, hätte nicht ein kleiner Teil der Neuzüchtungen im Versuchsweingarten der Klosterneuburger Lehranstalt und wohl auch im Weingut der Stadt Krems den Krieg überstanden.[577] Bauer hatte 1946 von einem 2100 Stöcken umfassenden »Neuzuchtfeld mit Kreuzungen der ehemaligen Bundesrebzuchtstation sowie Keltertraubenzüchtungen aus dem Auslande und die Klonenanlage (Zentralklonengarten) in der Riede Franz Hauser« gesprochen.[578] 1950 hatte Steingruber insgesamt rund 2800 Stöcke gezählt.[579] Mit diesem Material ließ sich arbeiten – und das recht erfolgreich. Von allen Zuchtnummern, die in einer ausreichenden Individuenzahl vorhanden waren, wurden 1949 Moste in 5- oder 10-Liter-Gebinde vergoren und im Februar 1950 von Fachleuten und Praktikern in Klosterneuburg verkostet. Das Ergebnis war zu erwarten: Die meisten Weine hielten einem Vergleich mit den bewährten Edelsorten nicht stand. Einige Zuchtnummern wurden jedoch »positiv bewertet«. Das hieß, man würde diese nach Möglichkeit so durch Veredeln vermehren, dass in absehbarer Zeit »wenigstens ein bis zwei Hektoliter zu einer normalen Vergärung im Fass« zu Verfügung stünden.[580]

Um welche Züchtungen es sich handelte, war dem kurzen Bericht Steingrubers aus dem Jahr 1950 nicht zu entnehmen. Im Jahr darauf publizierte er indes zusammen mit Leopold Müllner einen dreiteiligen Bericht über *Dreißig Jahre Rebenzüchtung* an der HLBA Klosterneuburg.[581] In der ersten Folge ließen Steingruber und sein Mitarbeiter die Geschicke der 1921 gegründeten Bundes-Rebenzüchtungsstation Revue passieren. Dabei fiel auch der Name Zweigelt, allerdings im Zusammenhang mit der Prüfung von Direktträgern. In das gleichnamige Buch waren auch die Ergebnisse der Forschungstätigkeit der Rebenzüchtungsstation eingegangen, hatte diese ja nicht nur die Aufgabe gehabt, »durch Sortenprüfung und Sortenzüchtung an der Klärung der Direktträgerfrage teilzunehmen, sie war auch verpflichtet, in die Öffentlichkeit zu treten und durch Wort und Schrift vor der Verbreitung wertloser Sorten zu warnen.«[582]

Der zweiten Folge war zu entnehmen, welche Neuzüchtungen wo und wann auf welcher Unterlage ausgepflanzt worden waren. Der dritte Teil war schließlich der Aufzählung der neuen Sorten gewidmet, »die weitere züchterische Arbeiten« verdienten und im Blick auf Resistenz gegen verschiedene Krankheiten, den Ertrag und die Qualität beobachtet werden sollten. Den Ausschlag dafür, welche Neuzüchtungen weiterhin bearbeitet werden sollten, hatten außer diversen Parametern wie Stockertrag, Traubengewicht, Zucker und Säure unter anderem eine

»Weinkost« (Probe) im Jahr 1950 mit Weinen des Jahrgangs 1949 und eine Probe der Weine des Jahrgangs 1950 gegeben.

Die Weißweinsorten waren eindeutig in der Überzahl. Mit 27 gegen acht stellten sie die Rotweinsorten weit in den Schatten. Und auch von letzteren hatten sich nicht alle in der Weinkost bewährt. Portugieser blau × Blaufränkisch etwa aus der Zuchtanlage Krems hatte zwar eine »sehr schöne, dunkle Farbe«, auch waren »Geruch und Geschmack sehr ausgeprägt« – »aber etwas fremdartig, herb«.[583] Kein Vergleich aber mit der zweiten Kremser Kreuzung Ruländer × Portugieser grau: »Farbe nicht entsprechend, dünn, unharmonisch, kein Rotwein.«[584] Kaum besser hatten die roten Neuzüchtungen aus Klosterneuburg abgeschnitten – genauer gesagt, es hatte nur ein Wein überzeugen können. Die Kreuzung St. Laurent × Blaufränkisch mit der Zuchtnummer 71 – 22 wurde als »nicht kostfähig, Böckser« bewertet.[585] Dieselbe Kreuzung mit der Zuchtnummer 71 – 2, die sowohl im Schulweingarten (Pflanzjahr 1940, Berlandieri × Riparia R 7)[586] als auch im Stiftsweingarten (Pflanzjahr 1944, Berlandieri × Riparia Kober 5 BB)[587] mit den jeweils meisten Individuen vertreten war, hatte die Verkoster bei der organoleptischen Probe rundweg überzeugt: »prächt. Farbe, Geschmack und Geruch ausgez., sehr schöner Rotweintyp«.[588]

Mit Ausnahme der Züchtung von Doktor Zweigelt

Einen Namen hatte diese vielversprechende Rebsorte damals verständlicherweise nicht. Doch das sollte sich bald ändern. Auf welchen Wegen auch immer waren schon zu Beginn der fünfziger Jahre einige Rebstöcke der Neuzüchtung mit der Nummer 71 in die Rebschule Lenz Mosers in Rohrendorf gelangt. Dort aber wäre es um ein Haar um die 80 Reben, die Moser 1957 zählen sollte, geschehen gewesen. Im Februar 1956 gab es einen derart strengen Frost, dass er bei den meisten Rotweinsorten »schwerste« Schäden verursachte, wie Lenz Moser bald darauf berichtete.[589] Vor allem von den ausländischen Sorten und den Neuzüchtungen sei alles erfroren – »**mit Ausnahme der Züchtung von Doktor Zweigelt »Blaufränkisch × St. Laurent«** (Hervorhebung im Original).[590] Und nicht nur das: »Diese Neuzüchtung ist schon in den früheren Jahren durch ihre besonders frühzeitige Holzreife, große Fruchtbarkeit, Fäulniswiderstandsfähigkeit, frühe Traubenreife und Säurearmut aufgefallen.« Und nun auch noch Frosthärte: »Durch diese Tatsache gewinnt die Sorte größte Bedeutung für die Hochkultur.«

Lenz Moser dachte auch an das Geschäft. »Sämtliches Holz dieser Stöcke wird zu Veredelungszwecken verwendet, teilweise auch zum Spaltpfropfen. Es muss

Zweigelt   ZW

Synonyme Bezeichnungen: Rotburger (AT), Zweigeltrebe (CZ, SK)

Herkunft: Züchtung des Lehr- und Forschungszentrums für Wein- und Obstbau, Klosterneuburg

Abstammung: Kreuzung aus den Sorten Blaufränkisch und St. Laurent

Verbreitung in Österreich: ca. 6500 ha, wichtigste Rotweinsorte für alle Weinbauregionen

Ampelographische Merkmale:

Merkmale während der Blütezeit

Junger Trieb: schwach wollig behaart, mittlere Anthocyanfärbung, aufrechte bis halb aufrechte Triebhaltung, diskontinuierliche Verteilung der mittellangen Ranken
Internodien: ventral grün mit roten Streifen, dorsal rot
Knospenschuppen: schwache Anthocyanfärbung bis zur Mitte
Junges Blatt - Oberseite: ganze Blattfläche bronziert von kupfrig bis rötlich
Junges Blatt - Unterseite: schwache Behaarung zwischen den Nerven

Beobachtungszeitraum vom Beerenansatz bis zum Weichwerden der Beeren

Ausgewachsenes Blatt: kreisförmig bis fünfeckig mit drei bis fünf Lappen und ebenem Profil, Stielansatz rot, Spreite schwach gewaffelt und mittelstark blasig, Blattzähne gerade bis rund gewölbt, Stielbucht wenig offen mit U-förmiger Basis und häufig von Nerven begrenzt, Zähne in der Stielbucht und in den Seitenbuchten fehlen, Blattunterseite schwach behaart, mittelstarke Beborstung der Hauptnerven

Traube und Beere während der Reife

Traubenstiel: mittellang (5-7 cm)
Traube: mittel bis groß (14-18 cm), dicht, Grund-
traube zylindrisch mit ein bis drei Flügeln, Bei-
traube mittelgroß
Beere: rundlich (l = 14-20 mm, b = 14-20 mm),
Einzelbeerengewicht gering (~2 g), Haut blau
bis schwarz und Fruchtfleisch ungefärbt, Geschmack neutral, Samen vollständig ausgebildet

Phänologie:

Austrieb	früh
Blütezeit	früh bis mittel
Reifezeit	mittel
Winterfrost-Resistenz	sehr gut
Frühjahrsfrost-Regeneration	sehr schwach
Plasmopara-Toleranz	mittel
Oidium-Toleranz	schwach
Botrytis-Toleranz	mittel
Platzneigung	mittel bis stark

Agrarische Eigenschaften:

geringe Bodenansprüche, starkes Wachstum und
hohe Fruchtbarkeit erfordern intensive Laubar-
beit und Ausdünnung der Trauben, bei Überla-
stung oder schlechter Mineralstoffversorgung
Kaliummangelprobleme und Traubenwelke, an-
fällig auf Stolbur-Phytoplasmose

Qualitätsprofil der Weine:

leicht violett-rötlicher Weintyp mit kräftigem
Tannin, bei guter Qualität vollmundig und lang-
lebig, Aromen nach Sauerkirschen, häufig mit
Barrique-Ausbau

Züchterische Bearbeitung:

zahlreiche heimische Z-Klone verfügbar A 2-1,
A 2-2, A 2-3, A 2-4, A 2-5, A 2-6, B 3/4, B 3/5,
B 4/8 und GU 3, GU 4, GU 5, GU 6, GU 7,
GU 8, GU 9

31 »Sehr schöner Rotweintyp«: Die Rebsorte Zweigelt.

vorerst einmal eine größere Anlage im eigenen Betrieb geschaffen werden, es wird ungefähr fünf Jahre dauern, bis diese neue Sorte als Veredelung verkauft werden kann«, hieß es Ende 1956. Moser wäre aber nicht Moser, hätte er nicht auch daran gedacht: »Da diese Sorte aber einen viel zu langen Namen hat (eigentlich hatte sie noch gar keinen, D.D.), habe ich beim Züchter angefragt, ob er gestatten würde, seine Neuzüchtung einfach ›Zweigelt-Traube‹ nennen zu dürfen.« Warum auch nicht? »Dr. Zweigelt, der frühere Leiter der Rebenzüchtungsstation und spätere Direktor der Weinbauschule in Klosterneuburg, hat sich um die Rebenzüchtung ganz besonders verdient gemacht.« Ganz sicher scheint sich Lenz Moser bei seinem Vorpreschen aber nicht gewesen zu sein: »Leider haben wir keinen Rebenzüchtungsausschuss mehr und auch kein Hochzuchtregister; es wäre nämlich meines Erachtens Aufgabe einer staatlichen Einrichtung, solche neuen Sortennamen zu prägen und sie auch amtlich anzuerkennen.«

Doch Bedenken hin, Bedenken her: Lenz Moser hatte Fakten geschaffen, an denen es kein Vorbeikommen mehr gab und an denen, soweit ersichtlich, niemand öffentlich Anstoß nahm – wenn sie denn überhaupt registriert wurden.

Reichlich bezahlt

Wer auch immer zu Beginn der 1960er Jahre von einer neuen, vielversprechenden Rebsorte Kenntnis nahm – der Züchter selbst wusste wohl, was in seinem Namen geschah. Indes hat sich Friedrich Zweigelt – soweit ersichtlich – nur einmal öffentlich über den Umstand geäußert, dass seine Bemühungen als Leiter der Bundesrebenzüchtung nicht erfolglos geblieben wären. In seiner Dankesrede aus Anlass der Verleihung der Karl-Escherich-Medaille im Jahr 1963,[591] streifte er das Thema Rebenzüchtung nur kurz, schloss aber mit der Bemerkung: »Zur *Neuzüchtung* von Sorten sind Tausende von Kreuzungen durchgeführt worden und nur einige wenige haben m. E. die Erwartungen erfüllt – so die blaue Zweigelttraube, eine Kreuzung von St. Laurent mit Blaufränkisch, die durch Qualität, Blütefestigkeit, Fäulnisfestigkeit, frühe Reife und weitgehende Frostfestigkeit, also Ertragssicherheit, besonders ausgezeichnet ist (…) Dass es eine Zweigelttraube gibt, weckt in mir gemischte Gefühle – einerseits die Hoffnung, daß sie mich wahrscheinlich überleben wird und anderseits die Hoffnung, daß sich manch einer an diesem Wein berauschen wird, wie ich mich seinerzeit berauscht habe an der Freude der gelungenen Züchtung.«[592]

Wenn sich Zweigelt jemals an der gelungenen Züchtung berauscht haben will, so hat er diese Freude öffentlich mit niemandem geteilt. Daher muss offenbleiben, was der nunmehr 75 Jahre alte Mann unter »seinerzeit« verstand. Im Dunklen bleibt damit auch, wann und von wem die positiven Eigenschaften dieser offenkundig vielversprechenden Kreuzung erstmals bemerkt wurden.

Liest man Zweigelts Bemerkung aus dem Jahr 1963 jedoch im Licht einer Überlegung, die er 1930 in einem Artikel über die Züchtung von Rebsorten festgehalten hatte, dann mag seine Wortwahl nicht als übertrieben erscheinen. Um den Aufwand zu rechtfertigen, mit der er seit 1921 die Rebenzüchtung betrieb, hatte er damals nicht nur auf die enormen Chancen für den Qualitätsweinbau verwiesen, die mit der Auslesezüchtung verbunden seien. Die aufwendigere und ungleich kostenträchtigere Kreuzungszüchtung legitimierte er sodann mit den Worten: »Die Gesamtanlage ist eben eine nicht auf den Ertrag, sondern der Wissenschaft dienende Versuchsanlage, die sich durch die Auffindung auch nur e i n e r wertvollen neuen Züchtung reichlich bezahlt macht.«[593]

Wie immer Friedrich Zweigelt auf sein Leben zurückgeschaut haben mochte, welches knapp sechs Jahre nach dem Tod seiner Frau[594] und nach einem Schlaganfall »physisch gehemmt«, aber »geistig frisch«[595] am 18. September 1964 endete – diese Hoffnung hat sich erfüllt.

Reif, rund, harmonisch

Hundert Jahre nach ihrer Züchtung ist die von Zweigelt gezüchtete Rebe gleichen Namens mit einer Fläche von etwa 6400 Hektar in Österreich die am weitesten verbreitete und mit Abstand wichtigste Rotweinrebe. 1972 wurde sie unter dem Namen »Zweigeltrebe« unter dem neuen Paragraphen 6 der Weinverordnung BGBl. Nr. 321/1961 in der Fassung BGBl. Nr. 253/1964 in das erste amtliche »Rebsortenverzeichnis für Qualitätsweine« Österreichs aufgenommen.[596] Sechs Jahre später wurde die Weinverordnung abermals geändert. Auf Drängen der HBLA Klosterneuburg wurden zwei Neuzüchtungen der Anstalt unter Paragraph 6 in das Rebsortenverzeichnis aufgenommen: Goldburger (weiß) und Blauburger (rot). Um gleichzeitig die Herkunft der Zweigeltrebe aus Klosterneuburg kenntlich zu machen, wurde die »Zweigeltrebe« in »Blauer Zweigelt« umbenannt und in Klammern »Rotburger« hinzugesetzt.[597] Heute wird in der Liste der Rebsorten, die die OIV führt, unter dem Länderprofil Österreich als Synonym von »Zweigelt« nur »Blauer Zweigelt« genannt.[598] Der maßgebende »Vitis International Variety Catalogue« (VIVC) weist insgesamt 17 Synonyme auf, darunter auch Rotburger.[599]

In Deutschland wurde die auf Zweigelt und seinen Assistenten Steingruber zurückgehende Neuzüchtung erstmals in den frühen sechziger Jahren angepflanzt – und das unter dem Namen »Zweigeltrebe«.[600] Anlass war das Versuchsprogramm Weinbau der auf rote Rebsorten spezialisierten Staatlichen Weinbaudomäne Marienthal/Ahr. Näherhin wurden im Rahmen dieses Programms zwei Problemstellungen in den Blick genommen. Erstens: »Die deutschen Rotweinsorten bringen in manchen Jahren nicht genügend Farbe im Wein.« Zweitens: »Der Portugieser ist winterfrostanfällig und der Spätburgunder bezüglich Klima und Boden relativ anspruchsvoll.« Daher wurden in der vom Land Rheinland-Pfalz finanzierten Domäne Rotwein-Neuzuchten unterschiedlicher Herkunft auf ihre Tauglichkeit als Deckrotweine zum Verschnitt mit den Standardrebsorten jener Region untersucht, aber auch dahingehend, ob sie vielleicht das Rotweinsortiment an der Ahr ergänzen könnten.

Zu den ersten Versuchsanlagen gehörte in Marienthal ein Schlag, der im Jahr 1960 mit Zweigeltrebe (auf der Unterlage 5BB) sowie Portugieser (5BB und 125 AA) bestockt wurde. 1975/76 kam ein Schlag hinzu, in die Zweigeltrebe (auf 5C) zusammen mit weiteren Neuzuchten die Heroldrebe, Helfensteiner, Dornfelder, Domina, Deckrot, Schlagerblut und Blauburger ausgepflanzt wurde. Das Urteil, das aufgrund regelmäßiger Verkostungen von Weinen gefällt wurde, die in Glasballons ausgebaut worden waren, lautete im Jahr 1980 so: »Die Zweigelttraube ist aus einer Kreuzung Limberger × St. Laurent der österreichischen Höheren Bundeslehr- und Versuchsanstalt für Wein- und Obstbau in Klosterneuburg hervorgegangen. Sie hat mittelgroße kompakte Trauben, eine gute Holzausreife und eine hohe Frostresistenz sowie eine höhere Farbkraft als der Portugieser. Im Mittel erzielte die Zweigeltrebe 13 – 24 % mehr Ertrag – 1979 sogar 40 – 103 % mehr – als der Portugieser bei 6 – 8° Oechsle mehr Mostgewicht. Der Wein dieser Sorte wurde meist als reif, rund und harmonisch bezeichnet, diese Sorte gilt deshalb als aussichtsreich.« Über den Blauburger finden sich keine Erläuterungen. Von beiden Rebsorten ist in den Berichten aus den neunziger Jahren nicht mehr die Rede.

Im Ertragsweinbau wurde die Zweigeltrebe unter diesem Namen erstmals in den achtziger Jahren im Weingut Jürgen Ellwanger im Remstal (Württemberg) und in der damaligen DDR im Volkseigenen Weingut (VEG) Naumburg/Saale in der historischen, auf die Zeit des Zisterzienserweinbaus zurückgehende Lage »Saalhäuser« ausgepflanzt. Doch das ist eine neue Geschichte …

Anmerkungen

Vorwort

1 Johann Werfring, *Der Aufschwung des österreichischen Rotweins*, in: Willi Klinger/Karl Vocelka (Hg.), *Wein in Österreich*, Wien 2019, S. 325 – 334.

2 Wiener Stadt- und Landesarchiv 15 St 21.246/45 Vg 2e Vr 3281/45. Zitiert Volksgerichtsakte.

3 ÖStA/AdR, BMJ, Sektion IV, Signatur VI-d, Zl. 31.212/1949. Zitiert Gnadenakt.

4 Unverzeichnet. Zitiert Aufzeichnungen HBLA

5 Ohne Signatur. Zitiert Zweigelt BMfLuF.

6 Daniel Deckers, *Alte Kameraden, neue Reben. Warum der Zweigelt Zweigelt heißt*, in: *Fine. Das Weinmagazin* 2019, Heft 3, S. 126 – 129.

7 https://www.jancisrobinson.com/articles/strange-case-professor-zweigelt (Abfrage 9. Juni 2022)

Anstelle einer Einleitung

8 *Der Deutsche Weinbau* 16 (1937), S. 87.

9 So Zweigelt später auch über die Österreicher im Allgemeinen: ders., Dem Führer Dank und Gelöbnis, in: *Das Weinland* 11 (1939), S. 109. Sich selbst stilisierte Zweigelt seit seiner Jugend auch persönlich immer wieder als als ein Grenzlandbewohner: »Grenzlandbewohner wissen mehr von den Sorgen und Gefahren der Ueberfremdung durch andere Völker, sie erlebten doch ohne Unterbrechung die Demütigung der Entrechtung, des Misstrauens und des ständigen Verrats an ihren nationalen Rechten, sie sind darum auch zäher aber auch hellhöriger als andere, die im geschlossenen Binnenstaat nie in die Lage gekommen waren, um ihr nationales Recht kämpfen zu müssen.« Fritz Zweigelt, Zur Feier des 13. März 1941, masch., in: Volksgerichtsakte Bl. 147 – 169, Zitat Bl. 148 f. Siehe auch *Das Weinland* 14 (1942), S. 58f.

10 Albert Stummer, *Dr. Zweigelt – 25 Jahre in Klosterneuburg*, in: *Das Weinland* 9 (1937), S. 41 – 43.

11 Seinerseits hatte Zweigelt Stummer aus Anlass dessen 50. Geburtstages eine ausführliche Personalie gewidmet. Siehe *Das Weinland* 3 (1932), S. 146 – 147. 1942 revanchierte sich Zweigelt mit einer Personalie zu Stummers 60. Geburtstag in *Das Weinland* 14 (1942), S. 71 – 72.

12 Stummer, *Zweigelt*, S. 43. Die in der Familie überlieferte Lyrik Zweigelts wird im Rahmen dieser Untersuchung nicht vorgestellt.

13 Der Vorgang liegt in zwei getrennten, sich nur teilweise überschneidenden Überlieferungen vor, dem Gnadenakt und der Volksgerichtsakte.

14 Stummer, *Zweigelt*, S. 41.

15 Über die Geschichte der ältesten Weinbaulehranstalt im deutschen Sprachraum siehe *Programm und Jahresbericht der k. k. Höheren Lehranstalt für Wein- und Obstbau in Klosterneuburg, zugleich Jubiläumsschrift anlässlich ihres 50jährigen Bestehens*, Wien 1910; *Denkschrift zur 70jährigen Bestandesfeier der Höheren Bundes-Lehranstalt und Bundesversuchsstation für Wein-, Obst- und Gartenbau in Klosterneuburg*, Klosterneuburg 1930; Emil Planckh, *Höhere Bundes-Lehranstalt und Versuchsanstalt für Wein-, Obst- und Gartenbau Klosterneuburg, Jahresbericht 1945 – 50 (Fünf Jahre Wiederaufbau) im 90. Bestandsjahr der Anstalt vorgelegt von Direktor Dipl.-Ing. E. Planckh*, Klosterneuburg 1950; *100 Jahre Höhere Bundeslehr- und Versuchsanstalt für Wein- und Obstbau*

Klosterneuburg, Klosterneuburg, 1960; Josef Weiss, *Geschichte und Direktoren des Lehr- und For-schungszentrums Klosterneuburg – 150 Jahre*, in: *Festschrift und Almanach 100 Jahre Verband der Klosterneuburger Oenologen und Pomologen*, Klosterneuburg 2011, S. 91 – 128; ders., *Thinktank Klosterneuburg: August von Babo und Leonhard Roesler die Grundsteinleger*, in: Klinger/Vocelka, *Wein*, S. 534 – 548 sowie Reinhard Eder, *Die Höhere Bundeslehranstalt und Bundesamt von 1918 bis heute*, in: ebd., S. 549 – 554.

16 Fritz Zweigelt, *Die Babo-Feier, Sonderabdruck aus der Allgemeinen Wein-Zeitung Nr. 20 vom 25. Oktober 1927*, S. 7. Gegenüber den neuen nationalsozialistischen Landwirtschaftsminister Anton Reinthaller sollte Zweigelt 1938 von der »Mission als älteste(r) Anstalt im ganzen Deutschen Reiche« sprechen, die jetzt den »Vorsprung, den die Schwesteranstalten im Deutschen Reich naturgemäss hatten erringen müssen«, aufzuholen habe. Dazu müsse nicht nur das Versuchswesen erhalten bleiben, »sondern es muss alles unternommen werden, dasselbe auszubauen und zu modernisieren« – was nach Zweigelts Darstellung während der Ersten Republik und der »Systemzeit« unterblieben war. (Aufzeichnungen HBLA)

17 So Zweigelt in seiner Rede aus Anlass des Jahrestages des »Anschlusses« Österreichs am 13. März 1943 vor der Schülerschaft Klosterneuburgs (Volksgerichtsakte Bl. 43 – 47, Zit. Bl. 47).

18 Fritz Zweigelt, *Klosterneuburg im Spiegel weinbaulicher Forschung*, in: *Das Weinland* 14 (1942), S. 13 – 16, Zit. S. 16.

19 Volksgerichtsakte Bl. 43 – 47, Zit. Bl. 47.

20 So der seit 1935 der NSDAP angehörende Kellereiinspektor und spätere Direktor von Klosterneuburg Heinrich Konlechner (1903 – 1977) in einer in der Zeitschrift *Das Weinland* 14 (1942), S. 41 wiedergegebenen Laudatio auf Zweigelt anlässlich seiner 30jährigen Zugehörigkeit zu der Anstalt.

1888 – 1912: Zweigelts Wurzeln

21 Die Geschichte der letzten Jahrzehnte der Donaumonarchie, der Republik Österreich, der Jahre 1938 bis 1945 und der wiedererrichteten Republik, die den zeitgeschichtlichen Rahmen des Lebens und Wirkens Zweigelts bilden, wird nur insoweit erwähnt, als sie unmittelbar dem Verständnis der Darlegungen dient. Als Überblicksdarstellung unersetzlich Karl Vocelka, *Österreichische Geschichte*, München 2010[3]. Über die Erste Republik siehe Anton Pelinka, *Die gescheiterte Republik. Kultur und Politik in Österreich 1918 – 1938*, Wien 2017. Für die Zeit nach 1945 siehe Oliver Rathkolb, Die paradoxe Republik. Österreich 1945 – 2005, Wien 2005.

22 Volksgerichtsakte, Beilage 1 (Bl. 41r).

23 Zweigelt BMfLuF. Der fragliche »Standesausweis« wurde im Präsidium des Bundesministeriums für Land- und Fortwirtschaft geführt und bis 1943 fortgeschrieben.

24 Zweigelt BMfLuF.

25 Fragebogen v. 23. Juli 1941 (zwecks Nachweis arischer Abstammung), BArch R 3601/6340 Bl. 14.

26 Ebd.

27 Ebd.

28 Nachweisung der persönlichen und dienstlichen Verhältnisse, BArch R 3601/6340, Bl 1.

29 Volksgerichtsakte Bl. 233.

30 Volksgerichtsakte Beilage Bl. 141.

31 Ebd.

32 Zweigelt BMfLuF.

33 Standesausweis Dr. Friedrich Zweigelt (Ebd.).

34 Die Versuchsstation für Wein- und Obstbau in Lausanne (Waadtland) wurde 1921 und damit im selben Jahr gegründet wie Zweigelt die Leitung der Rebenzüchtungsstation in Klosterneuburg übernahm. Vgl. den entsprechenden Rückblick von Zweigelt in: *Das Weinland* 13 (1941), S. 24.

35 Vgl. den ungezeichneten, wohl von Zweigelt selbst verfassten *Bericht über den Internationalen Wein- und Weinbaukongress in Conegliano*, in: *Allgemeine Wein-Zeitung* 44 (1927), S. 188 – 190.

36 Wilhelm Zwölfer, *Laudatio*, in: *Zeitschrift für angewandte Entomologie*, Band 54 (1964), S. 11 – 13.

37 Friedrich Zweigelt, *Von den Höhepunkten meines Lebens – Werk und Freude*, in: *Zeitschrift für angewandte Entomologie* Bd. 54 (1964) 1/2, S. 13 – 21, Zit. S. 14.

38 Zweigelt BMfLuF.

39 *Das Weinland* 7 (1935), S. 53.

40 Zweigelt, *Von den Höhepunkten*, S. 14.

41 Zweigelt BMfLuF.

42 Laut seines Curriculum vitae hat Zweigelt die Lehramtsprüfung für Mittelschulen (so die Angaben in dem Standesausweis) in dem Hauptfach Naturgeschichte sowie in den Nebenfächern Mathematik und Physik Ende Januar 1912 abgelegt. In dem Anstellungsgesuch für Zweigelt, das von dem damaligen Klosterneuburger Direktor Wenzel Seifert am 20. Januar 1912 unterschrieben wurde, ist indes von einer Lehramtsprüfung für Gymnasien und Realschulen die Rede. (Zweigelt BMfLuF, Bl. 3-2).

43 Regierungsrat Dr. Fritz Zweigelt, o.D. (Volksgerichtsakte Bl. 41).

44 Vgl. Peter Haslinger (Hg.), *Schutzvereine in Ostmitteleuropa: Vereinswesen, Sprachkonflikte und Dynamiken nationaler Mobilisierung 1860 – 1939*, Marburg 2009.

45 Friedrich Pock, *Grenzwacht im Südosten. Ein halbes Jahrhundert Südmark*, Graz-Wien-Leipzig 1940.

46 Ebd., S. 40.

47 Volksgerichtsakte Bl. 240.

48 Vgl. für die letzten Jahre der Monarchie, die Erste Republik und die Zeit des Austrofaschismus Gertrude Enderle-Burcel/Ilse Reiter-Zatloukal (Hg.), *Antisemitismus in Österreich 1933 – 1938*, Wien-Köln-Weimar 2018. Darin vor allem Florian Wenninger, »... *für das ganze christliche Volk eine Frage auf Leben und Tod«. Anmerkungen zu Wesen und Bedeutung des christlichsozialen Antisemitismus bis 1934*, S. 195 – 236.

49 Curriculum vitae (Zweigelt BMfLuF): In dem Schreiben vom 20. Januar 1912, mit dem der Direktor der k. k. Lehranstalt, Wenzel Seifert, dem k. k. Ackerbauministerium das Gesuch um die Einstellung Zweigelts vorlegte, lautete die Formulierung, jener sei »der Militärdienstpflicht enthoben«. (Ebd.)

1912 – 1938: Zweigelts Mission

50 Zweigelts Schwiegervater war von Beruf Oberpostkontrolleur. (Nachweisung der persönlichen und dienstlichen Verhältnisse, BArch R 3601/6340.)

51 Viktor Richter, *Prof. Dr. Fritz Zweigelt (1888 – 1964)* †, in: *Zeitschrift für angewandte Entomologie*, Band 55 (1964 – 1965), S. 100 – 101, Zit. S. 100.

52 Über Bretschneiders Wirken bis 1935 vgl. Fritz Zweigelt, *Ministerialrat Artur Bretschneider – 30 Jahre in öffentlichen Diensten*, in: *Das Weinland* 7 (1935), S. 447 – 448.

53 Vgl. Antrag auf Verleihung des Titels »Regierungsrat« vom 2. Mai 1931 (Zweigelt BMfLuF).

54 Ebd.

55 Ebd.

56 Ebd.

57 Zweigelt an Staats-Kommissionär Ing. Gross (Wien, Ministerium für Landwirtschaft), Klosterneuburg, 13. November 1938, Bl. 3. (Aufzeichnungen HLBA).

58 *Österreichische Weinzeitung* 13 (1958), S. 5.

59 Ebd. Vgl. zur Illustration eine typische Veröffentlichung Zweigelts aus jener Zeit: *Was sind die Phyllokladien der Asparageen. Kritische Bemerkungen zu G. Danek, Morphologische und anatomische Studien über die Ruscus-, Danae- und Semele-Phyllokladien*, in: *Österreichische botanische Zeitschrift* (68) 1913, Nr. 8/9, S. 313ff.

60 Vgl. Fritz Zweigelt, *Franz Wobisch – ein Fünfziger*, in: *Das Weinland* 6 (1934), S. 42. Siehe ebenso AT-OeStA Gauakten 164.905 Franz Wobisch.

61 Franz Wobisch, *Dr. Zweigelt – zu seinem 70. Geburtstag*, in: *Österreichische Weinzeitung* 13 (1958), S. 5. Heinrich Konlechner sollte 1964 in dem Nachruf auf Zweigelt formulieren, jener sei eine »außergewöhnliche Persönlichkeit« gewesen, »… gesteuert von großem Ehrgeiz, beflügelt durch eine mitunter zur Selbsttäuschung neigenden starken Phantasie«. Siehe Heinrich Konlechner, *Prof. Dr. Fritz Zweigelt – sein Weg*, in: *Österreichische Weinzeitung* 19 (1964), S. 121 – 122, Zit. S. 122.

62 Zweigelt, *Von den Höhepunkten*, S. 14.

63 Ebd. S. 14f. Siehe auch Fritz Zweigelt, *Der Maikäfer: Studien zur Biologie u. zum Vorkommen im südl. Mitteleuropa*, Berlin 1928 (*Zeitschrift für angewandte Entomologie*; Bd. 13, Beiheft).

64 Vgl. auch ders., *Der gegenwärtige Stand der Maikäferforschung*, Berlin 1918 (Sonderdruck).

65 Berlin 1931 (*Zeitschrift für angewandte Entomologie*; Bd. 17, Beiheft). Die Studie wurde in Zweigelts *Weinland* 3 (1931), S. 174f. ausführlich rezensiert. Keine Erwähnung fand ein Buch, das in den dreißiger Jahren als drittes Hauptwerk Zweigelts gezählt wurde: *Der kranke Obstgarten*, Wien 1934.

66 Zweigelt, *Von den Höhepunkten*, S. 14.

67 So u.a. im Vorwort der *Festschrift anlässlich des 60. Geburtstags von Hofrat. Prof. W. Seifert*, Wien 1922, an der auch Inspektor Zweigelt mitgewirkt hatte.

68 Nr. 5 und 7 vom 31. Januar und 14. Februar 1918.

69 Vgl. Antrag auf Verleihung des Titels Regierungsrat vom 2. Mai 1931 (Zweigelt BMfLuF).

70 Ebd.

71 Ebd. S. 15f.

72 Hans Reisser, *Dr. Fritz Zweigelt. Unser zweiter Schriftleiter*, in: *Zeitschrift der Wiener Entomologischen Gesellschaft* 50 (1965), S. 183f.

73 Fritz Zweigelt, *15 Jahre Rebenzüchtung in Österreich*, in: *Das Weinland* 7 (1935), S. 385 – 387 u. S. 424 – 425. Zit. S. 385. Siehe auch Josef Weiss, *Anfänge der staatlichen Rebenzüchtung in Österreich*, in: *Mitteilungen Klosterneuburg* 65 (2015), S. 1 – 10.

74 AT-OeStA AdR BMfLuF Allgemein Kt 122 Rebenzuchtstation.

75 Vgl. ebd. und Fritz Zweigelt (unter Mitwirkung von Dem. R. Reiter), *Die Rebenzüchtung in Deutschland. Eine Studienreise der staatl. Rebenzüchtungsstation in Klosterneuburg und ihre programmatischen Ergebnisse für Österreich*, in: *Allgemeine Wein-Zeitung* (1921), Nr. 51.

76 AT-OeStA AdR BMfLuF Allgemein Kt 122 Rebenzuchtstation. So die Darstellung von Regierungsrat Franz Kober. Es ist nicht auszuschließen, dass Zweigelt selbst auf Linsbauers Rückzug hingearbeitet hat. Im weiteren Verlauf des Schriftstücks war von einer »gütlichen Einigung« zwischen Linsbauer und Zweigelt die Rede.

77 1964 verlegte Zweigelt in seinen Erinnerungen (*Von den Höhepunkten*, S. 14.) die Übertragung dieser Aufgabe irrtümlicherweise in das Jahr 1918 – was insofern erklärbar wäre, als eine erste

Rebenzüchtungsstation schon 1919 gegründet werden sollte und er deren Leitung hätte übernehmen sollte. Zur Chronologie vgl. Fritz Zweigelt, *15 Jahre Rebenzüchtung in Österreich*, in: *Das Weinland 7* (1935), S. 385 – 386, und ders., *Hofrat Ferdinand Reckendorfer †*, in: *Das Weinland 11* (1939), S. 39. Heinrich Konlechner wollte 1964 wissen, dass Zweigelt »mit Unterstützung fortschrittlicher Kräfte vorerst eine private Rebenzuchtorganisation« ins Leben gerufen habe. (Weg, S. 121).

78 Vgl. *Die Rebenzüchtung in Preußen. Von den Anfängen bis zum Jahr 1926. Bericht Nr. 1 des Ausschusses für Rebenzüchtung der Fachabteilung für Weinbau der Preußischen Hauptlandwirtschaftskammer, erstattet von Prof. Dr. Muth, Geisenheim, Landesökonomierat Ehatt, Trier, und Weinbauoberinspektor Willig*, Bad Kreuznach, Berlin 1928. Über die Geschichte Geisenheims siehe für die ersten Jahrzehnte zusammenfassend: *Festschrift zum fünfzigjährigen Jubiläum der Höheren Staatlichen Lehranstalt für Wein-, Obst- und Gartenbau zu Geisenheim am Rhein, herausgegeben vom Lehrkörper*, Mainz o.J. (1922), darin vor allem Franz Muth, *Zur Geschichte der Anstalt* (S. 7 – 30) und Karl Kroemer, *Weinbau, Reblausbekämpfung und Rebenveredelung im Rheingau* (S. 31 – 106).

79 Nach dem Ende des Kaiserreiches musste die Arbeit der Rebenzüchtungsanstalten neu organisiert werden. Mit dieser Aufgabe betraut wurde Regierungsrat Carl Börner, dessen Reblausuntersuchungsstation in Ulmenweiler (Lothringen) in den Wirren des Zusammenbruchs des Deutschen Reiches verlorengegangen war und der nunmehr den Auftrag hatte, von der neugegründeten Zweigstelle Naumburg der Biologischen Reichsanstalt für Land- und Forstwirtschaft aus die Rebenzüchtung in Deutschland zu koordinieren. Naumburg diente dabei als »Rebenzüchtungszentrale und Reichsprüfstelle für Reblausanfälligkeit«. Vgl. Carl Börner, *Denkschrift zur Organisation der Rebenzüchtung in Deutschland*, o.D. (um 1921), Landesarchiv Sachsen-Anhalt, MD-C-20-I-Ib-Nr-2341. Zusammenfassend auch August Ziegler, *Erfahrungen bei der Aufzucht von Rebsämlingen aus Fremdbefruchtung und Selbstfruchtung*, in: *Das Weinland 5* (1933), S. 11 – 12 und S. 40 – 44. Den Unterschied zwischen dem aktuellen Stand der Rebenzüchtung und dem Vorgehen der Pioniere im 19. Jahrhundert beschrieb Ziegler so: »Doch war den deutschen Rebenzüchtern wie Blankenhorn, Englerth, Goethe, Müller-Thurgau, Oberlin, Rasch bei allem Fleiß und aller angewandten Sorgfalt schon wegen der damaligen Unkenntnis der allgemeinen Vererbungsgesetze ein systematisches Arbeiten im heutigen Sinne nicht möglich.« (Zit. S. 11.)

80 Vgl. Maria Ulbrich, *Klosterneuburger Gedenkfeier zu Roeslers hundertstem Geburtstag*, in: *Das Weinland 11* (1939), S. 137 – 139. Auf einem Bild vor der Gedenktafel stehend sieht man Zweigelt – und links und rechts ein Spalier aus HJ und Parteimitgliedern.

81 Fritz Zweigelt, *Die Züchtung von Rebsorten in Österreich*, in: *Wein und Rebe*, Heft 6, 1927 (Sonderdruck), S. 1.

82 Die »Königliche Lehranstalt für Obst- und Weinbau« in Geisenheim war am 19. Oktober 1872 eröffnet worden. Der Schweizer Botaniker Hermann Müller kreuzte dort in den folgenden Jahren nicht nur verschiedene Europäerreben, sondern auch europäische und amerikanische Rebsorten. Das Ziel: frühe Reife, gute Qualität, sichere Erträge. Als Müller 1891 einem Ruf in seine schweizer Heimat folgte, nahm er zahlreiche Setzlinge mit. Ein Jahr zuvor war auf Vorschlag des damaligen Direktors Rudolf Goethe (des Bruders von Hermann Goethe, von 1871 – 1883 Direktor der Landes-, Obst- und Weinbauschule in Marburg an der Drau) in Geisenheim die erste Rebenveredelungsstation auf dem Gebiet des Deutschen Reiches ins Leben gerufen worden. Zu Hermann Goethe vgl. Franz Zweifler, *Regierungsrat Hermann Goethe. Zum 100. Geburtstag*, in: *Das Weinland 9* (1937), S. 69 – 72.

83 Bis heute ist die Rebenzüchtung in Alzey mit dem Namen Georg Scheu verbunden. Scheu hatte

nach Lehr- und Wanderjahren als Garten- und Weinbauer in Hannover, Schierstein und Geisenheim sowie am Kaiser-Wilhelm-Institut für Züchtungsforschung in Bromberg im Jahr 1909 die Stelle eines Sachbearbeiters für Wein- und Obstbau in der Landwirtschaftskammer Hessen-Darmstadt mit Sitz in Alzey angetreten und in den folgenden Jahren den Weinbau in Rheinhessen als Weinbau-Wanderlehrer so gründlich kennengelernt wie kaum jemand. 1916 übernahm er im Auftrag der Landwirtschaftskammer des Großherzogtums Hessen-Nassau die Leitung der Rebenzüchtungsanstalt in Alzey und experimentierte sofort mit der Kreuzung von Reben. Vgl. Daniel Deckers, *Scheu wie Scheurebe. Georg Scheu, der ›Altmeister des deutschen Weinbaus‹, im Spiegel seiner Zeit*, in: *Fine. Das Weinmagazin*, 2016, Heft 2, S. 136–140.

84 Carl Börner, *30 Jahre Rebenzüchtung*, Bremen 1943 (*Bremer Beiträge zur Naturwissenschaft*, 7. Band 3. Heft).

85 Vgl. rückblickend Matthias Arthold, *Die Rebsortenverhältnisse in der Ostmark*, in: *Das Weinland* 11 (1939), S. 118–119. »Der ostmärkische Rebsatz besteht hauptsächlich aus bodenständigen Sorten, die im Altreich und in anderen Ländern kaum bekannt sind.« (Zit. S. 118)

86 Fritz Zweigelt, *Zu neuer Arbeit*, in: *Der Deutsche Weinbau* 10 (1938), S. 391–393, Zit. S. 392. Zweigelt ließ in seinen Aufsätzen kaum eine Gelegenheit aus, um Geisenheim und Klosterneuburg als »Schwesteranstalten« zu porträtieren, etwa in seiner ausführlichen Würdigung des scheidenden Geisenheimer Direktors Franz Muth: »Wie Klosterneuburger aber, die wir uns allzeit mit besonderer Herzlichkeit unserer Schwester in Geisenheim verbunden fühlen …«. *Das Weinland* 6 (1934), S. 189. Dass sich ein »Geisenheimer« je in ähnlicher Weise über »Klosterneuburg« geäußert hätte, wäre noch zu beweisen. Freilich setzte Zweigelt die Analogie vor allem immer dann als Argument ein, wenn es galt, mehr Unterstützung seitens des Staates für die Anstalt einzufordern.

87 Vgl. den Bericht über Zweigelts Vortrag über die Rebenzüchtung in Niederösterreich und in der Steiermark anlässlich des ersten Burgenländischen Weinbautages in Neusiedl am See in: *Allgemeine Wein-Zeitung* 40 (1923), S. 103f. (155f.).

88 Zweigelt, *Züchtung*, S. 1.

89 Vgl. *Allgemeine Wein-Zeitung* 40 (1923), 9f. (61f.).

90 Zuchtziele waren »Affinität, Adaption und das Verhalten der Reblaus« gegenüber (Bretschneider, *Bericht*, S. 59).

91 Sein Programm hat Zweigelt sechs Jahre nach seiner Bestellung als Leiter der Bundesrebenzüchtung in Österreich wie folgt beschrieben: »Die ungünstigen Verhältnisse im nördlichen Weinbau, die häufigen Kälterückschläge im Frühjahre, die Intensität der Winterfröste, die relativ kurze Vegetationsperiode, das häufig genug schlechte Wetter zur Blütezeit, das im Klima bedingte Vorwiegen bestimmter Schädlinge und Krankheiten und, was ganz besonders ins Gewicht fällt: das außerordentliche Ueberwiegen von Missjahren im Jahrzehnt zwingt den Züchter von Edelsorten vornehmlich nach zwei Richtungen zu arbeiten: 1. Sorten zu gewinnen, welche frosthart sind, welche mit Rücksicht auf die Spätfröste verhältnismäßig spät antreiben, welche auch das schlechte Blüte-Wetter zu überdauern vermögen, und, wenn möglich, eine gewisse Festigkeit gegen Krankheiten und Schädlinge aufweisen; 2. den Ertrag der Weingärten nach Möglichkeit zu steigern … Auf diesem Wege der Auslesezüchtung soll von jeder der zahlreichen österreichischen Rebsorten eine größtmögliche Leistungsfähigkeit in den wichtigsten Belangen erzielt werden. Die unübersteigbare Grenze für den Erfolg dieser Züchtungsarbeiten liegt in der Unvollkommenheit der Sorten selbst, deren hauptsächliche Mängel durch Selektion zwar günstigsten Falles vermindert werden, aber niemals ganz überwunden werden können.« Zweigelt, *Züchtung*, S. 1.

92 Vgl. Bezirksweinbauverein Zisterdorf an Bundesministerium für Land- und Forstwirtschaft, 16. Dezember 1921 (AT-OeStA AdR BMfLuF Allgemein Kt 122 Rebenzuchtstation).

93 Fritz Zweigelt, *I. Tätigkeitsbericht der staatlichen Rebenzüchtungsstation. Erstattet in der Jahres-hauptversammlung des Rebenzüchtungsausschusses*, in: *Allgemeine Wein-Zeitung* 40 (1923) Nr. 6, 7 und 8 vom 8., 15. und 22. Februar. Der Rebenzüchtungsausschuss wurde geleitet von Ludwig Linsbauer (Obmann), Weinbaudirektor Reckendorfer, Weinbauinspektor Johann Bauer und Demonstrator R. Reiter.

94 Zweigelt, *Züchtung*, S. 4.

95 Ebd.

96 Fritz Zweigelt, *Der gegenwärtige Stand der Klosterneuburger Züchtungen (Herbst 1924)*, Wien 1925 (Sonderdruck aus der *Allgemeinen Weinzeitung* 41 [1924] Nr. 24, 42 [1925] Nr. 1, 3, 6 u. 8, Zit. S. 2).

97 Ebd. S. 13.

98 Vgl. das Stammblatt zu den Züchtungen von Klosterneuburg (Kl) nach den laufenden Zuchtnummern ex 1922, in: Zweigelt, *Züchtung*, S. 13–19. Summarisch im Abstand von fast hundert Jahren: Ferdinand Regner, Kultivierung der Rebsorten seit dem 19. Jahrhundert, in: Klinger/Vocelka, *Wein*, S. 63–77, über Zweigelt und seine Rebenzüchtung S. 72f.

99 Bretschneider, *Bericht*, S. 52f.

100 Franz Voboril, *Die Klosterneuburger Neuzüchtungen, ihr Stand und ein kurzer Überblick über einige erfolgversprechende Neuzüchtungen*, in: *Das Weinland* 8 (1936), S. 329–331, Zit. S. 331.

101 Vgl. *Das Weinland* 10 (1938), S. 268f. und 15 (1943) S. 19.

102 Vgl. *Das Weinland* 12 (1940) S. 145–147.

103 Vgl. Albert Stummer/Franz Frimmel, *Die Rebenzüchtung in Südmähren. Ein Zehnjahresbericht 1922–1932*, Prag 1932.

104 Vgl. den Reisebericht des in Mähren als Weinbauinspektor wirkenden Klosterneuburger Absolventen des Jahrgangs 1901 Albert Stummer über Direktträgerkultur und Rebenzucht in Baden und Württemberg, in: *Allgemeine Wein-Zeitung* 43 (1926), S. 311–313. Stummer war in der Tschechoslowakei weit über die Grenzen seines Wirkungsbereichs hinaus bekannt. In dem Buch *Wein*, das aus Anlass des 110jährigen Bestehens der Prager Weinhandlung J. Oppelt im Jahr 1933 erschien und das von Adolf Hoffmeister mit zahlreichen Karikaturen ausgeschmückt wurde, ist auch er abgebildet (nach S. 117).

105 »Hüben wie drüben ist aber die Hybridenfrage leider noch in kein entscheidendes Stadium getreten«, hieß es in der *Allgemeinen Wein-Zeitung* 36 (1919), S. 2–3.

106 In der Beschreibung der Noah-Rebe bei Zweigelt/Stummer, *Direktträger*, war davon keine Rede. Das allgemeine Urteil wurde auf der Basis der einschlägigen Literatur vielmehr so wiedergegeben: »verdient Beachtung wegen der regelmäßigen Erträge; der starke Amerikanergeschmack läßt nur wenig Verwendungsmöglichkeiten zu; das ganze Gebiet von Pettau lehnt die Sorte ab; im Elsaß verworfen; wird in Frankreich durch andere P.D. ersetzt. Ist für das Burgenland verboten worden.« (S. 192) P.D. steht für (Hybrides) Producteurs Directs. Im *Weinland* 5 (1933), S. 155 war indes über die in Jugoslawien Smarnica genannte Rebsorte Noah zu lesen, der Genuss in größeren Mengen habe zunächst Unwohlsein und dann Benommenheit zur Folge.

107 Vgl. Artur Bretschneider, *Bericht über die Tätigkeit der Höheren Bundeslehranstalt und Bundesversuchsstation für Wein-, Obst- und Gartenbau in Klosterneuburg in den Jahren 1925–1927*, Klosterneuburg 1928, sowie die Personalie Zweigelts in: *Das Weinland* 5 (1933), S. 271. Allgemein vgl. Weiss, *Anfänge*, S. 3f. Die Personalakte Steingrubers hat – anders als die Zweigelts – längst den Weg in das Österreichische Staatsarchiv gefunden (AT-OeStA AdR BMfLuF Präs PA Steingruber, Paul, Ing.). Siehe auch AT-OeStA AdR UWFuK BMU PA Sign 15 Steingruber Paul.

108 Zweigelt, *Züchtung*, S. 7.

109 *Das Weinland* 5 (1933) S. 29 – 33 und S. 68 – 71 brachte aus der Feder Zweigelts eine ausführliche Beschreibung von Hybridenweinen nebst Mostanalysen der Jahrgänge 1931 und 1932.

110 *Allgemeine Wein-Zeitung* 40 (1923), 10. April S. 1 (53).

111 Die *Allgemeine Wein-Zeitung* war 1888 gegründet und 1908 mit der von Freiherr von Babo gegründeten *Weinlaube* vereinigt worden. Im April 1923 wurde das »Publikationsorgan der Bundes-Lehr- und Versuchsanstalt für Wein- und Obstbau und der Bundesrebenzüchtungsstation in Klosterneuburg« organisatorisch und inhaltlich reorganisiert. Als Schriftleiter fungierten fortan in alphabetischer Reihenfolge Franz Kober, Ludwig Linsbauer (ab 1928 Artur Bretschneider), Ferdinand Reckendorfer sowie Zweigelt. Die Zusammensetzung der Schriftleitung sollte vor dem Hintergrund des »Existenzkampfes« des österreichischen Weinbaus in der noch jungen und politisch wie wirtschaftlich instabilen jungen Republik dafür bürgen, dass alle maßgebenden Stellen und Körperschaften zusammenstünden.

112 Vgl. den Bericht Zweigelts über die *Hauptversammlung des Rebenzüchtungsausschusses*, in: *Allgemeine Wein-Zeitung* 42 (1925), 118f. Siehe auch den Antrag auf Verleihung des Titels Regierungsrat an Zweigelt vom 2. Mai 1931 (Zweigelt BMfLuF).

113 Siehe beispielhaft Fritz Zweigelt, *Hauptversammlung der Rebenzüchter Österreichs*, in: *Das Weinland* 5 (1933), S. 123 – 124, und *Jahreshauptversammlung der Rebenzüchter Österreichs*, in: *Das Weinland* 8 (1936), S. 128 – 129. Als Schriftführer diente noch 1936 Paul Steingruber, der 1929 sein Studium an der Hochschule für Bodenkultur (Dipl. Ing.) abgeschlossen hatte. In den ersten Jahren der Assistententätigkeit in der Bundes-Rebenzüchtungsstation war Steingruber nicht aus den Haushaltmitteln dieser Einrichtung oder der Anstalt als solcher bezahlt worden, sondern »aus Sonderkrediten« (Weiss, *Anfänge*, S. 4 in Ergänzung der Darstellung Zweigelts in: Bretschneider, *Bericht*, S. 48.) 1933 hieß es, dass Steingruber wie »die der Station seit zwei Jahren zur Verfügung stehende Hilfskraft Franzi Mayer in das Verhältnis der Vertragsangestellten« übernommen werden konnten – dank »dem Entgegenkommen der Bundesministerien für Land- und Forstwirtschaft und für Finanzen« (Zweigelt, *Hauptversammlung*, S. 124). »Durch diese Lösung sind die Rebenzüchtungsarbeiten in Österreich auf eine viel sichere Basis gestellt und die Gefahren eines, wenn auch nur teilweisen Aufgebens schon eingeleiteter Züchtungen beseitigt. (Ebd.)

114 Vgl. *Das Weinland* 4 (1932), S. 339 und *Die Aufgaben der Obst- und Rebenzüchtung. Referat am Weststeirischen Obst- und Weinbautag in Deutschlandsberg am 3. Oktober 1937* (Sonderdruck). 1936 besuchten die Mitglieder des Verbandes die Wirkungsstätten Gregor Mendels in Mähren (*Das Weinland* 11 (1939), S. 117). Zur Geschichte der Klonenzüchtung in Deutschland siehe Harald Schöffling/Günther Stellmach, *Klon-Züchtung bei Weinreben in Deutschland. Von der antiken Auslesevermehrung bis zur systematischen Erhaltungszüchtung*, Waldkirch 1993.

115 Zu der Internationalen Weinkonferenz in Paris im März 1932 entsandten die österreichische und die deutsche Regierung nur Beobachter der jeweiligen Botschaften. In einem ungezeichneten Beitrag wurde dennoch ausführlich über die Beschlüsse berichtet. Siehe *Das Weinland* 4 (1932), S. 107f. Über die Arbeit des OIV liegt bis heute keine einzige Studie vor.

116 Fritz Zweigelt, *Die Rebenzüchtung in Deutschland. Studienreise der staatl. Rebenzüchtungsstation in Klosterneuburg und ihre programmatischen Ergebnisse für Oesterreich*, Sonderdruck aus *Allgemeine Wein-Zeitung* 28 (1921), 22. Dezember. Vgl auch Fritz Zweigelt, *Von der Rebstockauslese*, in: *Das Weinland* 13 (1941), S. 117 – 119.

117 *Allgemeine Wein-Zeitung* 40 (1923), S. 195f. (247f.)

118 Zweigelt an Haberlandt (Berlin), Klosterneuburg 19. Februar 1922 (Aufzeichnungen HBLA).

119 *Allgemeine Wein-Zeitung* 40 (1923), S. 195f. (247f.)

120 Ebd.

121 Ebd.

122 *Allgemeine Wein-Zeitung* 41 (1924), S. 2.

123 Zahlreiche Bekannte Zweigelts, darunter Willig, Stellwaag, Scheu und der Württemberger Kramer, wurden 1934 vom Reichsnährstand in den »Fachbeirat des reichsdeutschen Weinbaus« berufen. Vgl. *Das Weinland* 6 (1934), S. 274f.

124 Stellwaag an Zweigelt, Neustadt 16. Januar 1924 (Aufzeichnungen HBLA)

125 Vgl. den Bericht Zweigelts über die Reichs-Ausstellung Deutscher Wein in Koblenz, in: *Allgemeine Wein-Zeitung* 42 (1925), S. 314ff. An dem Weinbaukongress, der aus diesem Anlass in Koblenz vom 5. bis 8. September 1925 abgehalten wurde, nahm Zweigelt als »Gast aus dem Ausland« teil.

126 Zweigelt, *Von den Höhepunkten*, S. 17. Bei der Zuordnung der Herren ist Zweigelt einiges durcheinandergegangen. Husfeld, Sartorius, Dern, Willig und Scheu waren keine Schweizer, sondern Deutsche.

127 Volksgerichtsakte Bl. 41.

128 Ebd.

129 Vgl. den Bericht Ludwig Linsbauers über den Deutschen Weinbau-Kongress 1924 in Heilbronn, in: *Allgemeine Wein-Zeitung* 41 (1924), S. 359ff.

130 *Das Weinland* 11 (1939), S. 263 – 264, Zit. S. 264.

131 Der Bedeutungsschwund lässt sich daran ermessen, das Österreich-Ungarn vor dem Ersten Weltkrieg über eine Rebfläche von zusammen etwa 590 000 Hektar (1913) verfügte. Zum Vergleich: Das Deutsche Reich hatte 1914 etwa 140 000 Hektar. 1923 standen in der Ersten Republik nur noch 31 900 Hektar im Ertrag. Der Durchschnittsertrag belief sich auf 25,8 hl/ha. Die Menge von 822 000 hl deckte selbst in einem guten Weinjahr wie 1923 nicht den Verbrauch, so dass Österreich ein »ausgesprochenes Importland« war, das seinen Bedarf unmittelbar nach dem Krieg zunächst aus Ungarn, zunehmend aber aus Italien deckte. 1926 trat Griechenland an die erste Stelle, gefolgt von Spanien und Italien. Flaschenwein wurde nur in kleinsten Mengen exportiert, Fasswein in geringen Mengen. Vgl. Kurt Ritter, *Weinproduktion und Weinhandel der Welt vor und nach dem Kriege* (*Berichte über Landwirtschaft*, Neue Folge, Neuntes Sonderheft) Berlin 1928, S. 93 – 95 und S. 99 – 101.

132 Fritz Zweigelt, *Führende Männer des deutschen Weinbaus. 4. August Wilhelm Freiherr von Babo*, in: *Weinbau und Kellerwirtschaft* 4 (1925). H. 22 (Sonderdruck).

133 Die Fünfzigjahrfeier der Bundes-Lehr- und Versuchsanstalt für Wein- und Obstbau in Klosterneuburg, in: *Allgemeine Wein-Zeitung* 41 (1924), S. 355 – 359, hier S. 357. »Programm und Jahresbericht« des Jahres 1910 enthielt auf den Seiten 71ff. ein alphabetisches Namensverzeichnis der Schüler und Hospitanten des Schuljahres 1909/1910 sowie die Namen und die Herkunft der Teilnehmer an dem Kellerwirtschaftskurs im Winter 1910.

134 Vgl. Albert Stummer, *Der Klosterneuburger im Ausland*, in: *Das Weinland* 7 (1935), S. 446 – 447. 1936 war das südmährische Weinbaugebiet selbst Ziel einer Studienreise des Verbandes der Rebenzüchter Österreichs. Den entsprechenden Bericht ließ Zweigelt nunmehr von seinem Assistenten Franz Voboril schreiben. Vgl. *Das Weinland* 8 (1936), S. 365 – 367.

135 Fritz Zweigelt, *Die Babo-Feier*, Sonderabdruck aus der *Allgemeinen Wein-Zeitung* Nr. 20 vom 25. Oktober 1927.

136 Ebd.

137 Anfang 1931 hielt Zweigelt fest: »Unsere Festnummer hat damit wesentlich zum Gelingen der Feier beigetragen und den Namen Klosterneuburg überall hin und bis nach Südamerika und

Australien getragen. Der lebhafte Widerhall von überall her hat uns mit Befriedigung und Genugtuung erfüllt.« *Das Weinland* 3 (1931), S. 1.

138 Als Herausgeber zeichneten Robert und Hugo Hitschmann, als Verlag wurde Hugo H. Hitschmanns Journalverlag Wien angegeben.

139 Zweigelts monatlich erscheinendes *Weinland* war nicht die einzige Zeitschrift, die von Bondy verlegt wurde. Bis Juni 1938 erschien in dessen Verlag auch die *Neue Wein-Zeitung* , die als das *Internationale Fachblatt für Weinhandel, Weinbau und Kellerwirtschaft. Zentralorgan für die mitteleuropäischen Staaten* zweimal in der Woche erschien, während der Weinlese sogar täglich. Beide Zeitschriften wurden vom Sommer 1938 an bis zu deren Einstellung zum 1. April 1943 von einem Ableger der Reichsnährstands-Verlagsgesellschaft »übernommen«, dem Agrarverlag Wien. Hinsichtlich der Entrechtung Bondys siehe die »Vermögensanmeldung« im Jahr 1938 (AT-OeStA AdR VVSt VA Buchstabe B 66290).

140 Friederike Zweigelt an Leitung der Staatspolizei Wien, 11. September 1945 (Volksgerichtsakte Bl. 9).

141 Vgl. den Bericht Zweigelts in: *Allgemeine Wein-Zeitung* 44 (1927), S. 188 – 190. 1928 hob Zweigelt hervor, er habe den Vortrag »in französischer Sprache« gehalten (Bretschneider, *Bericht*, S. 58).

142 *Allgemeine Wein-Zeitung* 44 (1927), S. 347, S. 381, S. 395, S. 416.

143 Ebd. S. 411 – 414.

144 »Von ihm stammte die Idee, er traf alle Reisevorbereitungen, die Vorverhandlungen mit den ausländischen Fachleuten, den Weinbauanstalten und Rebenzüchtern führte er, erstellte das Reiseprogramm, er war Reisemarschall. Das Reiseprogramm war natürlich seinen Kräften angemessen. Drei Wochen ohne Pause, ohne Rasttag, bei glühender Sonnenhitze stundenlange Exkursionen durch Weinberge – Zweigelt hielt aus.« Franz Wobisch, *Dr. Zweigelt – zu seinem 70. Geburtstag*, in: *Österreichische Weinzeitung* 13 (1958), S. 5.

145 *Das Weinland* 5 (1933), S. 10. Zweigelt erhielt den Preis auch für sein Buch über »Pflanzengallen«. Eine entsprechende Nachricht, allerdings mit dem Fokus auf den »mährischen Weinbaufachmann« Albert Stummer, fand sich auch in der in Leitmeritz verlegten *Weinzeitung für die ČSR* 2 (1933), S. 19. Siehe dort auch Albert Stummer, *Heimatschutz im Weinland*, in: *Weinzeitung für die ČSR* 2 (1933), S. 18 – 19.

146 Bretschneider, *Bericht*, S. 57.

147 Ebd. S. 57f.

148 Ebd. S. 58. 1932 fand abermals ein Weinbaukongress in Bad Dürkheim statt, auf dem Zweigelt anwesend war, allerdings ohne als Referent aufzutreten. Zuvor hatte der ursprünglich vorgesehene Veranstaltungsort Würzburg »im Zeichen der allgemeinen Wirtschaftskrise« die Einladung zurückgezogen. Zweigelt schrieb über die Kongresse, sie seien ein »lebendiger Ausdruck der Schicksalsverbundenheit aller, die mit Rebkultur zu tun haben«. *Das Weinland* 4 (1932), S. 193 – 194, Zit. S. 194.

149 So jedenfalls die Erinnerung Zweigelts im Jahr 1963 (*Von den Höhepunkten*, S. 17.)

150 *Denkschrift 70 Jahre*, S. 79. In diesem Zusammenhang wurde auch vermerkt, dass Zweigelt 1928 mit einer österreichischen Delegation zu Zwecken des Studiums der Direktträgerfrage in Frankreich gewesen sei. 1930 nahm er in Vertretung der Regierung an der Sitzung des Internationalen Weinamtes (OIV) in Paris teil. Im August jenes Jahres reiste er »über Einladung und mit den Mitteln der Deutschen Gesellschaft für angewandte Entomologie« zu einer Tagung nach Rostock.

151 Fritz Zweigelt, *Die Ertragshybriden und ihre Bedeutung für den europäischen Weinbau*, in: *Internationale Landwirtschaftliche Rundschau. I. Teil: Agrikulturwissenschaftliche Monatsschrift, Rom*, März 1930, Nr. 3. Darin auch ein konziser Überblick über den Anbau von Direktträgern in allen

europäischen weinbautreibenden Ländern. In *Das Weinland* 4 (1932), S. 19 – 21 veröffentliche Zweigelt einen sehr aufschlussreichen Bericht über die »Prüfung von Hybridenweinen in Klosterneuburg.« Ähnliche, äußerst umfangreiche Berichte auch in *Das Weinland* 5 (1933), S. 29 – 33; S. 68 – 71, S. 103; S. 213 – 215, S. 250 – 254, S. 291 – 295 und S. 367 – 372.

152 In Rumänien etwa nahm die mit Direktträgern bepflanzte Fläche zwischen 1930 und 1939 »trotz gesetzlicher Vorkehrungen und Vorschriften« von 109 000 auf 191 000 ha zu. Siehe *Das Weinland* 13 (1941), S. 52. Noch wenige Monate vor der Einstellung der Zeitschrift fand sich ein kleiner Artikel unter der Überschrift »Rumänien kämpft gegen die Hybridenweine« (ebd. 15 (1943), S. 9 – 10. Über die Lage in Baden hieß es unmittelbar im Anschluss: »Baden hybridenfrei« (Ebd. 10.) Insgesamt waren dort seit 1933 etwa 4100 Hektar umgestellt worden, vor allem in Nordbaden. Über die Lage in Frankreich siehe Fritz Zweigelt, Auch Frankreich braucht eine Regelung der Direktträgerfrage, in: *Das Weinland* 11 (1939), S. 16 – 17.

153 Vgl. die entsprechenden Statistiken in den Jahresberichten des Badischen Weinbauinstitutes (Freiburg i. Br. S. 1921ff.). Über den Hybridenweinbau in Jugoslawien vgl. Andrej Zmavc, *Das größte Übel schwindet. Die Direktträger im Lichte des jugoslawischen Weingesetzes*, in: *Das Weinland* 5 (1933), S. 303 – 304. In Italien wurde die Direktträgerkultur durch ein Gesetz vom 23. März 1931 erheblich eingeschränkt (Ebd. S. 404). Über die Lage in der Schweiz vgl. Fritz Zweigelt, *Die Schweiz im Lichte der Direktträgerfrage*, in: *Das Weinland* 14 (1942), S. 75 – 77 und S. 85 – 87. Über Ungarn vgl. Fritz Zweigelt, *Die Direktträger und Ungarn*, in: *Das Weinland* 14 (1942), S. 95.

154 Vgl. den Abdruck in: *Das Weinland* 8 (1936), S. 71 – 72, § 2. Zugleich wurde die Neuanlage von Weingärten »bis auf weiteres verboten« (§ 1,1). In der (ungezeichneten) Erläuterung hieß es, die »Gefahr einer Ueberproduktion, unter der andere Länder bereits schwerst leiden, bedroht auch den österreichischen Weinbau, weshalb sich schon im Vorjahre die maßgebenden Körperschaften eingehend mit dem Entwurf eines die Flächenvergrößerung drosselnden ›Weinbauförderungsgesetzes‹ befaßt haben«. (Ebd. S. 72). Siehe auch Fritz Zweigelt, *Die Direktträgerfrage im Lichte des Massenweinbaus*, in: ebd., S. 90 – 93, 125 – 127, S. 161 – 163, S. 194 – 197.

155 Die Rebfläche in Österreich sollte demnach auf 44 000 ha begrenzt werden. Davon entfielen auf Niederösterreich 29 200 ha, auf das Burgenland 10 200 ha, die Steiermark 4000 ha, Wien 560 ha und Vorarlberg 40 ha. Das Verbot der Direktträger betraf vor allem die Steiermark (1060 ha) und das Burgenland (1322 ha). Vgl. *Das Weinland* 8 (1936), S. 345 – 360. Eine ausführliche Rückschau erschien unter dem Titel *Die Direktträger der Ostmark*, ebd. 10 (1938), S. 320 – 323.

156 *Das Weinland* 11 (1939), S. 116 und S. 221.

157 Die entsprechende Anordnung des Reichsnährstandes findet sich in: *Das Weinland* 12 (1940), S. 23. Zum 1. Februar 1940 wurde der Geltungsbereich des deutschen Weingesetzes (von 1930) auf die »Ostmark« ausgedehnt, wie Otto Kramer ausführlich erläuterte. Siehe *Das Weinland* 12 (1940), S. 29 – 31 und S. 47 – 49.

158 *Das Weinland* 14 (1942), S. 9 – 11. Am Ende des Artikels kam Zweigelt auch auf die Gerüchte über die angeblich schädliche Wirkung des aus der Noah-Rebe gewonnenen Weines zu sprechen und empfahl, den Anbau der Noah und den Genuss von Noah-Weinen aus Gründen der Volksgesundheit zu verbieten.

159 Die generelle Akzeptanz der Hybriden litt indes je länger je mehr darunter, dass die züchterisch verbesserten Hybriden nicht mehr so pilzresistent waren wie die älteren Sorten und die Winzer wie bei den Edelreben zu Schädlingsbekämpfungsmitteln greifen mussten. Vgl. Börner, *30 Jahre*, S. 9. Als Standardwerk galt auch Börner das *Direktträger*-Buch von Stummer/Zweigelt aus dem Jahr 1929. (Ebd. Fn. 4).

160 Auf dem 38. Deutschen Weinbau-Kongress im Jahr 1932 in Neustadt wurde folgende Entschlie-

ßung einstimmig angenommen: »Der Deutsche Weinbauverband verlangt die strenge Durchfüh-
rung des Hybridenbauverbotes und der Bestimmungen im Weingesetz über das Inverkehrbrin-
gen von Hybridenweinen. Gleichzeitig bittet er die Reichsregierung, auch in Zukunft ausreichende
Mittel für die Umstellung der Hybridenanlagen auf Edelreben bereitzustellen.« Siehe *Das Weinland* 4 (1932), S. 293. In den Wahlkämpfen jener Jahre biederten sich die Nationalsozialisten
zunächst den Erzeugern von Hybridenwein an, vor allem in Baden. Nach 1933 änderten sie ihre
Haltung und verboten alle entsprechenden Neuanpflanzungen. In Franken durften Hybriden offiziell nie gepflanzt werden, in Württemberg setzen sich im Landtag am 1. Februar 1933 die Hyb-
riden-Gegner durch. Siehe *Das Weinland* 5 (1933), S. 156. Über die internationale Diskussion in-
formierte ebd., S. 193 – 194. Der ungezeichnete Artikel endete mit der Feststellung: »Und gerade
weil die Weinüberproduktion, strenge genommen, nicht eine Weinüberproduktion schlechthin
ist, sondern eine Ueberproduktion von minderwertigen Massenweinen, wohin auch die Direktträger gehören, eine Ueberproduktion, welcher eine Unterproduktion von wirklichen Qualitäts-
weinen gegenübersteht, gehört der Kampf gegen die Hybriden in das Programm eines Kampfes
gegen die Weltweinüberproduktion.« (Zit. S. 194.) Über die Position des Deutschen Weinbauverbandes siehe ebd., S. 231 – 232. Zweigelt zog 1936 unter dem Titel *Die Direktträgerfrage im
Lichte des Massenweinbaus*, in: *Das Weinland* 8 (1936) S. 90 – 93, S. 125 – 127, S. 161 – 163 und
S. 194 – 197 eine erste Bilanz.

161 Vgl. zu dem Programm und den Beschlüssen *Das Weinland* 8 (1936), S. 273 – 278, ebenso die von
Zweigelt redigierte und im Verlag der *Neuen Wein-Zeitung* verlegte Festschrift unter dem Titel
»Erster Mitteleuropäischer Weinkongress/Premier Congrès Vinicole des Pays de l'Europe Centrale« mit allen einschlägigen Referaten. Nach Zweigelts Worten handelte es sich bei der Festschrift
um den »bleibenden Spiegel einer der schwierigsten und interessantesten Epochen des internationalen Weinbaus, aber auch der leidenschaftlichen Anstrengungen aller, die berufen sind, eine
bessere Zukunft vorzubereiten.« Zweigelt hoffte, in »enger internationaler Zusammenarbeit« Mittel und Wege zu finden, um »die Lösung der gegenwärtig die Weltweinwirtschaft bedrückenden
Absatzkrise zunächst wenigstens im Rahmen Mitteleuropas vorzubereiten und die Existenz aller
am Weinbau interessierten Gruppen zu sichern.« *Festschrift*, S. 1.

162 Vgl. ebd.

163 Zweigelt selbst war am 15. November in Conegliano zu dem Festakt eingeladen, bei dem Dalmasso für seine 25jährige Tätigkeit in Conegliano geehrt wurde. Siehe *Das Weinland* 8 (1936),
S. 391f.

164 Zweigelt BMfLuF. In diesem Antrag wurde auch vermerkt, Zweigelt habe »wiederholt Berufungen
aus dem Ausland aus Liebe zur Anstalt abgelehnt, obwohl dieselben nach jeder Hinsicht günstigere Bedingungen boten, als seine Stellung an der Anstalt bietet«. Der früheste Ruf muss spätestens im Jahr 1924 ergangen sein, heißt es doch in einem Antrag des Bundeslandwirtschafts- an
das Bundesfinanzministerium vom November 1924 zur Begründung einer Höherstufung Zweigelts in die 4. Dienstklasse, »er hat bereits eine Berufung ins Ausland bekommen. Um ihn der
Bundesanstalt zu erhalten, wäre es opportun, ihm ein Entgegenkommen zu zeigen.« (Schreiben
vom 13. November 1924, ebd.)

165 Fritz Zweigelt, *Vier Jahre Weinland*, in: *Das Weinland* 4 (1932), S. 387 – 388

166 Ebd.

167 *Das Weinland* 6 (1934), S. 249.

168 Im Jahrgang 1933 des *Weinlands* hat die Machtübertragung an die Nationalsozialisten in Deutschland keine Spuren hinterlassen.

169 Vgl. u.a. die Einlassungen Zweigelts im Rahmen seines Volksgerichtsprozesses im September

1945. Unter dem Titel »Beweisanträge« hieß es, er sei kein »Illegaler« gewesen und habe dies nicht einmal sein können. (Volksgerichtsakte Bl. 309v)

170 Am anschaulichsten ist die Karriere Wilhelm Heuckmanns, eines gebürtigen Niederrheiners. 1897 in Kleve geboren, von August 1914 bis November 1918 Kriegsdienst, Diplom-Landwirt, 1923 Mitglied der Ortsgruppe Bonn der NSDAP, 1927 Promotion an der Landwirtschaftlichen Hochschule Bonn-Poppelsdorf mit einer Arbeit über »Grundstücksbewegung und Grundstücksmarkt des Weinlandes im Rheingau«, 1931 bis 1936 Leiter der preußischen Rebenveredelungsstation in Bernkastel-Kues, dort nach dem Eintritt in die NSDAP am 1. März 1933 einer der aktivsten Nationalsozialisten weit und breit, diverse Veröffentlichungen in Fachzeitschriften, darunter auch in Zweigelts *Weinland*, 1. Januar 1936 Unterabteilungsleiter Weinbau im Reichsnährstand in Berlin, Organisation der 1. Reichstagung des Deutschen Weinbaus in Heilbronn 1937, 1938 Teilnahme am Internationalen Weinbaukongress in Lissabon, 24. März 1939 Verleihung des Titels »Ritter des Verdienstes um die Landwirtschaft« (Chevalier pour le mérite agricole) in Frankreich, 1939 Eröffnung als der für den Weinbau im Reichsnährstand zuständige »Reichsabteilungsleiter« der ersten Tagung der Weinbaufachbeamten Großdeutschlands in Geisenheim (*Das Weinland* 11 [1939], S. 109–112), nach dem Krieg Spruchkammerverfahren mit Sühnestrafe, aber schon 1945/46 wieder beim Oberpräsidenten in Koblenz mit Fragen der Organisation des Weinbaus und Weinhandels befasst. An der Mosel breite Ablehnung. 1947 sechsmonatige Freiheitsstrafe wegen Manipulation von Akten mit Hinweisen auf sein Vorleben. 1948 Geschäftsführer der Arbeitsgemeinschaft der deutschen Weinbauverbände, im September 1949 Vortrag anlässlich der ersten Herbsttagung des deutschen Weinbaus über den Wiederaufbau der reblausverseuchten Gebiete, 1950 Ernennung auf Vorschlag des von den Nationalsozialisten verfolgten alten und neuen rheingauer Weinbaupräsidenten Richard Graf Matuschka-Greiffenclau zum ersten Geschäftsführer des wiedergegründeten Deutschen Weinbauverbands. 1952 Veröffentlichung einer Informationsschrift über Pfropfrebenbau im Stil einschlägiger Schriften des Reichsnährstands. Heuckmann starb zwei Jahre später im Alter von 57 Jahren. Vgl. die Akten des Amtes für Weinbewirtschaftung (Stadtarchiv Trier) und die nicht sehr ergiebige Personalakte im Berliner Bundesarchiv.

171 So der damalige, für Historiker mehr als gewöhnungsbedürftige Sprachgebrauch im Blick auf die technischen und organisatorischen Neuerungen, die sich in den ersten Jahrzehnten des 20. Jahrhunderts Bahn brachen. Im *Weinland* erschien 1933 ein Artikel unter der Überschrift *Neuzeitliche(n) Bodenbearbeitung im Weinbau* (S. 232–233), wenige Seiten später war von der *Neuzeitliche(n) Behandlung des Weines mit Kohlensäure* die Rede (S. 246–247), wiederum einige Seiten später von der *Neuzeitlichen Technik der Herstellung unvergorener Trauben- und Obstsäfte ohne Erhitzung und ohne Konservierungsstoffe* (S. 362–364). Hinter dieser Technik verbargen sich neue Entkeimungsfilter der Kreuznacher Firma Seitz.

172 Vgl. den Bericht Zweigelts über die Reichstagung in: *Das Weinland* 9 (1937), S. 273–279. Zweigelt gab die Eindrücke des Präsidenten des Internationalen Weinamtes (OIV) in Paris, Barthe, mit den Worten wieder, dieser habe »die großen Anstrengungen des neuen Deutschlands« gefeiert, »die Ausstellung sei von einer Schönheit und unmittelbaren Wirkung, wie er dergleichen noch nie gesehen habe. Die deutschen Weine gehören zu den besten, die auf der Welt wachsen. Besonders freue er sich aber auch über die wirtschaftlichen Erfolge des deutschen Bauern, der nun für sein Produkt einen entsprechenden Preis erziele«. (Ebd. S. 278.) Über den Sprachgebrauch »neuzeitlich« vgl. auch Otto Kramer, Wissenschaftliche Erkenntnisse neuzeitlicher Weinbehandlung, in: *Neue Wein-Zeitung* 32 (1939), Nr. 20., S. 7f.; Nr. 21. S. 3f.

173 Über die österreichische Delegation, deren »starker Besuch« den Nationalsozialisten nicht ent-

gangen war, (*1. Reichstagung*, S. 72) schrieb Zweigelt, Heilbronn werde ihr »immer in bester Erinnerung bleiben« (Ebd., S. 279.) 1943 erinnerte sich Zweigelt an Heilbronn in einer anderen Tonlage: »Und wie jämmerlich hatten sich diese Österreicher 1937 am Weinbaukongress in Heilbronn benommen! Nicht zuletzt zu meiner Bespitzelung war auch eine Delegation systemtreuer österr. Weinbauern und deren Führer nach Heilbronn gekommen. Und als die nationalen Lieder im Rahmen der Festlichkeiten erklangen, da hat keiner die Hand zum Gruß erhoben, sie standen da wie armselige Wichte, ja sie schämten sich sogar, die Lieder stehend anhören zu wollen.« Fritz Zweigelt, *Festrede zum 13. März 1943*, Volksgerichtsakte Bl. 171 – 195, Zit. S. 177.

174 Zweigelt trug laut des Nachrufs die Titel Freiherr von Gährungen, Graf Schwatzburg-Trattburg-Blödelshausen, Seine Blödslichkeit und Die Suff-Rakete, »die ihn als besonders humorvollen Schlaraffen ausweisen«. (Privatbesitz Thomas Leithner, Langenlois).

175 Fragebogen, BArch R 3601/6340 Bl. 14. In dem Nachruf wurde der Austritt aus der »Allschlaraffia« auf den 15. Oktober 1935 datiert. 1954 trat Zweigelt in das Urschlaraffenreych GRAETZ AN DER MUR) ein. Ebd.

176 Vernehmung/Niederschrift, Polizeidirektion Wien/Staatspolizei Gruppe XXVI, 6. Juli 1945, Volksgerichtsakte Bl. 21. In Beilage 1 (Bl. 41r) hieß es sogar, er sei nach seinem Eintritt in die NSDAP aus der »Schlaraffia« ausgetreten, da er in der »Unmöglichkeit, den Arierparagraph durchzusetzen, einen Widerspruch zur nationalsozialistischen Weltanschauung sah«. Dagegen Gaupersonalamt, Polit. Beurteilung, an Reichskommissar für die Wiedervereinigung am 17. April 1940: »Dr. Zweigelt war Erzschlaraffe und Geheimer Oberschlaraffenrat der Allschlaraffia, trat aber als dieser Verein im Altreich verboten wurde, von selbst aus.«

177 Volksgerichtsakte S. 311.

178 Volksgerichtsakte, Beilage 1 (Bl. 41r.). Wer auf Veranlassung Zweigelts im »Altreich« untergekommen sein könnte, ist den vorliegenden Quellen nicht zu entnehmen. Zweigelt stilisierte sich in diesem kurzen CV überdies zu einem tatkräftigen Sozialisten: »Seine soziale Einstellung hatte ihm schon bald nach dem Kriege die Herzen gerade der kleinen Leute erobert und ihn so zur Vertrauensperson und zum Anwalt der Arbeiter und kleinen Angestellten seit fast 20 Jahren gemacht. Mit der Übernahme der kommissarischen Leitung in Klosterneuburg konnte er dieser seiner sozialistischen Grundauffassung im weitesten Masse Rechnung tragen.«

179 *Das Weinland* 5 (1933), S. 22.

180 Fritz Zweigelt, *Franz Voboril †*, *Das Weinland* 14 (1942), S. 87. Schon 1936 durfte »Assistent cand. phil. Voboril« in Zweigelts *Weinland* wie weiland Paul Steingruber einen Überblick über den Stand der Rebenzüchtung in Klosterneuburg geben. Siehe *Das Weinland* 8 (1936), S. 329 – 331.

181 Ebd.

182 Kennzeichnend für den Tenor der Einlassungen Zweigelts: »Politisch war er auch dem schwersten Drucke ausgesetzt, dass für ihn nichts zu erreichen war.« Zweigelt an Ministerium für Landwirtschaft und Forsten, Klosterneuburg 4. Juni 1938, betr. Wiedergutmachung von Schäden an Angestellten der Anstalt. (Aufzeichnungen HBLA)

183 Ludwig Kohlfürst, Lebenslauf, Dezember 1937, Bl. 2 (AT-OeStA Gauakten 341.836 Ludwig Kohlfürst). Parallele Überlieferungen finden sich unter der Signatur AT-OeStA AdR HBbBuT BMf-HuV Allg Reihe Ing Kohlfürst (1872) Ludwig 28528/1920 AE 500 sowie im Berliner Bundesarchiv unter den Signaturen R16/10970 (RMEL) und R 16/10970 (Reichsnährstand).

184 Vgl. *Das Weinland* 8 (1936), S. 410.

185 »Hofrat Ing. Franz Kober hat die Berl. Riparia im Verlaufe von fast drei Dezennien einer sorgfältigen Selektion unterworfen. Von den zahlreichen Selektionsnummern … hat sich vor allem die Selektion 5BB durch ihre hervorragenden Eigenschaften hinsichtlich Affinität, Adaption, Holz-

reife usw. ausgezeichnet.« Fritz Zweigelt, *Das Rebenhochzuchtregister des Verbandes der Reben-züchter Österreichs*, in: *Das Weinland* 4 (1932), S. 339. Vgl. auch ders., *Hofrat Ing. Franz Kober – ein Siebziger*, in: *Das Weinland* 6 (1934), S. 297.

186 Ebd. Der Hinweis auf die »arischen Geschäftsleute« dürfte vor dem Hintergrund zu lesen sein, dass auch einige jüdische Unternehmer die Chance erkannten, die in der Anlage von Schnittwein-gärten lag: Ohne sie keine Umstellung auf Pfropfrebenbau. Vgl. Fritz Ollram, *Die Schnittrebener-zeugung in der Ostmark* – Rückblick und Vorschau, in: *Das Weinland* 11 (1939), S. 8–9.

187 1932 wurde die 5BB in das Hochzuchtregister des Verbands der Rebenzüchter Österreichs als Berlandieri × Riparia Resseguier Selektion Kober 5BB eingetragen. Siehe *Das Weinland* 4 (1932), S. 339, und ausführlich 5 (1933), 46–50. 1939 hieß es aus Anlass des 75. Geburtstags Kobers: »Seine 5BB hat inzwischen längst den Siegeszug durch den gesamten europäischen Weinbau ge-nommen …« *Das Weinland* 11 (1939), S. 286.

188 Ein früher Hinweis auf die Bekanntschaft Zweigelts mit Kohlfürst findet sich in einem Schreiben vom 25. März 1925 an Thiem von der Biologischen Reichsanstalt für Land- und Forstwirtschaft, Außenstelle Naumburg a. d. Saale, in dem Zweigelt sich außerstande zeigte, den deutschen Kol-legen Unterlagsreben des Typs Kober 5BB übersenden zu lassen. Weder Kober selbst noch Re-gierungsrat Kohlfürst in Wiener Neustadt hätten »auch nur ein paar Reben verfügbar«. Zuvor hatte Zweigelt mehrfach mit Carl Börner, den er über dessen Forschungen über die Biologie der Rebläuse Anfang der 1920er Jahre kennengelernt hatte, (*Das Weinland* 12 (1940), 58) in der Frage der Unterlagsreben korrespondiert. (BArch R 3602/34). 1928 hieß es, Steingruber unterstütze die Arbeit der Biologischen Reichsanstalt in Naumburg a. d. Saale »durch das Studium der Triebspit-zenfarbe zur Analyse des Typs 5BB und stellte das Ergebnis dem Leiter der Zweigstelle Naumburg, Oberregierungsrat Dr. C. Börner, zur Verfügung.« (Bretschneider, *Bericht*, S. 59.) Eine andere Form der Zusammenarbeit mit Börner bestand darin, dass »Blattinfektionsversuche mit Naum-burger Rebläusen an Berlandieri Riparia Type 5BB zur Feststellung genotypischer Verschieden-heiten einzelner Individuen« durchgeführt wurden. Außerdem seien »Samen aus Kreuzungen mit Riparia Pubescens bleu zur Gewinnung einer vollständig immunen Unterlagsrebe zum Teile nach Naumburg abgegeben worden«. (Ebd.)

189 Vgl. Fragebogen des Reichsnährstandes und handschriftlicher Lebenslauf, vermutlich Sommer 1934, Personalakte Kohlfürst BArch R16/10970. Vgl. auch die Akte, die anlässlich der Verleihung des »Ing.«-Titels im Bundesministerium für Handel und Gewerbe angelegt wurde (AT-OeStA AdR HBbBuT BMfHuV Allg Reihe Ing Kohlfürst (1872) Ludwig 28528/1920 AE 500).

190 Personalakte Kohlfürst BArch R16/10970.

191 Ebd.

192 Ebd.

193 Ebd.

194 *Das Weinland* 4 (1932), S. 254–255. In der Personalie aus Anlass von Kohlfürsts 70. Geburts-tag zehn Jahre später hielt Zweigelt mit den nationalsozialistischen Affiliationen Kohlfürsts nicht mehr hinter dem Berg. Vgl. *Das Weinland* 14 (1942), S. 105–106.

195 Personalakte Kohlfürst BArch R16/10970.

196 Kohlfürst an Reichshauptabteilung II des Verwaltungsamtes des Reichsbauernführers, Berlin 18. März 1936, Bl. 2 (ebd.).

197 Ebd. Bl. 1.

198 *Das Weinland* 9 (1937), S. 284. Aus demselben Anlass erschien auch in der *Der Deutsche Weinbau* 16 (1937), S. 586 eine (ungezeichnete) Personalie mit Bild. Darin wurde er ausgiebig als »alter Kämpfer« gewürdigt.

199 Vgl. die Personalakte Kohlfürst BArch R16/10970.

200 Ebd.

201 *Das Weinland* 14 (1942), S. 105 – 106, Zit. S. 106.

1938 – 1948: Zweigelts Traum

202 *Das Weinland* 10 (1938), S. 65f.

203 In einem Beitrag von Franz Gombac, einem Klosterneuburger Absolventen des Jahrgangs 1891 (»Küstenland«) und Weinbauoberinspektor mit Sitz in Laibach, fiel sogar das Wort »Übermensch«. *Das Weinland* 10 (1938), S. 47.

204 Vgl. allgemein: Ernst Langthaler, *Weinbau im Nationalsozialismus*, in: Klinger/Vocelka, *Wein*, S. 206 – 211.

205 Wien 1937.

206 *Neue Wein-Zeitung* 31 (1938), Nr. 21/22, S. 1.

207 Ebd. Nr. 23, S. 1.

208 Ebd. Nr. 24. S. 1. Schlumberger zeichnete damals als »Dr. jur. et rer. pol. ... kommissarischer Leiter der österreichischen Weinwirtschaft«.

209 »Ein Musterbeispiel dafür, wie der jüdische Weinhandel den Winzer um den Lohn seiner Arbeit zu bringen wusste, bietet das Jahr 1937. Durch Tendenzmeldungen über die kommende Ernte verstand man den Weinpreis auf einen den Erzeugerkosten nicht im entferntesten entsprechenden Tiefstand zu bringen, die Weinvorräte nahezu unverkäuflich zu machen, die Winzer in Angst und Schreck zu jagen .... und damit war die Situation reif für das Geschäft«. Reinthaller, ein Oberösterreicher, wurde 1956 erster Bundesobmann der FPÖ.

210 Über Wobisch hieß es am 18. Juni 1943 in einer Stellungnahme des Gaupersonalamts Wien zu Händen der Partei-Kanzlei in München: »Dr. Franz Wobisch stand schon vor dem Umbruch der Bewegung gesinnungsmäßig nahe, ohne sich aktiv politisch zu betätigen. Der Angefragte ist jetzt Parteigenosse seit 1.1.1941 ... Politisch Nachteiliges liegt derzeit nicht vor.« (AT-OeStA AdR Gauakten 164.905.) In einem Aufnahmeantrag, den Wobisch nach der Annexion Österreichs gestellt hatte, gab er an, von 1921 bis 1923 Mitglied der von Dr. Walter Riehl gegründeten »nationalsozialistischen Arbeiterpartei« gewesen zu sein und seit 1933 die NSDAP-Mitgliedsbeiträge für einen seiner Söhne (SS-Mitglied) bezahlt zu haben. Mitglied der VF war Wobisch seit 1934. (Wobisch, BMfLuF). 1945 wollte Wobisch nie in die NSDAP aufgenommen worden sein. In einem Fragebogen für die Alliierte Kommission – Österreich gab er am 25. Februar 1946 an, er habe nie das Mitgliedsbuch erhalten und sei daher stets Anwärter geblieben. (Ebd.) Ebenso behauptete er, bis 1941 »erfolgreich« jede Mitarbeit in der Partei abgelehnt zu haben. (Ebd.)

211 Die Weinbaupolitik der Nationalsozialisten ist bisher nicht bis in alle Details hinein erforscht. Für einen ersten Überblick siehe Daniel Deckers, *Im Zeichen des Traubenadlers. Eine Geschichte des deutschen Weins*, Mainz 2010/Frankfurt 2018[2] sowie ders., *Wein. Geschichte und Genuss*, München 2017, S. 102 – 117.

212 Zweigelt an Staats-Kommissär Gross (Wien, Ministerium für Landwirtschaft), 13. November 1938 (Aufzeichnungen HBLA).

213 Zweigelt, *Zu neuer Arbeit*, in: *Der Deutsche Weinbau* 10 (1938), S. 392.

214 Fritz Zweigelt, *Klosterneuburg grüßt*, in: *Das Weinland* 10 (1938). S. 97 – 98, Zit. S. 98.

215 Robert von Schlumberger, *Österreichische Weinwirtschaftsfragen und deren Lösung*, in: *Der Deutsche Weinbau* 17 (1938), S. 400. In dem Nachruf auf Schlumberger (1850 – 1939) stellte Zweigelt

dessen überragende Rolle in den ersten Jahren der Reblauskatastrophe heraus, verschwieg aber nicht seine Skepsis gegenüber der Begeisterung Schlumbergers für Hybriden. Vgl. *Das Weinland* 11 (1939), S. 41.

216 *Das Weinland* 10 (1938), S. 65.

217 Ebd.

218 *Aufruf Ministers Reinthaller an die ostmärkischen Weinhauer zur Zuckerungsfrage*, in: *Das Weinland* 11 (1939), S. 249.

219 Franz Wobisch, *Weinsteuer †*, in: *Das Weinland* 11 (1939), S. 140 – 141.

220 *Neue Wein-Zeitung* 32 (1939) Nr. 5, S. 1. Die Weinernte 1938 der Ostmark erbrachte insgesamt 796.000 Hektoliter – davon waren 80.700 hl, also mehr als zehn Prozent, ganz offiziell Hybridenweine.

221 *Das Weinland* 11 (1939), S. 21. Zum Vergleich: In Österreich betrug der Weinkonsum pro Person im Jahr 1922 immerhin 23 Liter, im Jahr 1937 nur noch 18,5 Liter. (Matthias Arthold, *Die Weinbaugebiete und Weine der Ostmark. Ein Führer durch das ostmärkische Weinland*, Wien 1938, S. 33. Frühere Auflagen waren unter dem Titel *Österreichs Weinbau und Weinbaustätten. Ein Führer durch das österreichische Weinland* in Wien erschienen). Über Arthold vgl. Fritz Zweigelt, *Regierungsrat Prof. Ing. Matth. Arthold – ein Sechziger*, in: *Das Weinland* 6 (1934), S. 336.

222 Vgl. *Das Weinland* 12 (1940), S. 1 – 4 u. S. 21 – 23.

223 Reinthaller, *Zuckerungsfrage*, S. 249.

224 Vgl. *Die Winzergenossenschaften in der Ostmark*, in: *Neue Wein-Zeitung* 32 (1939) Nr. 26, S. 1f. Zusammenfassend Walter Kutscher, *Winzergenossenschaften in Österreich*, in: Klinger/Vocelka, *Wein*, S. 198 – 205. Vgl. zu der Entstehung der Winzergenossenschaft Krems im Sommer 1938 durch »Arisierung« des Weingutes der jüdischen Eigentümer Paul Josef Robitschek und seiner Mutter Johanna; in romanhafter Form Bernhard Herrman/Robert Streibel, *Der Wein des Vergessens*, Wien 2018[2].

225 *Das Weinland* 11 (1939), S. 136. In der *Neuen Wein-Zeitung* erschien am 23. April ein Beitrag über den Weinbau »in der ehemaligen Tschecho-Slowakei« (Nr. 17, S. 1 – 2). Auf S. 7 war über die »Vergrößerung des deutschen Weinbaues durch das Reichsprotektorat Böhmen und Mähren« zu lesen.

226 Wilhelm Bewerunge (1880 – 1954) stand vor der Machtübertragung an die Nationalsozialisten in Diensten des Propagandaverbandes der Preußischen Weinbaugebiete und sorgte von 1933 bis 1945 im Namen der Deutschen Weinwerbung im In- und Ausland für ein hochglänzendes Bild des deutschen Weinbaus. Als Fachmann für Weinpropaganda schlechthin stellte er sich von 1947 an in den Dienst des Wiederaufbaus der deutschen Weinwirtschaft.

227 Ministerialrat (Robert) Barzen, *Reichsweingut Gumpoldskirchen*, in: *Das Weinland* 11 (1939), S. 203 und *Neue Wein-Zeitung* 32 (1939), Nr. 28, S. 1.

228 Ebd. Die (kurze) Geschichte der Reichsweingüter in Österreich (Gumpoldskirchen, Krems, Merkenstein) bedarf noch einer umfassenden Rekonstruktion. In den Beständen des Bundesarchivs in Berlin-Lichterfelde haben sich in diversen Überlieferungsschichten (RMEL, Reichsfinanzministerium) einige Dokumente aus jener Zeit erhalten, desgleichen in den Akten der heutigen Hessischen Staatsweingüter im Hessischen Hauptstaatsarchiv Wiesbaden. So fand etwa Anfang Oktober 1940 in Gumpoldskirchen eine große Probe von Weinen aus allen Reichs- und Staatsweingütern statt. Im »Altreich« wurden Weine aus der Ostmark bei offiziellen Anlässen schon bald nach der Annexion Österreichs gezeigt. Auch bei der »Großen fachmännischen Weinprobe naturreiner Weißweine Großdeutschlands« anlässlich des 2. Reichstagung des deutschen Weinbaues in Bad Kreuznach (s. u.) standen Weine aus der Ostmark auf der Probenliste, etwa ein

1934er Kremser Kögl Riesling, eine 1937er Gumpoldskirchner Traminer Auslese, ein 1938er Traminer aus der Steiermark und – unter den letzten und damit besten Weinen – ein 1933er Czernoseker Ernestgarten (Sachsen/Sudentenland). Die Veranstaltung fiel jedoch dem drohenden Krieg zum Opfer. Im Januar 1942 wurden im Berliner Ministerium für Ernährung und Landwirtschaft Proben der 1939 »selbsterzeugten« Weine präsentiert. In der Zeitschrift *Der Deutsche Weinbau* 21 (1942), S. 642 erschien ein Artikel über das Reichsweingut Merkenstein als Stützpunkt donauländischen Weinbaus. Nach dem Ende der Nazi-Herrschaft wurde das Schloss-Weingut Gumpoldskirchen dem Deutschen Orden restituiert. In der *Österreichischen Weinzeitung* wurde die Zeit als Reichsweingut in mehreren Berichten über Gumpoldskirchen aus dem Jahr 1949 allerdings nicht einmal andeutungsweise erwähnt. Siehe *Gumpoldskirchen ladet künftige Önologen zum Besuche ein*, in: *Österreichische Weinzeitung* 4 (1949), S. 116 und *Das Deutsch-Ordens Schloßweingut Gumpoldskirchen*, ebd. S. 286.

229 Das Ausmaß der »Arisierung« jüdischer Betriebe in der österreichischen Weinwirtschaft und das Schicksal ihrer Besitzer liegt noch weitgehend im Dunklen. Dass die (nach nationalsozialistischer Ideologie) als Juden geltenden Personen in Österreich dasselbe Schicksal erlitten wie die deutschen Kollegen, liegt auf der Hand. Im »Altreich« war die Verdrängung der Juden aus dem Weinfach, die 1933 einsetzte, mit der Verordnung über den »Ausschluss der Juden aus dem deutschen Wirtschaftsleben« aus dem Jahr 1938 nahezu abgeschlossen. Nur wer wie der Binger Weinhändler Max Fromm mit Auslandsgeschäften potentiell kriegswichtige Devisen erwirtschaftete, durfte noch über das Jahresende 1938 hinaus Wein exportieren. (Vgl. Daniel Deckers, *Händler, Winzer, Kenner. Jüdische Spuren in der Geschichte der deutschen Weinkultur*, in: *Fine. Das Weinmagazin*, 2012, Heft 1, S. 118 – 123 und ders., *Zu Mozart passen nur deutsche Weine. Der Trierer Weinhändler Otto Wolfgang Loeb und das Glyndebourne Opera Festival*, in: *Fine. Das Weinmagazin*, 2017, Heft 1, S. 124 – 130. In Österreich zogen sich die Verhandlungen über die Arisierungsmodalitäten in das Jahr 1939 hinein. Vgl. Ollram, *Schnittrebenerzeugung*: »Unter diesen 72 Schnittrebenanlagen waren 10 jüdische Betriebe mit rund 67.000 Stock und einer Jahreserzeugung von durchschnittlich 2 Millionen Stück Schnittreben. Ein Teil dieser ehemals jüdischen Betriebe wurde bereits arisiert, über den Rest schweben Verhandlungen. Soweit die Lage mit Ende 1938.« (Zit. S. 8.)

230 Franz Wobisch, *Österreichs Weinbau in der Hut des Reiches*, in: *Das Weinland* 10 (1938), S. 208 – 211, Zit. S. 209.

231 *Das Weinland* 10 (1938), S. 266 – 267.

232 Aktennotiz, Berlin 17. August 1938, S. 1 (Aufzeichnungen HBLA).

233 Ebd. S. 2.

234 Ebd.

235 Ebd.

236 Ebd.

237 Zweigelt an Schulze (Berlin), Klosterneuburg, 14. August 1938 (Aufzeichnungen HBLA). Unterstreichungen im Original.

238 Ebd.

239 Fritz Zweigelt, *Zehn Jahre Weinland*, in: *Das Weinland* 11 (1939), S. 1.

240 Einlegebogen zum Standesausweis. Über die nationalsozialistische Agrarpolitik vgl. Werner Tornow, *Chronik der Agrarpolitik und Agrarwirtschaft des Deutschen Reiches von 1933 – 1945*, Hamburg/Berlin 1972 (Berichte über Landwirtschaft. Zeitschrift für Agrarpolitik und Landwirtschaft 188. Sonderheft). Zu Aufbau und Bedeutung des Reichsnährstandes vgl. Gustavo Corni/Heinz

Gies, *Brot.Butter.Kanonen. Die Ernährungswirtschaft in Deutschland unter der Diktatur Hitlers*, Berlin 1997.

241 Ob Reinthaller, der wie Kohlfürst schon 1928 der NSDAP beigetreten war, und Zweigelt vor der Annexion Österreichs in persönlichem Kontakt standen, ist den vorliegenden Akten nicht zu entnehmen.

242 Volksgerichtsakte Bl. 275.

243 So die Darstellung Zweigelts im Beschuldigtenverhör am 27. Oktober 1945, ebd. Bl. 241.

244 Zweigelt BMfLuF Bl. 64. Eine Schilderung der Ereignisse in Klosterneuburg aus Sicht Stefls liegt als Zeugenaussage vor dem Bezirksgericht Klosterneuburg vom 25. Februar 1946 vor (Volksgerichtsakte Bl. 269 – 271.)

245 Vgl. Personalakte Kohlfürst, BArch R16/10970.

246 Vgl. BArch R 2/18148. Konlechner etwa und Kramer wurden mehrere Jahre nicht in die bei ihrer Einstellung im Jahr 1939 zugesagte Gehaltsgruppe eingewiesen.

247 Ebd. Was mit den »gegenwärtigen Verhältnissen« gemeint sein könnte, ergibt sich aus dem Schreiben und seinem Kontext nicht.

248 »Dringendste und unverzüglich notwendige Veränderungen an der Höheren Bundeslehranstalt und Bundesversuchsstation für Wein-, Obst- und Gartenbau«, o. D. (März 1938), (Aufzeichnungen HBLA). Siehe auch den Nachruf auf Franz Voboril, in: *Das Weinland* 14 (1942), S. 87.

249 Über Enser behauptete Zweigelt 1938, seine Tätigkeit bis zum Umbruch sei eine »äußerst schädliche« gewesen und habe zum Ziel gehabt, »im Einvernehmen mit den anderen klerikalen Stellen des Hauses die Nationalgesinnten zu entrechten und zu verdrängen«. (Dringendste und unverzüglich notwendige Veränderungen, S. 2.) 1945 hieß es, Enser, ein Christlichsozialer, habe »meinem« Voboril »den Posten vernagelt«. (Beschuldigtenverhör 27. Oktober 1945, Volksgerichtsakte Bl. 241.)

250 Wobisch behauptete 1938, Bundeskanzler Dollfuss habe ihn schon 1933 als Hakenkreuzler bezeichnet. (Wobisch BMfLuF). Nach dem Zweiten Weltkrieg wurde Wobisch als »minderbelastet« eingestuft. (Ebd.)

251 Aufzeichnungen HBLA.

252 Dringendste und unverzüglich notwendige Veränderungen, S. 3. Klement wurde im Winter 1938/39 an die Bundesanstalt für Pflanzenschutz in Wien versetzt. (Zeugenaussage Volksgerichtsakte Bl. 289)

253 »Weitere unvermeidliche Veränderungen in der allernächsten Zeit«, S. 4 (Aufzeichnungen HBLA).

254 »Es wird Dich auch interessieren, dass Herr Oberamtmann Stiassny in Mörbisch aktenmässiges Material gegen Herrn Regierungsrat Bauer in Händen hat; wie er mir mitteilte, wird er dafür sorgen, dass Herr Reg.Rat Bauer nicht mehr lange Weinbaudirektor im Burgenland ist.« Albert Fürst (Wien), an Zweigelt, 5. April 1938 (Aufzeichnungen HBLA). Hans Bauer hatte des Öfteren in Zweigels *Weinland* publiziert.

255 Aufzeichnungen HBLA. Wie lange und wie gut sich Zweigelt und der 1894 geborene Benesch kannten, geht aus den vorliegenden Aufzeichnungen nicht hervor. Mit Fragen des Weinbaus war der Diplom-Agraringenieur (Hochschule für Bodenkunde) und Gärtnereibesitzer bis 1938 wohl nicht befasst. Allerdings verband beide eine langjährige Zugehörigkeit zur (verbotenen) NSDAP. 1945 sollte Zweigelt zu seiner Entlastung behaupten, Benesch habe ihn im Frühjahr 1938 angewiesen, die Klosterneuburger Anstalt von allen missliebigen Zeitgenossen zu »säubern«. In den Dokumenten, die aus dem Jahr 1938 überliefert sind, ist von einer derartigen Anweisung nicht die Rede.

256 Vgl. Johannes Koll (Hg.), »*Säuberungen*« *an österreichischen Hochschulen 1934–1945. Voraussetzungen, Prozesse, Folgen*, Wien-Köln-Weimar 2017. Die Klosterneuburger Versuchs- und Forschungsanstalt wird in diesem breit angelegten Buch nicht erwähnt.

257 Fürst an Zweigelt, 5. April 1938 (Aufzeichnungen HBLA).

258 Ebd.

259 Zweigelt an Mischkonnig (Rust), 9. April 1938 (Aufzeichnungen HBLA).

260 Ebd.

261 Ebd.

262 Ebd. In einer Personalie hatte Zweigelt 1933 über Steingruber geschrieben: »Paul Steingruber ist nunmehr durch volle zehn Jahre als Assistent an der Bundes-Rebenzüchtungstation tätig. Er machte die schwierigen Anfangsphasen in der Entwicklung der Station mit und hat durch seine zielbewußte Tätigkeit und eisernen Fleiß wesentlich zu den Erfolgen beigetragen, die die Station seit ihrem Bestehen erzielen konnte. Die Einbürgerung des Selektionsgedankens in vielen Weinbaubezirken besonders der Wachau und des Kremser und des Langenloiser Gebietes, die Tatsache, daß dort überall bereits in größerem Maßstab selektioniert wird, und schon Hochzuchten vieler Sorten vorhanden sind, ist hauptsächlich sein Verdienst. (…) Seit Jahresfrist arbeitet Ing. Steingruber auch als Assistent im Weinbau wie in der Kellerwirtschaft der Anstalt und hat es hier verstanden, die modernen Prinzipien der Rebenzucht auf breiteste Basis zu stellen und so die Verbindung von Rebenzucht und Weinbau noch enger zu gestalten. Die umfangreichen Versuche zur Mostkonzentration, die heuer gelaufen sind, sind ebenfalls von ihm durchgeführt worden. So darf denn Ing. Steingruber auf zehn Jahre erfolgreicher und fruchtbarer Arbeit zurückblicken. Wünschen wir ihm für die Zukunft weitere schöne Erfolge!« *Das Weinland* 5 (1933), S. 271.

263 NSDAP-Ortsgruppe Klosterneuburg-Stadt an Kreispersonalamt IX, Wien, Politische Beurteilung, Paul Steingruber, geb. 8.1.1896. Die Ortsgruppe Weidling ließ das Kreispersonalamt im Juli 1940 wissen, Steingruber lebe seit etwa neun Monaten wieder Weidling, aber »sehr zurückgezogen«. Nachteiliges über ihn sei nicht bekannt. Beide Schriftstücke haben ihren Anlass wohl in einem Auskunftsersuchen der Staatlichen Versuchsanstalt Klosterneuburg. Ob deren kommissarischer Leiter Zweigelt erwog, seinen früheren Mitarbeiter zurückzugewinnen, ist denkbar, muss aber bis zum Beweis des Gegenteils als Spekulation gelten. (Aufzeichnungen HBLA).

264 Weiss, *Anfänge*, S. 7.

265 *Das Weinland* 5 (1933), S. 271.

266 Denkschrift 11. April 1938, Bl. 1 (Aufzeichnungen HBLA). Unter den Dokumenten, die sich im Keller der HLBA erhalten haben, finden sich ein handschriftlicher, mit grüner Tinte geschriebener Entwurf besagter Denkschrift. Zudem existieren mehrere maschinenschriftliche Fassungen. Zweigelt sollte immer wieder in Form von Denkschriften seinen Anliegen Gravität verleihen. 1945 wird Zweigelt zu seiner Entlastung behaupten, alle Einlassungen seinerseits seien im Ministerium vorbesprochen worden, vor allem mit Sektionschef Franz Wobisch. Der Wahrheitsgehalt dieser Behauptung ist auch insofern nicht zu überprüfen, als aus dem Jahr 1938 keine Hinweise auf entsprechende Unterredungen vorliegen. (Volksgerichtsakte, Vernehmung des Beschuldigten, 18. Dezember 1945, Bl. 241.)

267 Denkschrift 11. April 1938, Bl. 5 (Aufzeichnungen HBLA).

268 Ebd. Bl. 6.

269 Ebd. Bl. 7.

270 Zweigelt an Ministerium für Land- und Forstwirtschaft, Volksgerichtsakte Bl. 52–71. Zweigelt berief sich auch darauf, »im Anschluss an eine Eingabe des Klosterneuburger Absolventenver-

bandes an die Direktion zu handeln, in der Reformen, aber auch Personalveränderungen verlangt würden«. (Bl. 53)

271 Zweigelt, Vorschläge zur Überführung von Beamten in den Ruhestand, an: Ministerium für Landwirtschaft und Forsten, Klosterneuburg, 13. Juni 1938. (Volksgerichtsakte Bl. 79 – 86.) Von Reich ist nicht mehr die Rede.

272 Ebd., Bl. 83f.

273 Ebd., Bl. 84. In dem Entlassungsschreiben Zweigelts an Kloss vom 11. Juli 1938 wurden mehrere Vorfälle aufgezählt, an denen Kloss wegen Alkoholgebrauchs seinen dienstlichen Pflichten bis hin zur Abnahme der schriftlichen Matura nicht nachgekommen sei. Wegen des letzteren Vorkommnisses hatte Zweigelt am 23. Juni beim Ministerium für Landwirtschaft eine Disziplinaranzeige gegen Kloss erstattet. (Aufzeichnungen HBLA). Überdies hatte sich Zweigelt offenkundig über Jahre hinweg Notizen gemacht, wenn seine Kollegen wieder einmal »durchgedreht« waren. Die Aufzeichnungen setzten mit dem 30. November 1933 ein und endeten im Jahr 1937. (Ebd.)

274 Fritz Zweigelt, Denkschrift zur Personalfrage an der Klosterneuburger Staatsanstalt, Klosterneuburg, 13. November 1938, (Aufzeichnungen HBLA), Bl. 2.

275 Ebd.

276 Gedächtnisschrift zur Wahrung des Ansehens (Aufzeichnungen HBLA)

277 Zweigelt an Ministerium (Aufzeichnungen HBLA).

278 Zweigelt, Überführung (Aufzeichnungen HBLA).

279 Heinrich Konlechner, *Die Flaschenweinbereitung*, Klosterneuburg 1932. Rezension in: *Das Weinland* 4 (1932). S. 346 (M. Arthold).

280 Siehe Zweigelts Bericht über die Beförderung Konlechners in: *Das Weinland* 8 (1936), S. 361.

281 Planckh an Bundesministerium für Land- und Forstwirtschaft, 7. Januar 1946. Konlechers Mitgliedsnummer war demnach 6.289.460. (Konlechner BMfLuF)

282 Vgl. umfassend die Personalakte AT-OeStA AdR BMfsV Präs PA Konlechner Heinrich und AT-OeStA/AdR HBbBuT BMfHuV Allg Reihe Ing Konlechner Heinrich 73180/1932 AE 521 (Ingenieurtitel).

283 Die »Gesellschaft für Geschichte des Weins« pflegt seit vielen Jahren eine mittlerweile auch im Internet verfügbare Datenbank über »Persönlichkeiten der Weinkultur«. Diese ist bis heute derartig »entnazifiziert«, dass in den Einträgen so gut wie alle Hinweise auf die Verstrickungen von Persönlichkeiten in die Aktivitäten des Nazi-Regimes fehlen. Die Lemmata Otto Kramer, Heinrich Konlechner und Fritz Zweigelt machen da keine Ausnahme. (https://www.geschichte-des-weines.de/persoenlichkeiten-der-weinkultur/persoenlichkeiten-von-a-z/330-kramer-otto-189-1991. html;https://www.geschichte-des-weines.de/persoenlichkeiten-der-weinkultur/persoenlich keiten-von-a-z/335-konlechner-heinrich-1903-1977.html; https://www.geschichte-des-weines. de/persoenlichkeiten-der-weinkultur/persoenlichkeiten-von-a-z/597-zweigelt-fritz-1888-1964. html; Abfrage 19. Juni 2022.)

284 Verwaltungsamt des Reichsbauernführers (Hg.), *Die 1. Reichstagung des Deutschen Weinbaues in Heilbronn, vom 22. bis 29. August 1937*, Berlin o.J.

285 Ebd. S. 104 – 109.

286 Nicht abgedruckt.

287 Ebd. S. 134 – 147 und *Das Weinland* 9 (1937) S. 388 – 392, 10 (1938) S. 25 – 26 und S. 52 – 54.

288 Ebd. S. 54

289 Zweigelt an Ministerium (Aufzeichnungen HBLA). In Heilbronn hatte Otto Kramer über *Winzergenossenschaften und Kellerwirtschaft* gesprochen, vgl. *Das Weinland* 10 (938), S. 15 – 17 und S. 36 – 39.

290 Zweigelt, Überführung, Bl. 85. 1945 äußerte Zweigelt im Beschuldigtenverhör am 18. Dezember: »Ich kenne Dr. Kramer seit 1920, hatte als Wissenschaftler einen guten Ruf, seine politische Einstellung war mir bekannt.« (Volksgerichtsakte Bl. 241a.) Von 1934 an war Kramer auch Mitglied des Fachbeirats des reichsdeutschen Weinbaus. Was Zweigelt überdies an Kramer schätzte, der 1932 in die NSDAP und am 1. Oktober 1934 in die SS eingetreten war, brachte er 1941 aus Anlass des 50. Geburtstags des gebürtigen Ostwestfalen öffentlich so auf den Punkt: »Wir sind stolz auf ihn, der Brücke ist zwischen den beiden größten Weinbaugebieten des Reiches, auf ihn, der als Nationalsozialist in vorderster Reihe mit kämpft für ein glückliches Großdeutschland.« Fritz Zweigelt, *Professor Dr. Otto Kramer – ein Fünfziger*, in: *Das Weinland* 13 (1941), S. 79 – 80.

291 Zweigelt an Ministerium (Aufzeichnungen HBLA).

292 Im Oktober 1938 sprach Zweigelt vom Monat Juni. (Zweigelt, Denkschrift v. 17. Oktober 1938, Aufzeichnungen HBLA).

293 Ebd.

294 Zweigelt an Wobisch, 12. Juli 1938 (Aufzeichnungen HBLA).

295 Stefl an Zweigelt, Klosterneuburg, 11. Juli 1938 (Aufzeichnungen HBLA). Gegen den Vorwurf des Alkoholismus am Arbeitsplatz verteidigte sich Kloss mit den Worten, die Anwürfe, er habe in alkoholisiertem Zustand seinen Dienst versehen, »treffen insofern nicht ganz zu, als ich soweit nicht alkoholisiert war, dass ich meinen Dienst als Laboratoriumsvorstand nicht hätte erfüllen können«.

296 Ebd.

297 Volksgerichtsakte Bl. 31.

298 So Zweigelt im Beschuldigtenverhör am 27. Oktober 1945, Volksgerichtsakte Bl. 241a.

299 Ebd. Bl. 241.

300 Ebd.

301 Zweigelt, Denkschrift, 13. November 1938 (Aufzeichnungen HBLA).

302 Maria Ulbrich, Niederschrift Verhör, 27. Juli 1945. Nach eigener Aussage trat Prohaska im Sommer 1938 der NSDAP bei. (Zeugenvernehmung Bezirksgericht Klosterneuburg vom 25. Februar 1946; Volksgerichtsakte, Bl. 275) .

303 So Zweigelt im Beschuldigtenverhör am 27. Oktober 1945, Volksgerichtsakte Bl. 241.

304 So ist auch nicht klar, ob die Beschwerden auch dem Reichsdeutschen Beamtenbund zur Kenntnis gelangten. Dass dieser von interessierter Seite ebenfalls ins Spiel gebracht wurde, steht jedoch zweifelsfrei fest. Kloss an Zweigelt, Klosterneuburg, 11. Juli 1938 (Aufzeichnungen HBLA).

305 Der SD-Führer des SS-Oberabschnitts Donau an den Staatskommissar beim Reichsstatthalter, SS Oberführer Dr. Otto Wächter, Wien, 21. Dezember (Aufzeichnungen HBLA). Wächter (1901 – 1949) war im Juli 1934 einer der Anführer des Putsches österreichischer Nationalsozialisten gewesen und anschließend nach Deutschland geflohen. Während des Zweiten Weltkrieges war er mehrere Jahre in den besetzten Gebieten im Osten aktiv und spielte als Gouverneur des Distriktes Krakau und später Lemberg eine führende Rolle bei der Vernichtung der europäischen Juden.

306 Ebd. 1947 wollte Zweigelt sogar wegen seiner Zugehörigkeit zu der Schlaraffia bis zum Jahr 1936 im Jahr 1938 vorübergehend aus der NSDAP ausgeschlossen worden sein. Davon war 1945/46 nicht die Rede gewesen. (Volksgerichtsakte Bl. 311)

307 Exakt zu datieren ist dieses Schreiben an Waechter, der am 24. Mai 1938 Staatskommissar geworden war, nicht. Ein Teil der Denunziationen knüpfte an Ereignisse im Juli 1938 an, etwa den Bezug der Direktorenwohnung in der Anstalt nach dem Tod Bretschneiders am 30. Juni. Andere müssen jedoch schon früher bekannt geworden sein, was aus einigen Schreiben hervorgeht, mit

denen sich Zweigelt im Juni 1938 gegenüber mehreren NS-Funktionären verteidigte. Die in der Personalakte (Zweigelt BMfLuF) überlieferte Abschrift ist auf den 21. Dezember 1939 datiert.

308 Zweigelt an Benesch, Klosterneuburg, 26. Juni 1938 (Aufzeichnungen HBLA).

309 Zweigelt an Benesch, Klosterneuburg, 13. Juni 1938 (Volksgerichtsakte)

310 Zweigelt an Benesch, Klosterneuburg, 26. Juni 1938 (Aufzeichnungen HBLA).

311 Ebd.

312 Ebd.

313 Zweigelt an Slupetzky, Klosterneuburg, 13. November 1938 (Aufzeichnungen HBLA). In einem anderen Text behauptete Zweigelt unter dem Datum desselben Tages: »Das ganz war eine national getarnte Aktion des Klerikalismus in der Ostmark.« (Zweigelt, Denkschrift v. 13. November 1938, S. 3., Aufzeichnungen HBLA).

314 Volksgerichtsakte, Beilage 1 (Bl. 41r).

315 Zweigelt an Benesch, Klosterneuburg, 13. Juni 1938 (Volksgerichtsakte Bl. 79v.)

316 Wie Kloss, so wurde auch Korntheuer von Zweigelt mehrfach als schwerer Alkoholiker porträtiert: »Seine Trunksucht ist weitbekannt ...« (Aufzeichnungen HBLA). Unterzeichnet wurde dieses Pamphlet außer von Zweigelt von acht anderen linientreuen Nationalsozialisten, darunter Kramer, die beiden Voborils, Moissl, Leopold Ziegler und Franziska Polhak).

317 Vgl. Fritz Zweigelt, Anzeige an das Ministerium für Landwirtschaft (Wien), Klosterneuburg, 23. Juni 1938 (Volksgerichtsakte BL 87 – 97).

318 Zweigelt an Staats-Kommissär Gross (Wien, Ministerium für Landwirtschaft), Klosterneuburg, 13. November 1938 (Aufzeichnungen HBLA).

319 Ebd.

320 An Zweigelt 14. November 1938 (Volksgerichtsakte Bl. 121).

321 Ebd.

322 Zweigelt an Staats-Kommissär Gross (Wien, Ministerium für Landwirtschaft), Klosterneuburg, 13. November 1938 (Aufzeichnungen HBLA).

323 Während des Verhörs am 27. Oktober 1945 schilderte Zweigelt ausführlich das seinerzeitige Zusammenwirken mit dem Landwirtschaftsministerium. Im Blick auf die materielle Absicherung der zu entfernenden Kollegen hieß es rückblickend: »Bei der damaligen Wirtschaftsankurbelung hatte jeder dieser Herren ein Nebengeschäft, das ihm oft mehr trug als seine Beschäftigung als Lehrer.« (Volksgerichtsakte Bl. 240.)

324 Zweigelt, Denkschrift, Klosterneuburg, 13. November 1938 (Aufzeichnungen HBLA). 1947 sollte Zweigelt behaupten: »Trotz dieser gehässigen Angiffe gegen mich, die meine damalige Lebensstellung schwer bedroht haben, habe ich mich in meinen Vorschlägen zur Personalveränderung in massvollster Weise verhalten. Politische Momente spielten dabei eine untergeordnete Rolle, wenn sie auch gleichfalls von mir erwähnt worden sind.« (Volksgerichtsakte Bl. 313v)

325 Es hieße jedoch, Zweigelts Einfluss zu überschätzen, wenn man ihm unterstellte, er habe mit all seinen Versetzungswünschen Erfolg gehabt. Die Schreibkraft Maria Klement etwa wurde trotz der Behauptungen Zweigelts, sie habe »in der Systemzeit in unerhörter Weise gegen alles Nationale gearbeitet«, im Oktober in das Reichsbeamtenschema übernommen. Die von ihm protegierte Frau Polhak hingegen, die im Oktober 1938 ein (uneheliches) Kind bekommen und »dem Staat noch einen künftigen Soldaten geschenkt hat«, wurde eine Leistungsprämie versagt. Zweigelt an Kreisleiter Slupetzky, o.D. (Aufzeichnungen HBLA).

326 Volksgerichtsakte, Bl. 259r/v. Die folgenden Zitate ebd. Falch war schon 1938 Gegenstand der als »Gedächtnisschrift« titulierten Denunziation Andersdenkender (Aufzeichnungen HBLA, S. 4 – 5).

327 Planckh, *90. Bestandsjahr*, S. 21.

328 Ebd.

329 Konlechner BMfLuF. Lebenslauf vom 18. Juni 1953.

330 Konlecher, Weg, S. 121.

331 *Sudetendeutschland ist heimgekehrt*, in: *Das Weinland* 10 (1938), S. 309, und Albert Stummer, *Das neue Weinland im Norden von Niederdonau*, in: ebd. S. 309. Die »Betreuung« des Weinbaus in Böhmen wurde 1939 wegen der Nähe zu den nordböhmischen, an der Elbe gelegenen Weinorten zwischen Melnik und Groß-Czernosek dem Weinbauwirtschaftsverband Sachsen mit Sitz in Dresden übertragen. Siehe *Das Weinland* 11 (1939), S. 79. Ein ausführlicher Bericht über den Weinbau an der böhmischen Elbe findet sich ebd. S. 2–4. Die zeitgenössische Sicht auf den böhmischen Weinbau spiegeln: *50 Jahre Leitmeritzer Ackerbau-, Obst- und Weinbauschule*, in: *Das Weinland* 7 (1935), 424–425, sowie A. Tomasevsky, *Um das Melniker Weinbaugebiet*, in: *Das Weinland* 8 (1936), S. 246–248. Rückblickend siehe Daniel Deckers, *Bald werden wir die böse Zeit ausschlafen*, in: *Fine. Das Weinmagazin*, 2021, Heft 1, S. 130–133.

332 *Das Weinland* 11 (1939), 109–112. In dem Tagungsbericht der *Neuen Wein-Zeitung* wurde Zweigelt nicht erwähnt. Vgl. *Großdeutschlands Weinbau*, in: *Neue Wein-Zeitung*, 32 (1939), S. 2. Zu Beginn des Jahres 1939 hatte in Klosterneuburg eine »erste kellerwirtschaftliche Tagung des Reichsnährstandes für die Ostmark« stattgefunden. Den Vorsitz hatte Heuckmann, es sprachen u.a. Kramer, Konlechner und Wobisch. Zweigelt wurde als »Leiter« der Schule bezeichnet und als »Meister der Organisation« gerühmt, den Bericht selbst verfasste Stummer. (*Neue Wein-Zeitung* 32 (1939), Nr. 3, 1939, S. 1–2, Zit. S. 1.)

333 *Zusammenstellung des Materials für die Müller-Thurgau-Tagung in Alzey Rheinhessen am 31. Mai 1938*, masch. Niederschrift, S. 73

334 Ebd. S. 30. Vgl. den Tagungsbericht Zweigelts, in: *Das Weinland* 10 (1938), 169–172 sowie 11 (1939), S. 4–6. Zu der Tagung und ihrer Vorgeschichte siehe Deckers, *Scheu*. Scheu veröffentlichte zwei Jahre später in Zweigelts Weinland 14 (1942), S. 97–101 den Aufsatz *Wir suchen frostfeste Reben*.

335 *Zusammenstellung*, S. 85.

336 *Das Weinland* 4 (1932), S. 151–153.

337 Ebd. S. 340.

338 *Das Weinland* 6 (1934), S. 402–404.

339 Zusammenstellung, S. 73.

340 Vgl. Léon Douarche, *Geschichte der Internationalen Weinbaukongresse seit 1900*, in: *Neue Wein-Zeitung* Nr. 32, 1939, S. 1f.

341 Siehe *Das Weinland* 11 (1939), S. 120–121 (Einladung), S. 148–150 (Programm), S. 161–162 (Zweigelt Leitartikel), S. 185 (Zweigelt Leitartikel: *Das Weinland grüßt den Kongreß!*) und – als ausführlicher, selten üppig bebilderter Kongressbericht – S. 233–235 und S. 250–252. Der Präsident des Internationalen Weinamtes (OIV) in Paris, der Franzose Édouard Barthe, hatte den Deutschen coram publico in Kreuznach bescheinigt: »Kein Land hat besser als Deutschland das Beispiel für die fruchtbringende Zusammenarbeit fleißiger Winzer mit Wissenschaftlern aus Landwirtschaft und Chemie gegeben, die nach und nach der Natur die verborgensten Geheimnisse abringen.« (*Neue Wein-Zeitung* 31 (1939), Nr. 35, S. 2.) Schon in Heft 34 war eine dreisprachige (deutsch/französisch/italienisch) Zusammenfassung von Zweigelts Vortrag in Bad Kreuznach über *Die Direktträgerfrage als internationales Problem* zu lesen (S. 2).

342 In großer Zeit, in: *Das Weinland* 11 (1939), S. 261.

343 Zweigelt BMfLuF.

344 Reichstatthalter in Wien an Zweigelt, Wien, 20. April 1940 (Aufzeichnungen HBLA). Ob Zweigelt ein Fahrzeug zur Verfügung gestellt wurde, geht aus den Akten nicht hervor.

345 Inwieweit die Bundesrebenzüchtung, die nach wie vor unter Zweigelts Leitung stand, an der Festlegung des für die Ostmark bindenden Rebsortiments beteiligt war, lässt sich auf der Basis der vorhandenen Akten nicht rekonstruieren. In Deutschland hatte der Reichsnährstand mit Wirkung zum 21. Januar 1935 erhebliche Anbaubeschränkungen verfügt, und das sowohl hinsichtlich der für den Weinbau geeigneten Flächen wie der Auswahl der Rebsorten. Vgl. *Die Regelung der Neuanlagen im Deutschen Weinbau*, in: *Das Weinblatt* 7 (1935), S. 422–423. Zum 1. November 1935 trat eine neue Regelung zur Kennzeichnung der geographischen Herkunft der in Deutschland erzeugten Weine in Kraft. Zu diesem Zweck wurden erstmals die einzelnen Weinbaugebiete durch eine Anordnung des Reichsbeauftragten für die Regelung des Absatzes von Weinbauerzeugnissen voneinander abgegrenzt. (*Das Weinland* 8 (1936), S. 157–158. Diese Vorschriften hatten weit über die Zeit des Nationalsozialismus hinaus Bestand (vgl. Otto Weingarth, *Die Standorte des deutschen Weinbaus. Eine weingeographische Übersicht*, Neustadt an der Weinstraße 1952). In der »Ostmark« legte die Landesbauernschaft Donauland im Herbst 1938 ein »vorläufiges Rebsortiment« fest. Der Zweck dieses Vorgehens bestand darin, »die Weinhauer zu veranlassen, nur jene Sorten zu veredeln, die in seinem Gebiet zugelassen werden. Es kann zwar ein Besitzer Sorten veredeln, die in seinem Gebiet zur Anpflanzung nicht zugelassen sind, wenn er sie in ein anderes Gebiet, in dem sie zum Anbau zugelassen sind, bringt.« Vgl. auch *Zur Frage der Rebsorten in der Ostmark*, in: *Das Weinland* 11 (1939), S. 142. Vorläufig zugelassen für die Ostmark wurden insgesamt 17 Weißwein- und vier Rotweinsorten. Das »Reichssortiment nach der Verkündung vom 1. April 1935« hatte indes elf Weißwein-Rebsorten und acht Rotwein-Rebsorten vorgesehen (Scheu, *Winzerbuch*, S. 151). Nach dem Stand von 1941 waren es erheblich mehr (Scheu, *Winzerbuch*, 2. Auflage 1950, S. 228–229). Interessant ist auch Scheus Hinweis, dass alle diese Rebsorten »nur im reinen Satz gepflanzt werden« dürften.

346 Zweigelt an Amtsrat Frankovski (Berlin), Klosterneuburg 11. April 1940. (Aufzeichnungen HBLA)

347 Ebd.

348 Ebd.

349 Amtsrat Frankovski an Zweigelt, 8. April 1940 (Aufzeichnungen HBLA).

350 Ebd.

351 BArch R 2/17904.

352 Ebd.

353 Ebd.

354 Zweigelt BMfLuF.

355 Ebd.

356 So jedenfalls ist es in einem Schreiben des Gaupersonalamtes Wien (Gauhauptstellenleiter F. Kamba) vom 17. April 1940 zwecks politischer Beurteilung Zweigelts an den Reichskommissar für die Wiedervereinigung zu lesen (Zweigelt BMfLuF).

357 Konlechner, Weg, S. 122.

358 Zweigelt an Gauleiter Josef Leopold (Krems a.d. Donau), Klosterneuburg 13. Juni 1940 (Aufzeichnungen HBLA).

359 Ebd.

360 *Das Weinland* 12 (1940) S. 1.

361 Ebd. S. 5. Vgl. auch Fritz Zweigelt, *Hofrat Linsbauer – ein Siebziger*, in: *Das Weinland* 11 (1939), S. 263–264 und den Nachruf aus der Feder Zweigelts in: *Das Weinland* 13 (1941), S. 2.

362 Zu Roman K. Scholz, *Klosterneuburg und dem österreichischen Widerstand* vgl. *Das Geheimnis der Erlösung als Erinnerung*, herausgegeben aus Anlass der Enthüllung einer Gedenktafel für Roman Karl Scholz und die ›Österreichische Freiheitsbewegung‹, Klosterburg o.J. Das Buch von Grete Huber-Gergasevicis, *Roman Karl Scholz*, Klosterneuburg 2010, lebt von der Identifikation der Autorin mit dem Protagonisten ihrer Darstellung, dem sie in seinen letzten Lebensjahren verbunden war.

363 Der Propst des Stiftes, Bernard Backovsky, schrieb in dem Vorwort, das Stift habe dem »Mitbruder Roman Scholz lange Zeit sehr ambivalent gegenüber gestanden«. Die Beweggründe dafür seien nicht immer ganz klar gewesen: »… sie wurden mit Romans angeblicher Mitgliedschaft bei der NSDAP genau so begründet wie damit, dass er junge Menschen in das Risiko der Widerstandstätigkeit gezogen habe«. Robert Rill, *Geschichte des Augustiner-Chorherrenstiftes Klosterneuburg 1938 – 1945*, Wien-Salzburg 1985, dokumentiert weniger die Ambivalenz als die Ablehnung dieses Mannes im Chorherrenstift.

364 Eine auf den 25. September 1945 datierte Abschrift hat sich im Dokumentationsarchiv des österreichischen Widerstandes (DÖW), Wien, zusammen mit anderen Aktenstücken rund um die Causa Roman K. Scholz erhalten.

365 Ebd.

366 Es handelt sich wohl um den 1938 als »politischen Leiter« vorgestellten SD-Mann. Heinrich Konlechner nahm, da noch nicht Mitglied des Lehrkörpers, an besagter Konferenz nicht teil.

367 DÖW.

368 Ebd.

369 Ebd.

370 Ebd.

371 Ebd.

372 Ebd.

373 Ebd.

374 Ebd.

375 Ebd.

376 Volksgerichtsakte Bl. 37v.

377 Einer verlässlichen mündlichen Überlieferung nach wurde im Jahr 1962 die geplante Ernennung von Zweigelts langjährigem Weggefährten Heinrich Konlechner zum Direktor der HLBA durch das Chorherrenstift nicht nur begrüßt, sondern gefördert. Konlechner hatte sich zwischen 1942 und 1945 derart gründlich um die damals beschlagnahmten und der Lehranstalt übereigneten Weinberge und Obstgärten des Stiftes gekümmert, dass sie nach dem Ende der nationalsozialistischen Herrschaft in wesentlich besserem Zustand waren als zuvor. Dies betraf nicht zuletzt die ausgedehnten Trockenmauern, die Konlechner mit Hilfe von Kriegsgefangenen instandsetzen ließ.

378 »Wenngleich von einer offiziellen Feier im Hinblick auf die gewaltige Entwicklung und die geschichtlich einmaligen Ereignisse der Gegenwart Abstand genommen wird …« *Das Weinland* 12 (1940), S. 145.

379 *Wein-Obst-Gartenbau Klosterburg*, o.J. (1939).

380 Ebd. S. 1.

381 BArch R 2/17094.

382 Zweigelt verfasste seine Darlegungen unter dem Datum des 23. Dezember, die in den Akten des Reichsfinanzministeriums erhaltene Abschrift trägt das handschriftliche Datum 27. Juli 1941 (BArch R 2/18148).

383 Fritz Zweigelt, *Zum neuen Jahre*, in: *Das Weinland* 13 (1941), S. 1.

166 | Anmerkungen

384 Ebd. S. 57. Im Juni-Heft stand der von Rudolf Reiter (Landesbauernschaft Südmark) verfasste Hauptartikel unter der Überschrift *Untersteirisches Rebenland* (S. 69 – 71), im Oktober-Heft erschien eine von Zweigelt verfasste Eloge auf die 1872 gegründete Wein- und Obstbauschule in Marburg/Drau, ebd. S. 124 – 125. Siehe auch M. Arthold, *Weinbaugebiete*, sowie Rudolf Brozek, *Wo die Traube reift. Niederdonau, der Weingau des Großdeutschen Reiches*, St. Pölten/Wien o.J.

385 *Das Weinland* 14 (1942), S. 24. Vgl. auch Gauleiter Dr. Hugo Jury, *Weinbauern halten Grenzwacht*, in: *Neue Wein-Zeitung* Nr. 32 (1939), Nr. 34, S. 6.

386 Ebd., S. 25 – 26, Zit. S. 25. Vgl. auch A. Chalupa, *Schulungslehrgang für Weingärtner in der Slowakei*, in: *Das Weinland* 14 (1942), S. 53 – 54, und ders., *Das Preßburger Weinanbaugebiet in der Slowakei*, in: ebd., S. 69 – 71.

387 Ebd. *Umschau* (vor Seite 133).

388 *Freie Arbeitsgemeinschaft für Weinbau und Kellerwirtschaft der Weinbauschulen der Ostmark*, in: *Das Weinland* 13 (1941), S. 89 – 90. Siehe auch Fritz Zweigelt, *Die Arbeitsgemeinschaft der Weinbauschulen in Donauland und Südmark*, in: *Das Weinland* 14 (1942), 121 – 124. Schon 1939 hatte der von Zweigelt nach Klosterneuburg abgeworbene Otto Kramer auf einer I. Arbeitsgemeinschaft Kellerwirtschaft der Ostmark referiert, die vom 3. bis zum 5. Januar in Klosterneuburg stattfand. Vgl. *Das Weinland* 11 (1939), S. 25 – 27 (Kramer), S. 32 – 33 (Stummer), S. 66 – 67 und S. 94 – 97 (Kramer). Heinrich Konlechner nahm wenige Monate später an der 3. Tagung der Reichsarbeitsgemeinschaft für Kellerwirtschaft des Reichsnährstandes in Offenburg teil, vgl. *Das Weinland* 11 (1939), S. 99 – 102. Sein Resümee: »Uns Ostmärkern aber, die wir bisher noch nicht mitarbeiten durften, die wir das erste Mal am Beratungstische mit unseren Kameraden des Altreiches saßen, uns war es mehr als eine fachliche Aussprache, uns war die Tagung ein großes Erlebnis, das in uns die Vereinigung der Ostmark mit dem Reiche so recht wahr werden ließ.« (Ebd. S. 102). Konlechners Vortrag wurde im *Weinland* 11 (1939) abgedruckt auf den Seiten 131 – 133, 223 – 224 und 242 – 244.

389 *Das Weinland* 14 (1942), S. 121 – 124.

390 Zweigelt BMfLuF.

391 Ebd.

392 Volksgerichtsakte Bl. 37r.

393 Zweigelt hatte Kweta schon 1938 auf seine Seite gezogen, als er versuchte, Klosterneuburg zu »säubern« (Aufzeichnungen HBLA).

394 Volksgerichtsakte Bl. 37v.

395 Otto Kramer, Lebenslauf, 1. Dezember 1946 (Staatsarchiv Ludwigsburg StAL EL 902 -11 BA 4829 Bl. 4).

396 Volksgerichtsakte Bl. 241a.

397 *Das Weinland* 5 (1933), S. 81 – 84.

398 *Das Weinland* 13 (1941), S. 80.

399 *Das Weinland* 14 (1942), S. 41.

400 Im Beschuldigtenverhör am 27. Oktober 1945 sollte Zweigelt behaupten, Franz Voboril habe versucht, ihm »eine Illegalität zu konstruieren, und zwar mit Hilfe des Zeitungskolporteurs und meiner alten Mitgliednummer, die er irgendwo gefunden hatte … Der Personalreferent der Klosterneuburger Ortsgruppe Nord Frischauf erwähnte mir gegenüber auch, dass ich berechtigt sei, mich illegal zu nennen und das alte Eintrittsdatum zu führen.« (Bl. 243) Am 28. Juni 1938 hingegen hatte sich Zweigelt gegenüber Gaubauernführer Benesch beklagt, er sei »einzige Beamte des Hauses (gewesen), der illegal Parteigenosse gewesen und geblieben war« und nunmehr »auf die Anklagebank« gesetzt werde (Aufzeichnungen HBLA). In seiner Verteidigungsschrift

im Rahmen des Volksgerichtsprozesses behauptete Zweigelt sogar, wegen der Unterstützung Voborils, der sich seiner »angenommen« hätte, habe er nicht an der Weinbauschule bleiben können. Seine Kontakte mit Nazi-Größen wie Benesch, Kewta und anderen erwähnte er nicht. Voboril konnte sich gegen diese Zuschreibungen nicht mehr wehren. Er war 1942 im Alter von 42 Jahren einer Lungenkrankheit erlegen. Vgl. den Nachruf Zweigelts in: *Das Weinland* 14 (1942), S. 87.

401 Ebd. Im Februar 1940 hatte Zweigelt in einem maschinenschriftlichen Text über die Versuchs- und Forschungsanstalt aus Anlass ihres achtzigjährigen Bestehens festgehalten: »Die Anstalt in Klosterneuburg steht auf einsamem Posten, in ihr sind heute ausgezeichnete nationalsozialistisch gerichtete und fachlich einwandfreie Männer tätig, von denen eine ganze Reihe in der Systemzeit Strafen erlitten hatte, oder sonst schwer verfolgt worden war. Die politische Reinigung muss eine restlose werden. Sie ist die Grundlage dafür, dass die Anstalt ihrer hohen Mission vor allem auch als Träger deutscher Kultur und Wissenschaft nach dem Südostraum gerecht werden kann.« (Volksgerichtsakte Bl. 43 – 47, Zit. Bl. 47).

402 *Das Weinland* 14 (1942), S. 41.

403 Schirach an Zweigelt, Wien 28. Februar 1942 (Aufzeichnungen HBLA).

404 Ebd.

405 Zweigelt machte ihn in seinem Nachruf als denjenigen öffentlich, der 1933 in Klosterneuburg als sein Assistent jene nationalsozialistische Betriebszelle ins Leben gerufen hatte, der auch er sich damals unter klandestinen Umständen angeschlossen hatte. Vgl. *Das Weinland* 14 (1942), S. 87.

406 In späteren Schreiben ist nur noch von 30 ha die Rede.

407 Treibende Kraft hierbei war der Reichsstatthalter in Wien, der sich – mutmaßlich im Einvernehmen mit Zweigelt – mit Schreiben vom 18. Juni 1941 beim RMEL für die Versuchs- und Forschungsanstalt verwendet hatte. Die offizielle Zustimmung durch das zuständige Reichsfinanzministerium erfolgte »nur« ein Jahr später, unter dem Datum des 1. August 1942. (BArch R 2/18148). Die treuhänderische Verwaltung wurde Heinrich Konlechner übertragen, der dafür aus Reichsmitteln eine Sondervergütung erhalten sollte. Diese wurde jedoch nie gezahlt, was bis 1944 zu einem regen Schriftwechsel zwischen diversen Behörden in Österreich und Berlin sowie innerhalb Berlins führte. (Vgl. ebd. sowie Zweigelt BMfLuF)

408 *Das Weinland* 14 (1942), S. 71 – 72, Zit. S. 72. Anfang 1943 starb im *Weinland* der wissenschaftliche Assistent am Institut für Pflanzenkrankheiten in Geisenheim, H. Daxer, den »Heldentod« (S. 25).

409 Vermerk Kramer, 6. Mai 1940 (Aufzeichnungen HBLA).

410 So jedenfalls war es in einem Schreiben des Gaupersonalamtes Wien (Gauhauptstellenleiter F. Kamba) zwecks politischer Beurteilung Zweigelts an den Reichskommissar für die Wiedervereinigung unter dem Datum des 17. April 1940 zu lesen (Zweigelt BMfLuF).

411 Richter, *Zweigelt – ein Siebziger*, S. 13.

412 1963 erinnerte Zweigelt sich in seiner Dankesrede aus Anlass der Verleihung der Karl-Escherich-Medaille daran, dass er an der Universität Wien hatte habilitieren wollen, dies aber durch den vorzeitigen Tod des Botanikers Richard Wettstein (1863 – 1931) verhindert worden sei. Er habe dem Verstorbenen daraufhin sein Gallenlaus-Buch gewidmet (*Von den Höhepunkten*, S. 20). 1943 hieß es dann: »In Auswirkung seiner Habilitation an der Hochschule für Bodenkultur ist der Gefertigte vom Rektor eingeladen worden, im Sommersemester ein 2 stündiges Kolleg über Pathologie der Forstpflanzen zu lesen. Mit Rücksicht darauf, dass es eine Pflichtvorlesung ist, und die Giltigkeit (sic) des Semesters für die betreffenden Hörer auch vom Hören dieser Vorlesung abhängig ist, hat der Gefertigte zugesagt und bittet um nachträgliche Genehmigung.« (Zweigelt an Reichsstatthalter Wien, 14. Mai 1943, Zweigelt BMfLuF). Die Genehmigung wurde mit Schrei-

ben vom 19. Juni 1943 erteilt. Die BOKU war schon lange vor der Annexion Österreichs die am stärksten deutschnational ausgerichtete Hochschule und ein Vorreiter des Antisemitismus im akademischen Raum. Vgl. Paulus Ebner, *Drei Säuberungswellen. Die Hochschule für Bodenkultur 1934, 1938, 1945*, in: Koll, *Säuberungen*, S. 267 – 281. In der Liste der Personen, die sich an der Hochschule für Bodenkultur habilitiert haben, findet sich der Name Fritz Zweigelt nicht (mehr?). (Vgl. *100 Jahre Hochschule für Bodenkultur in Wien, 1872 – 1972, 1. Band Hundertjahrbericht*, Wien 1972, S. 104).

413 Zweigelt an Schulze, Klosterneuburg 16. Januar 1942 (Aufzeichnungen HBLA).

414 Eingestellt werden sollte nicht nur Zweigelts *Weinland*, sondern auch die im selben »Agrarverlag« erscheinende *Neue Wein-Zeitung*.

415 Beide waren etwa auf dem 38. Weinbaukongress 1932 in Bad Dürkheim zugegen. Vgl. *Das Weinland* 4 (1932), S. 293 – 294.

416 Zweigelt an Schuster (Berlin), 24. Februar 1943, S. 2 (Aufzeichnungen HBLA).

417 Schulze an Zweigelt, 22. Februar 1943 (Ebd.).

418 *Das Weinland* 15 (1943), S. 31 – 32. Die letzte kleine Meldung war ebenfalls mit »Z.« gezeichnet – ein Hinweis auf den Landwirtschaftlichen Kalender für das Jahr 1943 für die Deutschen in der Slowakei (mit einem Artikel von Zweigelt über Weinbau) (Ebd. S. 42).

419 Zweigelt an Schulze (Berlin), 6. März 1943 (Aufzeichnungen HBLA). »In dieser Situation drängt sich mir die Vermutung auf, dass doch Kräfte am Werk sind, die aus ihrer Einstellung zum Weinland heraus, die Gelegenheit benutzt haben, einen lästigen, vor allem durch seine Qualität lästigen Faktor, auf kurzem Wege loszuwerden (S. 4.).

420 In dieser Zeitschrift – ausweislich des Untertitels *Internationales Fachblatt für Weinhandel, Weinbau und Kellerwirtschaft. Zentralorgan für die mitteleuropäischen Staaten* – hatte Wilhelm Heuckmann noch zu Jahresbeginn *Gedanken um den deutschen Wein* verbreitet (S. 1 – 2), ehe im März eine großangelegte *Stillegungsaktion im Weinhandel* angekündigt wurde. (S. 67).

421 Dünges an Zweigelt, Mainz, 9. März 1943 (Aufzeichnungen HBLA).

422 Zweigelt an Dünges (Mainz), Klosterneuburg 25. Juni 1943. (Aufzeichnungen HBLA). Zweigelt waren seitens des Reichsnährstands ungefragt ein regelmäßiges Honorar in Höhe von 100 RM zunächst für seine Mitarbeit an dem Deutschen Weinbau, dann »für weitere schriftleiterische Planungsarbeiten« angedient worden, was ihn zutiefst empörte: »… Almosen nimmt ein Zweigelt ebenso wenig wie sich durch eine solche Geldüberweisung nimmermehr in der Selbstständigkeit des Handels und Denkens beschneiden lässt.« (Ebd.)

423 Volksgerichtsakte Bl. 171 – 195.

424 Ebd. Bl. 131 – 145.

425 Ebd. Bl. 147 – 169.

426 Ebd. Bl. 179.

427 Ebd. Bl. 175.

428 Ebd. Bl. 177.

429 Ebd. Bl. 187.

430 Ebd. Bl. 189.

431 Im Juni 1944 kam es indes zu einem Dienststrafverfahren gegen Zweigelt. Der Direktor habe, so hieß es, gegen einen vorgesetzten Beamten ungerechtfertigt Beschuldigungen bei Dienststellen der Partei erhoben, aus vertraulichen Gesprächen unbefugt Mitteilungen gemacht und die Pflicht zur Einhaltung des Dienstweges gröblich verletzt. Der »Verweis«, der ausweislich eines umfangreichen Protokolls ausgesprochen wurde, scheint keine Konsequenzen nach sich gezogen zu haben (Aufzeichnungen HBLA).

432 Oliver Rathkolb sei für den Hinweis auf diesen Artikel herzlich gedankt.

433 Zweigelt an Buchinger (Wien), Klosterneuburg 7. Juni 1945 (Zweigelt BMfLuF). Planckh (90. Bestandsjahr, S. 11) schilderte die Sachlage etwas anders. Der »schon vorher nur unregelmäßige Unterrichtsbetrieb« sei ab März gänzlich eingestellt worden. Dort auch eine Schilderung der Zustände in der Anstalt nach dem Zusammenbruch des »nazistischen Regimes«.

434 Vernehmung/Niederschrift, Polizeidirektion Wien/Staatspolizei Gruppe XXVI, 6. Juli 1945 (Volksgerichtsakte Bl. 22.). Allgemein: Dieter Stiefel, Entnazifierung in Österreich, Wien 1981.

435 Polizeidirektion Wien/Staatspolizei Gruppe XXVI, 30. Juni 1945 (Volksgerichtsakte Bl. 15).

436 Zum Folgenden vgl. Vernehmung/Niederschrift, Polizeidirektion Wien/Staatspolizei Gruppe XXVI, 6. Juli 1945 (Volksgerichtsakte Bl. 21 – 22).

437 Wie das Klosterneuburger Bezirksgericht am 20. Februar 1946 per Einschreiben von Direktor Emil Planckh erfuhr, wurde die Mitgliedsnummer 1.611.378 im Wiener Landwirtschaftsministerium aufgefunden. Der Eintritt in die NSDAP datiert vom April 1933. (Volksgerichtsakte Bl. 263)

438 Ebd. Bl. 22.

439 Zum Folgenden siehe Erklärung Dr. Heinrich Weil, 27. Juni 1945 (Volksgerichtsakte Bl. 217).

440 Ebd., Bl. 279 – 280.

441 Ebd., Bl. 231.

442 Ebd., Bl. 223.

443 Ebd., Bl. 219.

444 »… kann ich feststellen, dass Dr. Zweigelt es war, der allen Bemühungen des Reiches szt. den Weinbau hier gleichzuschalten, mit Erfolg entgegentrat und sich seine Ideen und wissenschaftl. Leistungen über die Grenzen des Landes durchsetzten« (ebd.); »Ganz besonders hat er sich als Schriftleiter des »Weinlandes«, einer rein österreichischen Zeitschrift, für die Interessen des Österreichischen Weinbaues eingesetzt und die Belange dieses Landes gegenüber den Bestrebungen des Altreiches die Erfolge seine Anstalt herabzuwürdigen, energisch verteidigt«. (Maitinger, ebd., Bl. 225v).

445 Zweigelt BMfLuF.

446 Vgl. Planckh, 90. Bestandsjahr, S. 10 – 19 über die Wiedereröffnung der Anstalt. Glaubt man seiner Darstellung, dann hatte Buchinger in den 1920er Jahren verhindert, dass die HBLA aufgelöst wurde (ebd. S. 9). Nach Bernhard Herrman/Robert Streibel, Der Wein des Vergessens, Salzburg-Wien 2018 war Buchinger eine der Schlüsselfiguren bei der gescheiterten Rückabwicklung der Arisierung des Weingutes von Paul Josef Robitschek in Krems. Dort auch Näheres zu seiner Biographie.

447 Volksgerichtsakte Bl. 23.

448 Im Beschuldigtenverhör am 27. Oktober 1945 behauptete Zweigelt, die Entlassung Wackers sei von Konlechner betrieben worden (Ebd. Bl. 241a).

449 Ebd. Bl. 29.

450 Ebd. Bl. 27f.

451 Ebd. Bl. 31f.

452 Ebd. Bl. 35f.

453 Ebd. Bl. 33f.

454 Maria Ulbrich war seit 1926 an der Anstalt, war von 1938 bis 1945 Assistentin Konlechners und sollte ihr noch 1960 als Vorstand des Hefereinzuchtlaboratoriums angehören. Vgl. 100 Jahre HLBA, S. 47. Planck schrieb 1950 (90. Bestandsjahr, S. 10), Frau Dipl.-Ing. Ulbrich habe sich nach dem Zusammenbruch 1945 als Erste wieder »zum Dienst« gemeldet.

455 Eine Abschrift hat sich in der Volksgerichtsakte Bl. 7 – 11 erhalten.

456 Volksgerichtsakte.

457 Ebd.

458 Es dürfte sich um jenes Konvolut an Texten handeln, welches sich auf welche Weise auch immer im Keller der HBLA erhalten hat.

459 Ebd.

460 Ebd. In einem weiteren Bericht des Polizeikommissariats Klosterneuburg hieß es am 5. Januar 1946:»Im Allgemeinen war bekannt, daß Z. unbedingt Direktor der Anstalt werden wollte u. er sozusagen über Leichen ging um dieses Ziel zu erreichen.« (Volkgerichtsakte). Außerdem sei er in der Dienststelle als»Besitzer der Ostmarkmedaille« verzeichnet. Die Zahl der auf Veranlassung Zweigelts»gemaßregelten« Angehörigen der Weinbauschule wurde nun mit zwölf angegeben.

461 Volksgerichtsakte Bl. 233.

462 Bericht der Staatsanwaltschaft Wien an die Oberstaatsanwaltschaft Wien vom 27. Oktober 1945. Das Staatsamt für Justiz, dem der Bericht mit Eingangsstempel vom 15. November vorlegt wurde, hatte keine Einwände. (Gnadenakt, keine Blattzählung)

463 Ebd.

464 Volksgerichtsakte, Beilage 1 (Bl. 41). In dem»Personal-Fragebogen zum Antragsschein auf Aus-stellung einer vorläufigen Mitgliedskarte und zur Feststellung der Mitgliedschaft im Lande Ös-terreich« (Zweigelt BMfLuF) vom 3. Juni 1938 finden sich keine Angaben darüber, dass Zweigelt jemals aus der Partei ausgetreten sei oder ausgeschlossen wurde. Allerdings gibt es auch keine positiven Angaben darüber, inwieweit Zweigelt sich außer durch Zahlung von Mitgliedsbeiträgen für die NSDAP und der Mitgliedschaft in PO und N.S.B.O. hervorgetan haben könnte. Zweigelt gab nur an, dass er»zwangsweise« der Vaterländischen Front angehört habe. Die Mitgliedschaft in einer Freimaurerloge, einer logenähnlichen Vereinigung oder einem sonstigen Geheimbund verneinte er – die»Schlaraffia« gehörte für ihn nicht dazu.

465 Gnadenakt.

466 Ebd.

467 Rechtsanwalt Dr. Ferdinand Schmölzer an Oberlandesgericht (Volksgerichtsakte Bl. 247 – 249).

468 Volksgerichtsakte Bl. 233. Es haben sich keine Hinweise darauf erhalten, dass Zweigelt jemals wieder die Räumlichkeiten der Anstalt betreten hätte. Von den zahlreichen Gedichten, die sich aus den Jahren 1945 bis 1954 erhalten haben, trägt jedenfalls nicht eines die Ortsmarke Kloster-neuburg.

469 Prüfer war schon im August 1945 federführend an dem ersten großen Wiener Kriegsverbrecher-prozess, dem 1. Engerau-Prozess, beteiligt. Vgl. Claudia Kuretsidis-Haider, »*Das Volk sitzt zu Gericht«. Österreichische Justiz und NS-Verbrechen am Beispiel der Engerau-Prozesse 1945 – 1954*, Innsbruck 2006. Dort auch genaue Erläuterungen hinsichtlich der rechtlichen Grundlagen der Ahndung von NS-Verbrechen in Österreich.

470 Dr. Eugen Prüfer, Leitender Erster Staatsanwalt, Staatsanwaltschaft Wien, an Oberstaatsanwalt-schaft Wien, 5. September 1946. (ÖStA/AdR, BMJ, Sektion IV, Signatur VI-d, Zl. 31.212/1949).

471 Volksgerichtsakte Bl. 300.

472 Schreiben an Zweigelt vom 25. Juni 1946 (Zweigelt BMfLuF).

473 Bescheinigung vom 18. Februar 1948 (Ebd.).

474 Im Text »Min.Rat. Voboril« genannt.

475 Einlagebogen zu JMZl.: 36.112/48, S. 6. (Gnadenakt)

476 Ebd.

477 Bezirksgericht Klosterneuburg, Zeugenvernehmung am 27. Februar 1946 (Volksgerichtsakte Bl. 265).

478 1945 listete Zweigelt Frau Stouy unter denjenigen Fachleuten auf, »die mir für die Lehranstalt unentbehrlich erschienen« und die er deswegen »trotz anderer politischer Einstellung gehalten und
diese auch nach oben gedeckt« habe. In diesem Zusammenhang fielen noch die Namen Garten-
architekt Berger, Rodaun und Oekonomierat Baumgartner. (Beschuldigtenverhör am 27. Oktober
1945, Volksgerichtsakte, Bl. 243.)

479 Zweigelt selbst hatte sich im Beschuldigtenverhör am 18. Dezember 1945 so verteidigt: »Ich habe
damals aus meinem heiligen Glauben heraus gesprochen. Ich habe vielfach frei gesprochen, wenn
ich es auch so aufgesetzt hatte, so muss ich als gewandter Redner die Rede noch lange nicht so
gehalten haben. Ich erhielt auch Anweisung vom Ministerium für Unterricht (Reichsstatthalterei
Abt. II). hinsichtlich der Gestaltung der nat. soz. Feiern (…) Mein Bestreben war es die Jugend
einem Ideal zuzuführen, hätte ich damals durchschaut, wie hohl das Ganze ist, dann hätte ich
mich nie dazu hergegeben.« (Volksgerichtsakte Bl. 243)

480 Einlagebogen zu JMZl.: 36.112/48, S. 6. (Gnadenakt)

481 Volksgerichtsakte Bl. 315v.

482 Édouard Barthe, *Von der Weltweinproduktion*, in: *Das Weinland* 11 (1939), S. 226. Barthe, Jahrgang 1882, starb, noch immer Präsident des OIV, im Jahr 1949. Vgl. *In memoriam Edouard
Barthe*, in: *Österreichische Weinzeitung* 4 (1949), S. 290.

483 *Das Weinland* 14 (1942), April, *Umschau* (vor Seite 1).

484 Volksgerichtsakte Bl. 179.

485 Volksgerichtsakte Bl. 225.

486 Ebd., Bl. 9.

487 Ebd., Bl. 319, 340–347.

488 Erklärung vom 22. Oktober 1947, ebd., Bl. 323–331.

489 Steiermärkische Landesregierung, Landesrat Hollersbacher, Bestätigung vom 24. Oktober 1947
(Volksgerichtsakte Bl. 333–335).

490 Volksgerichtsakte Bl. 337–340. Zweigelt bedankte sich für die Unterstützung in Form eines Gedichts, das er 1949 dem steiermärkischen Landes-Obst und Weinbau-Verein aus Anlass des 60.
Gründungstages widmete. Zu den Unterzeichnern gehörte auch Hofrat Rudolf Reisch, ein Klosterneuburger. Reisch war einer der Begründer der Weinkontrolle in Österreich und von 1909
bis 1936 Bundes-Kellereiinspektor. Zweigelt hatte Reisch, der »treuen deutschen Seele«, 1936 aus
Anlass der Versetzung in den Ruhestand einen rühmenden Beitrag gewidmet. Vgl. *Das Weinland*
8 (1936), S. 360.

491 Gnadenakt.

492 Aktennotiz BMJ vom 11. Juni 1948 (ebd.). Zweigelt hatte den Namen Berinatz während seiner
Beschuldigtenvernehmung am 27. Oktober 1945 dahingehend erwähnt, dass sie bezeugen könne,
»wie sehr zerfahren mein damaliger Zustand war« – gemeint waren die Reden zum 18. März vor
der Schülerschaft.

493 Ebd.

494 Ebd.

495 Volksgerichtsakte Bl. xx.

496 Ebd.

497 Gnadenakt.

498 Zweigelt an Bundesministerium für Land- und Forstwirtschaft, 1. September 1948 (Volksgerichtsakte).

499 Unter anderem die Babo-Medaille, die höchste Auszeichnung des Hauptverbandes der Weinbautreibenden Österreichs. Vgl. den einschlägigen Bericht in: *Das Weinland* 9 (1937), S. 192f.

500 Zweigelt an Bundesministerium für Land- und Forstwirtschaft, 1. September 1948 (Volksgerichtsakte).

501 Ebd.

502 Vgl. OeStA ZBA 64-2.572, 12.990-B-1950.

1948 – 1964: Zweigelts Treue

503 Planckh, *90. Bestandsjahr*.

504 *Allgemeine Wein-Zeitung* 41 (1924), S. 1.

505 Planckh, *90. Bestandsjahr*, S. 10. Planckh war bald nach dem Einmarsch der Roten Armee am 19. April 1945 von der Gemeindeverwaltung Klosterneuburg und am 27. April auch von der österreichischen Regierung provisorisch mit der Leitung der HBLA betraut worden.

506 Ebd., S. 9.

507 Ebd.

508 »Seit dem April 1945 bin ich wieder in der Anstalt.« Zeugenvernehmung Bezirksgericht Klosterneuburg vom 18. Februar 1946, Volksgerichtsakte Bl. 289.

509 Siehe *Österreichische Weinzeitung* 3 (1948), S. 216 und S. 218. In dem Nachruf hieß es: »Als aufrechter, charaktervoller österreichischer Beamter lehnte er den Nationalsozialismus ab, was zur Folge hatte, daß Professsor Kloss im Juli 1938 vom Dienst suspendiert wurde, später mit Wartegebühr beurlaubt und schließlich pensioniert wurde. Mit dem Zusammenbruch Deutschlands und der Befreiung Österreichs vom Joche der Fremdherrschaft wurde Kloss am 1. Mai 1945 wieder in seine alten Stellen als Professor und Laboratoriumsvorstand eingesetzt.« (Zit. S. 218).

510 Planckh, *90. Bestandsjahr*, S. 11. Zu Stefls »Fünfzigstem« im Dienst des österreichischen Weinbaus erschien in der *Österreichischen Weinzeitung* 1 (1946), S. 4 u. 20 eine ausgiebige Würdigung aus der Feder von Johann Bauer. Über sein Schicksal in den Jahren 1938 bis 1945 war zu lesen, er habe in der »Zeit seines Exils vom Lehrstuhl« die Kellereibetriebe der Weingroßhandlung Kutschera & Söhne in Wien-Nußdorf geleitet. »Als nun im Frühjahr 1945 Österreichs Befreiungsstunde schlug, da hatte Regierungsrat Stefl die Altersgrenze für die Lehrtätigkeit an Mittelschulen überschritten und hätte nun im Kreise seiner Familie sich von seiner jahrzehntelangen Tätigkeit ausruhen können. Wieder zog es ihn zur Praxis und am 1. Juli 1945 nahm er unter den schwierigsten Verhältnissen als öffentlicher Verwalter das Schicksal des Landeskellers in seine Hand.« (S. 20)

511 Planckh, *90. Bestandsjahr*, S. 11.

512 Vgl. die einschlägige Akte im Staatsarchiv Ludwigsburg EL 901-11.

513 Ebd. Bl. 112.

514 Ebd. Bl. 107. Kramer starb 1991, wenige Wochen vor seinem hundertsten Geburtstag. In seinem Biogramm in der Personendatenbank der deutschen »Gesellschaft für Geschichte des Weins« wird seine Nazi-Vergangenheit wie üblich mit Schweigen übergangen.

515 Personalakte Konlechner AT-OeStA AdR HBbBuT BMfHuV Allg Reihe Ing Konlechner Heinrich 73180/1932 AE 521.

516 Konlechner an Reichsstatthalter Wien, 21. Januar 1942 (ebd.).

517 Konlechner BMfLuF. Konlechners Dissertation trug den Titel »Über die Erziehung der Rebe, ihre Abhängigkeit vom Klima und ihre Beziehung zu Traubenertrag und Weinqualität.« Ausweislich des Titelblatts der Arbeit, die dem Verfasser im Original vorliegt, wurde das Rigorosum am 21. März 1945 abgelegt.

518 Schreiben an das Bundesministerium für Land- und Forstwirtschaft, Wien, 18. Juni 1953, Curriculum vitae Bl. 3. (Konlechner BMfLuF).

519 Einlegeblatt zu Zl. 2828-Pr./53 v. 15. Februar 1954 (ebd.). Auch Konlechner stilisierte sich rückblickend zu einem Idealisten: »Meine Entlassung vom Dienste und die im Sommer 1951 erfolgte Pensionierung bedeuten für mich nicht alleine eine Strafmassnahme materieller Natur, sondern vielmehr noch treffen sie mich in meiner gewiss idealistisch zu nennenden Einstellung zu meinen Lebensaufgaben.« Konlechner an Bundesministerium für Land- und Forstwirtschaft, 18. Juni 1953 (ebd.) Offiziell galt Konlechner als Minderbelasteter im Sinn von § 17 Absatz 3 VG 1947.

520 Stellungnahme Sektion II BMfLuF (Konlechner BMfLuF)

521 Ebd. In dem Schreiben an das Bundesministerium für Land- und Forstwirtschaft von 18. Juni 1953 hatte es bereits geheißen, die »personellen Veränderungen« in Klosterneuburg seien der Anlass, »meine persönlich vorgebrachte Bitte um Wiedereinstellung zu wiederholen«.

522 Weiss, Festschrift, S. 117.

523 NSDAP Ortsgruppe Klosterneuburg an Kreispersonalamt Wien, 28. August 1940. In diesem Schreiben wurde Steingruber 1935 »auf Grund seiner politischen Einstellung zum Leiter der landwirtschaftlichen Schule in Retz« bestellt. Nach dem Briefwechsel Zweigelts aus dem Frühjahr 1938 mit Fürst/Mischkonnig konnte es sich nur um die Schule in Rust handeln (Aufzeichnungen HBLA). So auch Planckh, 90. Bestandsjahr, S. 20. Nach dessen Darstellung endete Steingrubers Arbeitsverhältnis dort am 30. Juni 1938.

524 »... befürwortet Obengenannten nicht.« Steingruber blieb Vertragsangestellter der Heeresverwaltung. (Ebd.)

525 Berichte der Abteilungen. Weinbau und Kellerwirtschaft. Berichterstatter Dipl.-Ing. Paul Steingruber, in: Planckh, 90. Bestandsjahr, S. 45 – 49.

526 Konlechner war schon 1954 und zur Entlastung Steingrubers als »rechtkräftig minderbelastet« reaktiviert worden. (Konlechner BMfLuF)

527 Konlechner, Weg, S. 121.

528 Österreichische Weinzeitung 13 (1958), H.1, S. 5. (Stummer und Wobisch) und H. 2., S. 11 (Lenz Moser).

529 Heinrich Konlechner, Prof. Dr. Fritz Zweigelt – 75 Jahre, in: Österreichische Weinzeitung 18 (1963), S. 5.

530 Zweigelt am 25. August 1947. Zweigelt hatte zeitlebens die Bindung an »meine steierische Heimat« herausgestellt. Vgl. Das Weinland 11 (1939), S. 61. In Graz wohnten die Zweigelts zunächst unter der Adresse Kastellfeldgasse 28, später Steyrergasse 72/II. Zweigelt bedankte sich für die Unterstützung in Form eines Gedichts, das er 1949 dem steiermärkischen Landes-Obst und Weinbau-Verein aus Anlass des 60. Gründungstages widmete.

531 Personalakte BMfLuF.

532 Landes-Obst-und Weinbauverein für die Steiermark, Bescheinigung vom 12. Januar 1950. Personalakte BMfLuF.

533 Konlechner, Weg, S. 120. Zweigelt war demnach auch einige Jahre Lehrkraft an der gärtnerischen Fortbildungsschule in Graz.

534 In der Deutschen Nationalbibliothek hat sich am Standort Leipzig ein Exemplar des Pflanzenschutzkalenders jenes Jahres erhalten. Desgleichen finden sich dort zahlreiche Sonderdrucke von Zweigelts Publikationen aus den zwanziger und dreißiger Jahren. Viele tragen den Stempel »Vom Verfasser überreicht«. Allerdings konnte nicht ermittelt werden, welche Werke zu

DDR-Zeiten in den Besitz der damaligen »Deutschen Bücherei« kamen und welche womöglich schon früher.

535 Zweigelt sprach schon 1933 von Lenz Moser, einem Absolventen Klosterneuburgs des Jahrgangs 1923 und mittlerweile Besitzer einer Rebschule in Rohrendorf, als einem »bekannten Pionier«. Vgl. *Das Weinland* 5 (1933), S. 123. In den folgenden Jahren publizierte Moser immer wieder Aufsätze, in denen er verschiedenste Ergebnisse seiner praktischen Forschungen und Beobachtungen in seiner Rebschule einer breiten Öffentlichkeit zugänglich machte. Vgl. nur *Mit Flugzeugpropeller gegen Maifröste* und *Neue Erfahrungen bei den Rebenveredelungen*, in: *Das Weinland* 8 (1934), S. 116 – 118 und S. 373 – 376, oder auch Chlorose und ähnliche Erscheinungen, in: *Das Weinland* (1941) S. 30 – 33.

536 *Das Weinland* 14 (1942), S. 51 – 52.

537 Victor Richter, *Fritz Zweigelt – ein Siebziger*, In: *Zeitschrift der Wiener Entomologischen Gesellschaft* 43 (1958), S. 12 – 13, Zit. S. 13.

538 Victor Richter, *Prof. Dr. Fritz Zweigelt zum 75. Geburtstag*, in: *Zeitschrift für angewandte Entomologie* Band 53 (1963), S. 101 – 102. Zit. S. 101. In dem wenige Monate später verfassten Nachruf hieß es, leicht variiert: »Wieviel wertvolle Schriften hätte er der Nachwelt in den letzten 20 Jahren hinterlassen können, wenn seine Forschertätigkeit nicht unterbunden worden wäre.« Viktor Richter, *Prof. Dr. Fritz Zweigelt (1888 – 1964) †*, in: *Zeitschrift für angewandte Entomologie*, Band 55 (1964 – 1965), S. 100 – 101, Zit. S. 100.

539 Ebd.

540 Wie die Tatsache zu interpretieren ist, dass Zweigelt auch in der Österreichischen Weinzeitung nicht mehr als Autor in Erscheinung trat, muss offenbleiben. Womöglich wollte er unter der neuen Schriftleitung nicht weiter publizieren, womöglich wollte die Schriftleitung ihn nicht publizieren lassen. Sein Verstummen steht jedenfalls in scharfem Kontrast zu der Intensität, mit der er in den zwanziger Jahren bis zur Einstellung seines *Weinlands* als Schriftleiter und Autor zahlloser Beiträge die Öffentlichkeit gesucht hatte.

541 Konlechner, *Weg*, S. 122. Steingruber hatte schon zum 1. Januar 1933 zusätzlich zu der Assistentenstelle an der Rebenzuchtstation die Stelle des Assistenten für Weinbau und Kellerwirtschaft übernommen. Vgl. *Das Weinland* 5 (1933), S. 22.

542 Zweigelt an Präsidium des Ministeriums für Landwirtschaft, 24. April 1939 (Zweigelt BMfLuF).

543 Konlechner, *Weg*, S. 122.

544 So die Ankündigung von Lenz Moser, *Ab 1960: Zweigelt-Kreuzungen im Verkehr*, in: *Österreichische Weinzeitung* (13) 1958, S. 11

545 Zweigeltrebe. Erinnerungsnotiz zur Namensgebung, Krems 18. April 1994. Ich danke Josef Weiss für die Überlassung dieses Dokumentes.

546 Albert Stummer, *Dr. Zweigelt – ein Siebziger*, in: *Österreichische Weinzeitung* 13 (1958), S. 5. Stummer lebte inzwischen in den Vereinigten Staaten. Als Ortsmarke wurde angegeben: »State College, Penns., USA«.

547 Ebd.

548 Wobisch, *Zweigelt*, S. 5.

549 Ebd. Die offenbar konsensfähige Metapher des »Nichts« fand sich 1963 auch bei Richter, *75. Geburtstag*. Dort war zu lesen: »1945 teilte er mit vielen seiner deutschen Volksgenossen das Schicksal, längere Zeit vor dem Nichts zu stehen.« Zit. S. 101.

550 *Österreichische Weinzeitung* 13 (1958), H.2, S. 11.

551 Erste Parzellen waren in Klosterneuburg schon 1946 zu Versuchszwecken in Hochkultur umgewandelt worden (Steingruber, Berichte, S. 46). Hinter der Umstellung auf die von Moser propa-

gierten Kombination von Weitraumpflanzung und einer Höhe des Rebstocks von mehr als einem Meter standen, wie Heinrich Konlechner 1960 in aller Klarheit schrieb, vor allem ökonomische Probleme: »Wirtschaftliche Gründe, wie der Arbeitskräftemangel und die Notwendigkeit der Senkung der Produktionskosten sowie einer Steigerung der Flächenproduktivität haben Arbeiten zur Änderung der bisherigenniedrigen, engräumigen Erziehungsarten ausgelöst.« Vgl. Heinrich Konlechner, *Ergebnisse vergleichender Reberziehungsversuche*, in: 100 Jahre HBLA, S. 49–78. Der folgende Artikel beschäftigte sich vor einem ähnlichen wirtschaftlichen Hintergrund und einer vermehrten Nachfrage nach Rotwein ausführlich mit Versuchen, mittels Maischeerhitzung eine »kontinuierliche Rotweinerzeugung« zu ermöglichen. Die Versuche, die Konlechner in den späten 1930er Jahren begonnen und seit der Mitte der 1950er Jahre fortgesetzt hatten, ließen die Zukunft des Rotweinanbaus in Österreich in hellstem Licht erscheinen: »Mittels Warmbehandlung der Maische, das ist Erwärmung auf 50 Grad und zweistündiges Stehenlassen, konnten Rotweine gewonnen werden, die an Güte die Weine aus normaler Maischegärung erreichten bzw. übertrafen.« (Heinrich Konlecher/H. (Johann) Haushofer, *Warmbehandlung, ein neues Rotweinbereitungsverfahren*, in: ebd. S. 79–87, Zit. S. 87). Die ersten Arbeiten erschienen unter den Titeln *Bericht über Versuche zur erhöhten Farbstoffauslaugung bei der Rotweinbereitung*, in: *Das Weinland* 1939, S. 208–210; *Zweiter Bericht über Versuche zur erhöhten Farbstoffauslaugung bei der Rotweinbereitung*, in: *Das Weinland* 12 (1940), S. 117–119 und S. 134–137 sowie *Über einen Apparat zur Erhitzung von Rotmaische*, in: *Das Weinland* 13 (1941), S. 6–7.

552 Lenz Moser, *Ab 1960: Zweigelt-Kreuzungen im Verkehr, Dr. Fritz Zweigelt zum 70. Geburtstag*, in: *Österreichische Weinzeitung* (13) 1958, S. 11.

553 Ebd.

554 Vgl. Deckers, *Rebsorte*. Zweigelt hatte schon 1932 in seinem *Weinland* eine ausführliche Studie über Müller-Thurgau-Weine in Österreich veröffentlicht (S. 151–153). Ein ungezeichneter Artikel, in dem Müller-Thurgau-Weine nur als Verschnittweine mit sauren Weinen, für die Gewinnung von Frühmosten oder als Jungweine für den sofortigen Konsum empfohlen werden, fand sich in *Das Weinland* 5 (1933), S. 227–229.

555 Zu dem daraus resultierenden Streit zwischen Österreichern und Ungarn über die Bezeichnung vgl. *Das Weinland* 5 (1933), S. 230–231.

556 Über die Berlandieri × Riparia-Hybriden vgl. Wilhelm Bauer, *Kleine Rebsortenkunde, 3. und 4. Fortsetzung*, in: *Österreichische Weinzeitung* 4 (1949). Deren frühe Verbreitung dokumentiert auch die Preisliste der niederösterreichischen Landes-Landwirtschaftskammer für Schnitt- und Wurzelreben in: *Das Weinland* 5 (1933), S. 20.

557 Die wohl überragende Rolle Börners für die Unterlagsrebenzüchtung harrt noch ihrer genauen Darstellung. Einstweilen siehe Fritz Zweigelt, *Oberregierungsrat Carl Börner – ein Sechziger*, in: *Das Weinland* 12 (1940), S. 58–59 und S. 73–74 (dort auch eine Liste der Veröffentlichungen). Börner publizierte – wie auch andere deutsche Wissenschaftler, etwa der der Nähe zum Nationalsozialismus unverdächtige Hermann Zillig – gerne auch in Zweigelts *Weinland*.

558 Siehe Georg Scheu, Mein Winzerbuch, Berlin 1936, 172f., und ders., *Was man von der Dr.-Wagner-Rebe wissen muss*, in: *Der Deutsche Weinbau* 17 (1938), S. 628f. Eine Gesamtdarstellung des Lebens und Wirkens Scheus liegt derzeit nicht vor. Das derzeit ausführlichste Lebensbild bietet Deckers, *Scheu*.

559 Personalnachweisung Sch 537, BArch R 16/19741.

560 O.D., ebd.

561 In der Studie des Internationalen Weinamtes (Paris), die Zweigelt im Januar-Heft des Jahres 1931 des *Weinlands* (S. 2–5) veröffentlicht hatte, wie auch in einem ungezeichneten, wohl von Zweigelt

stammenden Beitrag über Hybridenweine aus dem Jahr 1933 wurde indes eindeutig die Überproduktion minderwertiger Weine als wesentliche Ursache der Weltweinkrise identifiziert. Noch 1939 konnte Léon Douarche, Direktor des Internationalen Weinamtes OIV, in einem Aufsatz unter dem Titel *Die Weltweinkrise* schreiben: »Sie steht seit langem in allen Weinbauländern auf der Tagesordnung.« (*Neue Wein-Zeitung* , 32 (1939), Nr. 5, S. 1 – 2, und Nr. 6, S. 1 – 2). Im nächsten Heft ging es weiter mit Léon Douarche, *Mittel und Vorschläge im Kampf gegen die Weltweinkrise*, in: *Neue Wein-Zeitung* 32 (1939), Nr. 6, S. 1 – 2.

562 *Zusammenstellung des Materials für die Müller-Thurgau-Tagung in Alzey Rheinhessen am 31. Mai 1938*, masch. Niederschrift, S. 30.

563 Scheu, *Winzerbuch*, S. 266. Im Internet ist hier und da zu lesen, bei »88« handele es sich um eine Anspielung auf »Heil Hitler«. (H ist der achte Buchstabe des Alphabets.) Dagegen spricht erstens die Tatsache, dass Scheu die Zuchtnummer 88 im Jahr 1916 vergeben hatte (ebd.). Und selbst wenn die Zuchtnummer nach 1933 so verstanden worden wäre, warum hätte Scheu dann die vielversprechende Rebsorte nicht unter diesem Namen verbreitet wissen wollen, anstatt sie nach einem Nazi-Funktionär zu nennen und damit die für Kundige als (unfreiwillige) Hommage an Hitler zu lesende Bezeichnung verschwinden zu lassen?

564 Hans Breider, *Georg Scheu †*, in: *Das Weinblatt* 43 (1949), S. 899. Dem habilitierten Genetiker Hans Breider, Jahrgang 1908, war 1936 aufgrund seiner »antinazistischen Einstellung« die Assistentenstelle an der TU Braunschweig entzogen und die Dozentur verweigert worden. Er wechselte an die Biologische Reichsanstalt in Müncheberg/Mark, wo er mit der Koordination der Rebenzüchtung betraut wurde. Am 1. Mai 1937 trat er in die NSDAP ein, am 23. Oktober 1939 aus. In dem Entnazifizierungsverfahren kam die Spruchkammer Koblenz-Stadt am 4. Juni 1948 zu dem Beschluss, Breider sei in die Kategorie »V« (Entlastete) einzustufen. Als mutmaßlich Unbelasteter war Breider nach dem Krieg zunächst von der britischen Militärregierung als Dozent an der Universität Münster zugelassen worden, ehe er von der französischen Besatzungsmacht mit dem Ziel umworben wurde, die Rebenzüchtungsarbeiten an der Station Alzey in der französischen Besatzungszone fortzusetzen. Nach der Unterstellung der Landesanstalt unter das neue (Bundes)Forschungsinstitut für Rebenzüchtung in Geilweilerhof und der geplanten Beschränkung der Aufgaben in Alzey zog es Breider fort. Er erhielt einen Ruf nach Mendoza (Argentinien), bewarb sich aber 1949 erfolgreich auf die Stelle des Leiters der Staatlichen Hauptstelle für Rebenzüchtung in Veitshöchheim bei Würzburg. Dort wie auch in Geilweilerhof (vgl. Reinhard Töpfer, Erika Maul, Rudolf Eibach, *Geschichte und Entwicklung der Rebenzüchtung auf dem Geilweilerhof*, Wiesbaden 2011) waren seit dem Tod August Zieglers im Jahr 1937 (vgl. den Nachruf Zweigelts in: *Das Weinland* 9 (1937), S. 151 – 152.) und der Konzentration der Reichsrebenzüchtung im selben Jahr auf die Standorte Müncheberg, Freiburg i.Br. und Geisenheim die Züchtungsarbeiten nicht mehr fortgesetzt worden. (Alle Angaben nach BayHStA MELF 10375/1). In Franken entwickelte Breider eine rege Züchtungstätigkeit. Heute lebt die Erinnerung an ihn in der Rebsorte Rieslaner fort, in den siebziger und achtziger Jahren fanden aber auch Neuzüchtungen wie Perle von Alzey, Ortega, Albalonga oder Fontanara regional großen Anklang. Über Breiders Bedeutung für die Rebenzüchtung in Franken siehe Daniel Deckers, *Für die Ewigkeit bestimmt. Eine kurze Geschichte der Rebsorte Rieslaner*, in: *Fine. Das Weinmagazin* 2014, Heft 3, S. 110 – 114. Breiders Gesprächspartner bei den Services agricoles der französischen Militärregierung war deren Direktor, ein äußerst kundiger Oberst namens Jean Rouel, der in der Erinnerung an seine Zeit als Besatzungsoffizier 1950 das (m.W.) bislang einzige französischsprachige Fachbuch über den Weinbau in Deutschland veröffentlicht hat. (*La vigne et le vins allemands*, Koblenz 1950).

565 In Österreich hat sich der Name Scheurebe nicht durchgesetzt. In Klosterneuburg wurde im

Februar 1950 eine Weinkost veranstaltet, bei der außer Weinen von Neuzüchtungen auch die »Scheu-Züchtung S 88« ausgestellt wurde. In der entsprechenden Tabelle wurde diese Rebsorte als »Sämling 88 (Wagnerrebe)« aufgeführt. Siehe Paul Steingruber/Leopold Müllner, *Dreißig Jahre Rebenzüchtung III*, in: *Mitteilungen der Höheren Bundeslehr- und Versuchsanstalten für Wein-, Obst- und Gartenbau Klosterneuburg und für Bienenkunde Wien-Grinzing* 1 (1951), S. 135–138. Siehe auch das *Verzeichnis der österreichischen Qualitätsrebsorten*, s.v. Scheurebe.

566 *Die Direktoren der Anstalt*, in: *100 Jahre HBLA*, S. 11–14, Zit. S. 13.

567 Paul Steingruber, *Geschichte der Anstalt 1860–1960*, in: ebd., S. 15–18, Zit. S. 18.

568 Leopold Müllner, *Die Rebenzüchtung im Dienste des neuzeitlichen Weinbaus*, in: ebd., S. 89–99.

569 *Österreichische Weinzeitung* 13 (1958), H. 2., S. 11.

570 Ebd. Dort auch die folgenden Zitate.

571 Konlechner, *Weg*, Zit. S. 121.

572 Steingruber/Müllner, *Dreißig Jahre*, S. 89.

573 Fritz Zweigelt, *Die Züchtung von Rebsorten in Österreich*, in: *Wein und Rebe*, Heft 6, 1927, S. 1–37, Zit. S. 11.

574 Ebd. S. 9. Die Neuzuchtanlagen wurden in den folgenden Jahren noch vergrößert und die Kontakte mit den Inhabern privater Zuchtgärten intensiviert. Zweigelt erwähnte in diesem Zusammenhang des Öfteren den Ort Silberberg in der (heimatlichen) Steiermark (vgl. auch Bretschneider, Bericht, S. 49).

575 *Berichte der Abteilungen Weinbau und Kellerwirtschaft*. Berichterstatter Dipl.-Ing. Paul Steingruber, in: Planckh, *90. Bestandsjahr*, S. 45–51, Zit. S. 47.

576 Ebd.

577 Wilhelm Bauer, *Vorläufiger Bericht über das Weinjahr 1946 in der Weingartenanlage der Klosterneuburger Lehranstalt*, in: *Österreichische Weinzeitung* 1 (1946), S. 42.

578 Steingruber/Müllner, *Dreißig Jahre*, S. 89.

579 Steingruber, *Berichte*, S. 47.

580 Ebd. S. 48.

581 Steingruber/Müllner, *Dreißig Jahre*, S. 45–51; 89–93; 135–138.

582 Ebd. S. 47.

583 Ebd. S. 138.

584 Ebd.

585 Ebd.

586 Ebd. S. 90. Wer während des Krieges die Pflanzungen vornahm, ist den Darlegungen nicht zu entnehmen. Zweigelt selbst scheint den Fortgang der Rebenzüchtung ausweislich seines einschlägigen Artikels im Jahrgang 1943 seines *Weinlands* noch persönlich verfolgt zu haben.

587 Ebd. S. 91.

588 Ebd. S. 138.

589 *Winterharte Rotweinsorten*, in: *Der Winzer* 12 (1956), S. 196–197. (Dank an Josef Weiss)

590 Ebd. S. 197. Die folgenden Zitate ebd.

591 Zweigelt, *Von den Höhepunkten*, S. 16. In der Laudatio des Münchner Entolomogen Wilhelm Zwölfer hieß es im Blick auf die wissenschaftlichen Verdienste Zweigelts, als »wissenschaftlicher Arbeiter« sei er »ungemein fruchtbar und vielseitig: Alles, was aus seiner Feder hervorging, verrät Wissen und Können, sowie einen bedeutenden Überblick weiter Gebiete der Naturwissenschaften. Das Verzeichnis seiner Veröffentlichungen umfasst über 500 Schriften, einschließlich mehrerer selbständiger grundlegender Werke.« (Wilhelm Zwölfer, *Laudatio*, in: *Zeitschrift für angewandte Entomologie*, Band 54 (1964) Heft 1–2, S. 11–13, Zit. S. 11). In dem wenige Monate

später veröffentlichten Nachruf fügte Viktor Richter hinzu: »Wieviel wertvolle Schriften hätte er der Nachwelt in den letzten 20 Jahren hinterlassen können, wenn seine Forschertätigkeit nicht unterbunden worden wäre.« Vgl. *Zeitschrift für angewandte Entomologie*, Band 55 (1964), S. 100.

592 Ein kurzer Hinweis auf die Auszeichnung, der mit den Worten »Wir gratulieren« endete, fand sich auf der letzten Seite der *Österreichischen Weinzeitung* 18 (1963). Direkt im Anschluss wurde der Tod von Ministerialrat a.D. Franz Wobisch vermeldet.

593 Friedrich Zweigelt, *Rebsorten in Österreich*, S. 11.

594 Friederike Zweigelt war am 24. Oktober 1958 im Alter von 69 Jahren gestorben. In dem Schlaraffia-Nachruf hieß es über den Witwer: »Bald darauf wurde er bresthaft, konnte die Sippungen nur mehr sporadisch besuchen, wurde aber vorbildhaft von den Sassen des Reyches betreut.«

595 Konlechner, *Weg*, S. 121.

Reif, rund, harmonisch

596 Verordnung des Bundesministers für Land- und Forstwirtschaft vom 26. November 1971 (Bundesgesetzblatt Nr. 2/1972).

597 Verordnung des Bundesministers für Land- und Forstwirtschaft vom 20. September 1978 (Bundesgesetzblatt Nr. 515/1978).

598 https://www.oiv.int/en/statistiques/?year=2019&countryCode=AUT (Abfrage 17. Juni 2022).

599 https://www.vivc.de/index.php?r=passport%2Fview&id=13484 (Abfrage 17. Juni 2022).

600 Vgl. zum Folgenden Landes- Lehr- und Versuchsanstalt für Landwirtschaft, Weinbau und Gartenbau Ahrweiler, *Zweijahresbericht 1978/79*, Ahrweiler 1980, S. 121 – 123.

Verzeichnis der Archivbestände und ungedruckten Quellen

Österreichisches Staatsarchiv, Wien
AT-OeStA/AdR BMfsV Präs PA Konlechner Heinrich
AT-OeStA/AdR BMfsV Präs PA Wobisch Franz
AT-ÖStA/AdR, BMJ, Sektion IV, Signatur VI-d, Zl. 31.212/1949
AT-OeStA/AdR HBbBuT BMfHuV Allg Reihe Ing Konlechner Heinrich 73180/1932 AE 521
AT-OeStA/AdR HBbBuT BMfHuV Allg Reihe Ing Kohlfürst (1872) Ludwig 28528/1920 AE 500
AT-OeStA/AdR BMfLuF Allgemein 1304 Kanzlei C Regierungsrat Dr. Franz Wobisch
AT-OeStA/AdR BMfLuF Allgemein Kt 122 Rebenzüchtungsstation Klosterneuburg (1921 – 1923)
AT-OeStA/AdR BMfLuF Präs PA Steingruber, Paul, Ing
AT-OeStA/AdR UWFuK BMU PA Sign 15 Steingruber Paul
AT-OeStA/AdR E-uReang VVSt VA Buchstabe B 66290
AT-OeStA/AdR Gauakten 341.836 Ludwig Kohlfürst
AT-OeStA/AdR Gauakten 164.905 Franz Wobisch

Wiener Stadt- und Landesarchiv
15 St 21.246/45 Vg 2e Vr 3281/45

Österreichisches Bundesministerium für Landwirtschaft, Region und Tourismus
Personalakt Heinrich Konlechner, nicht erschlossen
Personalakt Franz Wobisch, nicht erschlossen
Personalakt Friedrich Zweigelt, nicht erschlossen

Höhere Bundeslehranstalt und Bundesamt für Wein- und Obstbau Klosterneuburg
Diverse persönliche Aufzeichnungen von Friedrich Zweigelt, nicht erschlossen

Bundesarchiv Berlin-Lichterfelde
Reichsfinanzministerium
R 2/17904 Bd. 6 Haushaltsjahr 1940, Beiheft 2 (Voranschlag)
R 2/18148 Versuchs- und Forschungsanstalt für Wein- und Obstbau, Klosterneuburg
R 2/18352 Reichsweingut Gumpoldskirchen bei Wien
R 2/18353 Reichweingut Merkenstein/NiederdonauR 2/27731 Einzelne Bauten Bd. 9
R 2/27732 Einzelne Bauten Bd. 10
R 2/27735 Einzelne Bauten Bd. 13

Reichsnährstand
R 16/1974 Weinbauschulen
R 16/9100 Heuckmann, Wilhelm, Dr.
R 16/10970 Kohlfürst, Ludwig
R 16-I/709 Kohlfürst, Ludwig

Reichsministerium für Ernährung und Landwirtschaft
R 3601/1614 Verwaltung der Domänen-Weingüter – Allgemeines
R 3601/5868 Kramer, Otto, Prof. Dr.
R 3601/6340 Zweigelt, Fritz, Dr.

Biologische Reichsanstalt für Land- und Fortwirtschaft
R 3602/34 Organisation des Rebenverkehrs Bd. 2/2
R 3602/275 Reblausbekämpfung Bd. 3

Staatsarchiv Ludwigsburg
EL 902 – 11 BA 4829

Bayerisches Hauptstaatsarchiv, München
MELF 10375/1

Landesarchiv Sachsen-Anhalt
MD-C-20-I-Ib-Nr-2341

Stadtarchiv Trier
Amt für Weinbewirtschaftung

Literaturverzeichnis

Matthias Arthold, *Die Weinbaugebiet und Weine der Ostmark. Ein Führer durch das ost-märkische Weinland,* Wien 1938

Matthias Arthold, *Die Rebsortenverhältnisse in der Ostmark,* in: *Das Weinland* 11 (1939), S. 118 – 119

Peter Autengruber, Birgit Menec, Oliver Rathkolb, Florian Wenninger, *Umstrittene Wiener Straßennamen: Ein kritisches Lesebuch,* Wien 2014

Badisches Weinbauinstitut, Jahresberichte, Freiburg i.Br. 1921ff.

Édouard Barthe, *Von der Weltweinproduktion,* in: *Das Weinland* 11 (1939), S. 226

Robert Barzen, *Reichsweingut Gumpoldskirchen,* in: *Das Weinland* 11 (1939), S. 203

Johann Bauer, *50 Jahre im Dienst der österreichischen Weinwirtschaft,* in: *Österreichische Weinzeitung* 1 (1946), S. 4 u. 20

Wilhelm Bauer, *Kleine Rebsortenkunde, 3. und 4. Fortsetzung,* in: *Österreichische Weinzeitung* 4 (1949)

Hans Breider, *Georg Scheu †,* in: *Das Weinblatt* 43 (1949), S. 899

Artur Bretschneider, *Bericht über die Tätigkeit der Höheren Bundeslehranstalt und Bundes-versuchsstation für Wein-, Obst- und Gartenbau in Klosterneuburg in den Jahren 1925 – 1927,* Klosterneuburg 1928

Rudolf Brozek, *Wo die Traube reift. Niederdonau, der Weingau des Großdeutschen Reiches,* St. Pölten/Wien o.J.

Carl Börner, *Denkschrift zur Organisation der Rebenzüchtung in Deutschland,* o. D. (um 1921)

Carl Börner, *30 Jahre Rebenzüchtung,* Bremen 1943 (*Bremer Beiträge zur Naturwissen-schaft, 7. Band 3. Heft*)

Erster Burgenländischer Weinbautag in Neusiedl am See, in: *Allgemeine Wein-Zeitung* 40 (1923), S. 103 f. (155 f.)

A. Chalupa, *Schulungslehrgang für Weingärtner in der Slowakei,* in: *Das Weinland* 14 (1942), S. 53 – 54

A. Chalupa, *Das Preßburger Weinanbaugebiet in der Slowakei,* in: *Das Weinland* 14 (1942), S. 69 – 71

Gustavo Corni/Heinz Gies, *Brot. Butter. Kanonen. Die Ernährungswirtschaft in Deutschland unter der Diktatur Hitlers,* Berlin 1997

Daniel Deckers, *Im Zeichen des Traubenadlers. Eine Geschichte des deutschen Weins,* Mainz 2010/Frankfurt 2018[2]

Daniel Deckers, *Händler, Winzer, Kenner. Jüdische Spuren in der Geschichte der deutschen Weinkultur,* in: *Fine. Das Weinmagazin,* 2012, Heft 1, S. 118 – 123

Daniel Deckers, *Für die Ewigkeit bestimmt. Eine kurze Geschichte der Rebsorte Rieslaner,* in: *Fine. Das Weinmagazin* 2014, Heft 3, S. 110 – 114

Daniel Deckers, *Scheu wie Scheurebe. Georg Scheu, der »Altmeister des deutschen Weinbaus«, im Spiegel seiner Zeit,* in: *Fine. Das Weinmagazin,* 2016, Heft 2, S. 136 – 140

Daniel Deckers, *Zu Mozart passen nur deutsche Weine. Der Trierer Weinhändler Otto Wolfgang Loeb und das Glyndebourne Opera Festival*, in: Fine. Das Weinmagazin, 2017, Heft 1, S. 124 – 130

Daniel Deckers, *Wein. Geschichte und Genuss*, München 2017

Daniel Deckers, *Friedrich Zweigelt im Spiegel zeitgenössischer Quellen*, in: Klinger/Vocelka (Hg.), *Wein*, S. 213 – 225

Daniel Deckers, *Alte Kameraden, neue Reben. Warum der Zweigelt Zweigelt heißt*, in: *Fine. Das Weinmagazin*, 2019, Heft 3, S. 126 – 129

Daniel Deckers, *»Bald werden wir die böse Zeit ausschlafen«*, in: *Fine. Das Weinmagazin*, 2021, Heft 1, S. 130 – 133

Denkschrift zur 70jährigen Bestandesfeier der Höheren Bundes-Lehranstalt und Bundesversuchsstation für Wein-, Obst- und Gartenbau in Klosterneuburg, Klosterneuburg 1930

Edmund Diehl, *Zum Jahreswechsel*, in: *Das Weinland* 12 (1940), S. 1

Bundeskanzler Dr. Dollfuß, in: *Das Weinland* 6 (1934), S. 249

Léon Douarche, *Die Weltweinkrise*, in: *Neue Wein-Zeitung* 32 (1939), Nr. 5, S. 1 – 2

Léon Douarche, *Mittel und Vorschläge im Kampf gegen die Weltweinkrise*, in: *Neue Wein-Zeitung*, 32 (1939), Nr. 6, S. 1 – 2

Léon Douarche, *Geschichte der Internationalen Weinbaukongresse seit 1900*, in: *Neue Wein-Zeitung* 32 (1939), Nr. 23, S. 1 f.

Paulus Ebner, *Drei Säuberungswellen. Die Hochschule für Bodenkultur 1934, 1938, 1945*, in: Koll, *»Säuberungen«*, S. 267 – 281

Reinhard Eder, *Die Höhere Bundeslehranstalt und Bundesamt von 1918 bis heute*, in: Klinger/Vocelka (Hg.), *Wein*, S. 549 – 554

Gertrude Enderle-Burcel/Ilse Reiter-Zatloukal (Hg.), *Antisemitismus in Österreich 1933 – 1938*, Wien-Köln-Weimar 2018

Gruß des Führers an das deutsche Wien, Neue Wein-Zeitung 31 (1938), Nr. 21/22, S. 1

Der Fachbeirat des reichsdeutschen Weinbaues, in: *Das Weinland* 6 (1934), S. 274 – 275

Eine Feier in Klosterneuburg, in: *Das Weinland* 9 (1937), S. 192 f.

Festschrift anlässlich des 60. Geburtstags von Hofrat. Prof. W. Seifert, Wien 1922

Festschrift zum fünfzigjährigen Jubiläum der Höheren Staatlichen Lehranstalt für Wein-, Obst- und Gartenbau zu Geisenheim am Rhein, herausgegeben vom Lehrkörper, Mainz o. J. (1922)

Zur Frage der Rebsorten in der Ostmark, in: *Das Weinland* 11 (1939), S. 142

Die Fünfzigjahrfeier der Bundes-Lehr- und Versuchsanstalt für Wein- und Obstbau in Klosterneuburg, in: *Allgemeine Wein-Zeitung* 41 (1924), S. 355 – 359

Das Geheimnis der Erlösung als Erinnerung. Herausgegeben aus Anlass der Enthüllung einer Gedenktafel für Roman Karl Scholz und die »Österreichische Freiheitsbewegung«, Klosterburg o. J.

Zum Geleit, in: *Allgemeine Wein-Zeitung* 40 (1923), S. 1 (53)

Franz Gombac, *Herrn Regierungsrat Dr. Fritz Zweigelt zum 50. Geburtstag und seinem Schaffen*, in: *Das Weinland* 10 (1938), S. 47

Großdeutschlands Weinbau, in: *Neue Wein-Zeitung* 32 (1939), Nr. 15, S. 2

Peter Haslinger (Hg.), *Schutzvereine in Ostmitteleuropa: Vereinswesen, Sprachenkonflikte und Dynamiken nationaler Mobilisierung 1860 – 1939*, Marburg 2009

Bernhard Herrman/Robert Streibel, *Der Wein des Vergessens*, Salzburg-Wien 2018

Grete Huber-Gergasevicis, *Roman Karl Scholz*, Klosterneuburg 2010

Internationale Stellungnahme zur Hybridenfrage, in: *Das Weinland* 5 (1933), S. 193 – 194

Zum Internationalen Weinbaukongreß in Bad Kreuznach, in: *Das Weinland* 11 (1939). S. 146 – 150

Zur Jahreswende, in: *Allgemeine Wein-Zeitung* 41 (1924), S. 1

Gauleiter Dr. Hugo Jury, *Weinbauern halten Grenzwacht*, in: *Neue Wein-Zeitung* 32 (1939) Nr. 34, S. 6

Willi Klinger/Karl Vocelka (Hg.), *Wein in Österreich. Die Geschichte*, Wien 2019

Franz Kober, *Niedergang und Aufbau unseres Weinbaues*, in: *Allgemeine Wein-Zeitung* 40 (1923), S. 195. (247 f.)

Johannes Koll (Hg.), *»Säuberungen« an österreichischen Hochschulen 1934 – 1945. Voraussetzungen, Prozesse, Folge*n, Wien-Köln-Weimar 2017

Heinrich Konlechner, *Die Flaschenweinbereitung*, Klosterneuburg 1932

Heinrich Konlechner, *3. Tagung der Reichsarbeitsgemeinschaft für Kellerwirtschaft des Reichsnährstandes in Offenburg in Baden*, in: *Das Weinland* 11 (1939), S. 99 – 102

Heinrich Konlechner, *Erste Tagung des Reichsnährstandes für die Weinbaufachbeamten Großdeutschlands in Geisenheim am Rhein*, in: *Das Weinland* 11 (1939), S. 109 – 112

Heinrich Konlechner, *Neuzeitliche Kellerwirtschaft*, in: *Das Weinland* 11 (1939) S. 131 – 133, 223 – 224 und 242 – 244.

Heinrich Konlechner, *Bericht über Versuche zur erhöhten Farbstoffauslaugung bei der Rotweinbereitung*, in: *Das Weinland* 11 (1939), S. 208 – 210

Heinrich Konlechner, *Zweiter Bericht über Versuche zur erhöhten Farbstoffauslaugung bei der Rotweinbereitung*, in: *Das Weinland* 12 (1940), S. 117 – 119, 134 – 137

Heinrich Konlechner, *Über einen Apparat zur Erhitzung von Rotmaische*, in: *Das Weinland* 13 (1941), S. 6 – 7

Heinrich Konlechner, *Dr. Fritz Zweigelt, 30 Jahre an der Klosterneuburger Lehranstalt tätig*, in: *Das Weinland* 14 (1942), S. 41

Heinrich Konlechner, *Über die Erziehung der Rebe, ihre Abhängigkeit vom Klima und ihre Beziehung zu Traubenertrag und Weinqualität*, Diss. masch, Wien 1945

Heinrich Konlechner, *Prof. Dr. Fritz Zweigelt – 75 Jahre*, in: *Österreichische Weinzeitung* 18 (1963), , S. 5

Heinrich Konlechner, *Prof. Dr. Fritz Zweigelt – sein Weg*, in: *Österreichische Weinzeitung* 19 (1964), S. 121 – 122

Heinrich Konlechner, *Ergebnisse vergleichender Reberziehungsversuche*, in: *100 Jahre HBLA*, S. 49 – 78

Heinrich Konlecher/H. (Johann) Haushofer, *Warmbehandlung, ein neues Rotweinbereitungsverfahren*, in: *100 Jahre HBLA*, S. 79 – 87

Otto Kramer, *Versuche mit arsenfreien Mitteln zur Bekämpfung des Heu- und Sauerwurms*, in: *Das Weinland* 5 (1933), S. 81 – 84

Otto Kramer, *Winzergenossenschaften und Kellerwirtschaft*, in: *Das Weinland* 10 (1938), S. 15 – 17, 36 – 39

Otto Kramer, *Wissenschaftliche Erkenntnisse neuzeitlicher Weinbehandlung*, in: *Das Weinland* 11 (1939), S. 25 – 27, 66 – 67, 94 – 97

Otto Kramer, *Wissenschaftliche Erkenntnisse neuzeitlicher Weinbehandlung*, in: *Neue Wein-Zeitung* 32 (1939), Nr. 20, S. 7 f.; Nr. 21, S. 3 f.

Otto Kramer, *Zur Einführung des deutschen Weingesetzes in der Ostmark*, in: *Das Weinland* 12 (1940), S. 29 – 31, 47 – 49

Karl Kroemer, *Weinbau, Reblausbekämpfung und Rebenveredelung im Rheingau*, in: Festschrift Geisenheim, S. 31-106

Claudia Kuretsidis-Haider, *»Das Volk sitzt zu Gericht«. Österreichische Justiz und NS-Verbrechen am Beispiel der Engerau-Prozesse 1945 – 1954*, Innsbruck 2006

Ernst Langthaler, *Weinbau im Nationalsozialismus*, in: Klinger/Vocelka (Hg.), *Wein*, S. 206 – 211

Rudolf Leopold, Bundesgesetz über die Regelung des Weinbaues, in: *Das Weinland* 8 (1936), S. 345 – 360

J. Löschnig/Ludwig Stefl/Franz Wobisch, *Weinbau Steiermarks und der angrenzenden Gebiete Jugoslawiens*, in: *Das Weinland* 4 (1932), S. 74 – 75, 107 – 111, 148 – 150, 182, 218 – 222, 256 – 249, 300 – 303

In memoriam Édouard Barthe, in: *Österreichische Weinzeitung* 4 (1949), S. 290

Landeslehr- und Versuchsanstalt für Landwirtschaft, Weinbau und Gartenbau Ahrweiler, *Zweijahresbericht 1978/79*, Ahrweiler 1980.

Lenz Moser, *Mit Flugzeugpropeller gegen Maifröste*, in: *Das Weinland* 8 (1934), S. 116 – 118

Lenz Moser, *Neue Erfahrungen bei den Rebenveredelungen*, in: *Das Weinland* 8 (1934), S. 373 – 376

Lenz Moser, *Chlorose und ähnliche Erscheinungen*, in: *Das Weinland* (1941) S. 30 – 33

Lenz Moser, *Winterharte Rotweinsorten*, in: *Der Winzer* 12 (1956), S. 196 – 197

Lenz Moser, *Ab 1960: Zweigelt-Kreuzungen im Verkehr, Dr. Fritz Zweigelt zum 70. Geburtstag*, in: *Österreichische Weinzeitung* 13 (1958), S. 11

Leopold Müllner, *Die Rebenzüchtung im Dienste des neuzeitlichen Weinbaus*, in: *100 Jahre HBLA*, S. 89 – 99

Franz Muth, *Zur Geschichte der Anstalt*, in: Festschrift Geisenheim, S. 7 – 30

Neuregelung der Weinpreise für die Gebiete der Reichsgaue Niederdonau und Wien, in: *Das Weinland* 12 (1940), S. 1 – 4, 21 – 23

Neuzeitliche Bodenbearbeitung im Weinbau, in: *Das Weinland* 5 (1933), S. 232 – 233

Neuzeitliche Behandlung des Weines mit Kohlensäure, in: *Das Weinland* 5 (1933), S. 246 – 247

Fritz Ollram, *Die Schnittrebenerzeugung in der Ostmark – Rückblick und Vorschau*, in: *Das Weinland* 11 (1939), S. 8 – 9

Anton Pelinka, *Die gescheiterte Republik. Kultur und Politik in Österreich 1918 – 1938*, Wien 2017

Emil Planckh, *Höhere Bundes-Lehranstalt und Versuchsanstalt für Wein-, Obst- und Gartenbau Klosterneuburg. Jahresbericht 1945 – 50 (Fünf Jahre Wiederaufbau) im 90. Bestandsjahr der Anstalt vorgelegt von Direktor Dipl.-Ing. E. Planckh*, Klosterneuburg 1950

Friedrich Pock, *Grenzwacht im Südosten. Ein halbes Jahrhundert Südmark*, Graz-Wien-Leipzig 1940

Die Preise des Internationalen Weinamtes, in: *Das Weinland* 5 (1933), S. 10

Oliver Rathkolb, *Die paradoxe Rep1ublik. Österreich 1945 – 2005*, Wien 2005

Die Rebenzüchtung in Preußen. Von den Anfängen bis zum Jahr 1926. Bericht Nr. 1 des Ausschusses für Rebenzüchtung der Fachabteilung für Weinbau der Preußischen Hauptlandwirtschaftskammer, erstattet von Prof. Dr. Muth, Geisenheim, Landesökonomierat Ehatt, Trier, und Weinbauoberinspektor Willig, Bad Kreuznach, Berlin 1928

Die Regelung der Neuanlagen im Deutschen Weinbau, in: *Das Weinblatt* 7 (1935), S. 422 – 423

Reg.-Rat Dipl.-Ing. Julius Kloss †, in: *Österreichische Weinzeitung* 3 (1948), S. 216, 218

Ferdinand Regner, *Kultivierung der Rebsorten seit dem 19. Jahrhundert*, in: Klinger/Vocelka (Hg.), *Wein*, S. 63 – 77

Reichsweingut Merkenstein als Stützpunkt donauländischen Weinbaus, in: *Der Deutsche Weinbau* 21 (1942), S. 642

Anton Reinthaller, *Aufruf Minister Reinthaller an die ostmärkischen Weinhauer zur Zuckerungsfrage*, in: *Das Weinland* 11 (1939), S. 249

Hans Reisser, *Dr. Fritz Zweigelt. Unser zweiter Schriftleiter*, in: *Zeitschrift der Wiener Entomologischen Gesellschaft* 50 (1965), S. 183 f.

Rudolf Reiter, *Untersteirisches Rebenland*, in: *Das Weinland* 13 (1941), S. 69 – 71

Victor Richter, *Fritz Zweigelt – ein Siebziger*, in: *Zeitschrift der Wiener Entomologischen Gesellschaft* 43 (1958), S. 12 – 13

Victor Richter, *Prof. Dr. Fritz Zweigelt zum 75. Geburtstag*, in: *Zeitschrift für angewandte Entomologie* Band 53 (1963), S. 101 – 102

Viktor Richter, *Prof. Dr. Fritz Zweigelt (1888 – 1964) †*, in: *Zeitschrift für angewandte Entomologie*, Band 55 (1964 – 1965), S. 100 – 101

Robert Rill, *Geschichte des Augustiner-Chorherrenstiftes Klosterneuburg 1938 – 1945*, Wien-Salzburg 1985

Kurt Ritter, *Weinproduktion und Weinhandel der Welt vor und nach dem Kriege*, Berlin 1928 (Berichte über Landwirtschaft, Neue Folge, Neuntes Sonderheft)

Jean Rouel, *La vigne et le vins allemands*, Koblenz 1950

Georg Scheu, *Was man von der Dr.-Wagner-Rebe wissen muss*, in: *Der Deutsche Weinbau* 17 (1938), S. 628 f.

Georg Scheu, *Wir suchen frostfeste Reben*, Iin: *Das Weinland* 14 (1942), S. 97 – 101

Georg Scheu, *Mein Winzerbuch*, Berlin 1936, 2. veränderte Auflage Neustadt 1950

Robert von Schlumberger, *Weinbau und Weinhandel im Kaiserstaate Österreich*, Wien 1937

Robert von Schlumberger, *Österreichische Weinwirtschaftsfragen und deren Lösung*, in: *Der Deutsche Weinbau* 17 (1938), S. 400

Robert von Schlumberger, *Ein Volk – ein Reich – ein Führer*, in: *Neue Wein-Zeitung* 31 (1938), Nr. 23. S. 1

Robert von Schlumberger, *Deutschösterreichs Weinbau grüßt die Kameraden im Reiche*, in: *Neue Wein-Zeitung 31 (1938)*, Nr. 24, S. 1

F. Schmitthenner, *Neuzeitliche Technik der Herstellung unvergorener Trauben- und Obstsäfte ohne Erhitzung und ohne Konservierungsstoffe*, in: *Das Weinland* 5 (1933), S. 362 – 364

Harald Schöffling/Günther Stellmach, *Klon-Züchtung bei Weinreben in Deutschland. Von der antiken Auslesevermehrung bis zur systematischen Erhaltungszüchtung*, Waldkirch 1993

Paul Steingruber, *Berichte der Abteilungen. Weinbau und Kellerwirtschaft.* in: Planckh, *90. Bestandsjahr*, S. 45 – 49

Paul Steingruber, *Dreißig Jahre Rebenzüchtung an der Höheren Bundes-Lehr- und Versuchsanstalt für Wein-, Obst- und Gartenbau in Klosterneuburg*, in: *Mitteilungen der Höheren Bundeslehr- und Versuchsanstalten für Wein-, Obst- und Gartenbau Klosterneuburg und für Bienenkunde Wien-Grinzing* 1 (1951), S. 45 ff., 89 ff., 135 – 138

Paul Steingruber, *Geschichte der Anstalt 1860 – 1960*, in 100 Jahre HBLA, S. 15 – 18

Dieter Stiefel, *Entnazifizierung in Österreich*, Wien 1981

Albert Stummer, *Weinbau. Ein Leitfaden zum Gebrauche an landwirtschaftlichen Schulen und für den Selbstunterricht*, Wien 1924.

Fritz Zweigelt/Albert Stummer, *Die Direktträger*, Wien 1929

Albert Stummer, *Direktträgerkultur und Rebenzucht in Baden und Württemberg*, in: *Allgemeine Wein-Zeitung* 43 (1926), S. 311 – 313

Albert Stummer/Franz Frimmel, *Die Rebenzüchtung in Südmähren. Ein Zehnjahresbericht 1922 – 1932*, Prag 1932.

Albert Stummer, *Heimatschutz im Weinland*, in: *Weinzeitung für die ČSR* 2 (1933), S. 18 – 19

Albert Stummer, *Der Klosterneuburger im Ausland*, in: *Das Weinland* 7 (1935), S. 446 – 447

Albert Stummer, *Dr. Zweigelt – 25 Jahre in Klosterneuburg*, in: *Das Weinland* 9 (1937), S. 41 – 43

Albert Stummer, *Das neue Weinland im Norden von Niederdonau*, in: *Das Weinland* 10 (1938), S. 309 – 310

Albert Stummer, *Die erste kellerwirtschaftliche Tagung des Reichsnährstandes für die Ostmark*, in: *Das Weinland* 11 (1939), 32 – 33

Albert Stummer, *Dr. Zweigelt – ein Siebziger*, in: *Österreichische Weinzeitung* 13 (1958), S. 5

A. Tomasevsky, *Um das Melniker Weinbaugebiet*, in: *Das Weinland* 8 (1936), S. 246 – 248

Reinhard Töpfer, Erika Maul, Rudolf Eibach, *Geschichte und Entwicklung der Rebenzüchtung auf dem Geilweilerhof*, Wiesbaden 2011

Werner Tornow, *Chronik der Agrarpolitik und Agrarwirtschaft des Deutschen Reiches von 1933 – 1945*, Hamburg/Berlin 1972

Maria Ulbrich, *Klosterneuburger Gedenkfeier zu Roeslers hundertstem Geburtstag*, in: *Das Weinland* 11 (1939), S. 137 – 139

Verband der Klosterneuburger Önologen, Pomologen und Gartenbauarchitekten, *Wein-Obst-Gartenbau Klosterburg*, o.J. (1939)

Verband der Obst- und Rebenzüchter Österreichs, *Jahreshauptversammlung*, in: *Das Weinland* 10 (1938). S. 120 – 121

Verwaltungsamt des Reichsbauernführers (Hg.), *Die 1. Reichstagung des Deutschen Weinbaues in Heilbronn, vom 22. bis 29. August 1937*, Berlin o.J.

Franz Voboril, *Die Klosterneuburger Neuzüchtungen, ihr Stand und ein kurzer Überblick über einige erfolgversprechende Neuzüchtungen*, in: *Das Weinland* 8 (1936), S. 329 – 331

Franz Voboril, *Studienreise des Verbandes der Rebenzüchter Österreichs nach Südmäh-ren*, in: *Das Weinland* 8 (1936), S. 365–367

Karl Vocelka, *Österreichische Geschichte*, München 2010³

Heinrich Weil, *Der Wein in der deutschen Literatur*, in: *Das Weinland* 10 (1938), S. 266–267, o. J. (1939)

Weinbezeichnung und Abgrenzung der Weinbaugebiete in Deutschland, in: *Das Weinland* 8 (1936), S. 157–158

Otto Weingarth, *Die Standorte des deutschen Weinbaus. Eine weingeographische Übersicht*, Neustadt an der Weinstraße 1952

Josef Weiss, *Geschichte und Direktoren des Lehr- und Forschungszentrums Klosterneuburg – 150 Jahre*, in: *Festschrift und Almanach 100 Jahre Verband der Klosterneuburger Oeno-logen und Pomologen*, Klosterneuburg 2011, S. 91–128

Josef Weiss, *Anfänge der staatlichen Rebenzüchtung in Österreich*, in: *Mitteilungen Kloster-neuburg* 65 (2015), S. 1–10

Josef Weiss, *Thinktank Klosterneuburg: August von Babo und Leonhard Roesler die Grund-steinleger*, in: Klinger/Vocelka (Hg.), *Wein*, S. 534–548

Florian Wenninger, *»… für das ganze christliche Volk eine Frage auf Leben und Tod«. An-merkungen zu Wesen und Bedeutung des christlichsozialen Antisemitismus bis 1934*, in: Enderle-Burcel/Reiter-Zatloukal (Hg.), *Antisemitismus*, S. 195–236.

Johann Werfring, *Der Aufschwung des österreichischen Rotweins*, in: Klinger/Vocelka (Hg.), *Wein*, S. 325–334

Widerstandsfähige Hybriden?, in: *Allgemeine Wein-Zeitung* 36 (1919), S. 2–3

Die Winzergenossenschaften in der Ostmark, in: *Neue Wein-Zeitung* 32 (1939) Nr. 26, S. 1 f.

Franz Wobisch, *Österreichs Weinbau in der Hut des Reiches*, in: *Das Weinland* 10 (1938), S. 208–211

Franz Wobisch, *Weinsteuer †*, in: *Das Weinland* 11 (1939), S. 140–141

Franz Wobisch, *Dr. Zweigelt – zu seinem 70. Geburtstag*, in: *Österreichische Weinzeitung* 13 (1958), , S. 5

August Ziegler, *Erfahrungen bei der Aufzucht von Rebsämlingen aus Fremdbefruchtung und Selbstfruchtung*, in: *Das Weinland* 5 (1933), S. 1112, 40–44

Andrej Zmavc, *Das größte Übel schwindet. Die Direktträger im Lichte des jugoslawischen Weingesetzes*, in: *Das Weinland* 5 (1933), S. 303304

Die Zollgrenzen, in: *Das Weinland* 11 (1939), S. 136

Die Zuteilung der Weinbauwirtschaft im Sudetenland, in: *Das Weinland* 11 (1939), S. 79

Franz Zweifler, *Regierungsrat Hermann Goethe. Zum 100. Geburtstag*, in: *Das Weinland* 9 (1937), S. 6972

Fritz Zweigelt, *Was sind die Phyllokladien der Asparageen. Kritische Bemerkungen zu G. Danek, Morphologische und anatomische Studien über die Ruscus-, Danae- und Semele-Phyllokladien*, in: *Österreichische botanische Zeitschrift* (68) 1913, Nr. 8/9, S. 313 ff.

Fritz Zweigelt, *Der gegenwärtige Stand der Maikäferforschung*, Berlin 1918 (Sonderdruck)

Fritz Zweigelt (unter Mitwirkung von Dem. R. Reiter), *Die Rebenzüchtung in Deutsch-land. Eine Studienreise der staatl. Rebenzüchtungsstation in Klosterneuburg und ihre programmatischen Ergebnisse für Österreich*, in: *Allgemeine Wein-Zeitung* 38 (1921), Nr. 51 (Sonderdruck)

Fritz Zweigelt, *I. Tätigkeitsbericht der staatlichen Rebenzüchtungsstation. Erstattet in der Jahreshauptversammlung des Rebenzüchtungsausschusses*, in: *Allgemeine Wein-Zeitung* 40 (1923) Nr. 6, 7 und 8 vom 8., 15. und 22. Februar (Sonderdruck)

Fritz Zweigelt, *Der gegenwärtige Stand der Klosterneuburger Züchtungen* (Herbst 1924), Wien 1925 (Sonderdruck aus der *Allgemeinen Weinzeitung* 41 (1924) Nr. 24, 42 (1925) Nr. 1, 3, 6 u. 8)

Fritz Zweigelt, *Reichsausstellung Deutscher Wein in Koblenz*, in: *Allgemeine Wein-Zeitung* 42 (1925), S. 314 f.

Fritz Zweigelt, *Hauptversammlung des Rebenzüchtungsausschusses* in: *Allgemeine Wein-Zeitung* 42 (1925), 118 f.

Fritz Zweigelt, *Führende Männer des deutschen Weinbaus. Wilhelm Freiherr von Babo*, in: *Weinbau und Kellerwirtschaft* 4 (1925). H. 22 (Sonderdruck)

Fritz Zweigelt, *Der Internationale Wein- und Weinbaukongress in Conegliano*, in: *Allgemeine Wein-Zeitung* 44 (1927), S. 188 – 190

Fritz Zweigelt, *Die Frage der Ertragshybriden im nördlichen Weinbau*, in: *Allgemeine Wein-Zeitung* 44 (1927), S. 347 f., S. 381 f., S. 395 f., 416 – 418

Fritz Zweigelt, *Die Züchtung von Rebsorten in Österreich*, in: *Wein und Rebe*, H. 6, 1927, S. 1 – 37

Fritz Zweigelt, *Die Babo-Feier*, Sonderabdruck aus der *Allgemeinen Wein-Zeitung* Nr. 20 vom 25. Oktober 1927

Fritz Zweigelt, *Der Maikäfer: Studien zur Biologie und zum Vorkommen im südlichen Mitteleuropa*, Berlin 1928 (*Zeitschrift für angewandte Entomologie*; Band 13, Beiheft)

Fritz Zweigelt, *Die Ertragshybriden und ihre Bedeutung für den europäischen Weinbau*, in: *Internationale Landwirtschaftliche Rundschau. I. Teil: Agrikulturwissenschaftliche Monatsschrift*, Rom, März 1930, Nr. 3

Fritz Zweigelt, *Ins dritte Jahr*, in: *Das Weinland* 3 (1931), S. 1

Fritz Zweigelt, *Prüfung von Direktträgerweinen in Klosterneuburg*, in: *Das Weinland* 4 (1932), S. 19 – 21

Fritz Zweigelt, *Professor A. Stummer zum 50. Geburtstag*, in: *Das Weinland* 4 (1932), S. 146 – 147

Fritz Zweigelt, *Die Müller-Thurgau-Rebe in Österreich*, in: *Das Weinland* 4 (1932), S. 151 – 153

Fritz Zweigelt, *Die Hybridenweinkost in Mutenice*, in: *Das Weinland* 4 (1932), S. 193-195, 230 – 231, 266 – 268

Fritz Zweigelt, *Regierungsrat Ing. Ludwig Kohlfürst zum 60. Geburtstage*, in: *Das Weinland* 4 (1932), S. 254 – 255

Fritz Zweigelt, *Der 38. Deutsche Weinbaukongress*, in: *Das Weinland* 4 (1932), S. 293 – 294

Fritz Zweigelt, *Das Rebenhochzuchtregister des Verbandes der Rebenzüchter Österreichs*, in: *Das Weinland* 4 (1932), S. 339

Fritz Zweigelt, *Vier Jahre Weinland*, in: *Das Weinland* 4 (1932), S. 387 – 388

Fritz Zweigelt, *Hybridenweine*, in: *Das Weinland* 5 (1933), S. 29 – 33, 68 – 71, 103, 213 – 215, 250 – 254, 291 – 295, 367 – 372.

Fritz Zweigelt, *Berlandieri x Riparia Selektion Kober 5-BB, in: Das Weinland* 5 (1933), S. 230 – 231

Fritz Zweigelt, *Hauptversammlung der Rebenzüchter Österreichs*, in: *Das Weinland* 5 (1933), S. 123 – 124

Fritz Zweigelt, *Ing. Paul Steingruber*, in: *Das Weinland* 5 (1933), S. 271

Fritz Zweigelt, *Der kranke Obstgarten*, Wien 1934

Fritz Zweigelt, *Franz Wobisch – ein Fünfziger*, in: *Das Weinland* 6 (1934), S. 42

Fritz Zweigelt, *Von der Müller-Thurgau-Rebe und ihrem Wein*, in: *Das Weinland* 6 (1934), S. 402 – 404

Fritz Zweigelt, *Hofrat Ing. Franz Kober – ein Siebziger*, in: *Das Weinland* 6 (1934), S. 297

Fritz Zweigelt, *Regierungsrat Prof. Ing. Matth. Arthold – ein Sechziger*, in: *Das Weinland* 6 (1934), S. 336

Fritz Zweigelt, *Universitätsprofessor Dr. Karl Linsbauer †*, in: *Das Weinland* 7 (1935), S. 53

Fritz Zweigelt, *15 Jahre Rebenzüchtung in Österreich*, in: *Das Weinland* 7 (1935), S. 385 – 387, 424 – 425

Fritz Zweigelt, *Ministerialrat Artur Bretschneider – 30 Jahre in öffentlichen Diensten*, in: *Das Weinland* 7 (1935), S. 447 – 448

Fritz Zweigelt, *Jahreshauptversammlung der Rebenzüchter Österreichs*, in: *Das Weinland* 8 (1936), S. 128 – 129

Fritz Zweigelt, *Die Direktträgerfrage im Lichte des Massenweinbaus*, in: *Das Weinland* 8 (1936), S. 90 – 93, 125 – 127, 161 – 163, 194 – 197

Fritz Zweigelt, *Der Erste Mitteleuropäische Weinkongress in Wien*, in: *Das Weinland* 8 (1936), S. 273 – 278

Fritz Zweigelt, *Bundes-Kellereiinspektor Heinz Konlechner*, in: *Das Weinland* 8 (1936), S. 361

Fritz Zweigelt, *Die Feier in Conegliano*, in: *Das Weinland* 8 (1936), S. 391 – 392

Fritz Zweigelt, *Erster Mitteleuropäischer Weinkongress/Premier Congrès Vinicole des Pays de l'Europe Centrale*, Festschrift *Neue Wein-Zeitung* 29 (1936), Nr. 69/70

Fritz Zweigelt, *Landwirtschaftsrat August Ziegler †*, in: *Das Weinland* 9 (1937), S. 151 – 152

Fritz Zweigelt, *Erste Reichstagung des Deutschen Weinbaues in Heilbronn*, in: *Das Weinland* 9 (1937), S. 271 – 279

Fritz Zweigelt, *Regierungsrat Ing- Ludwig Kohlfürst – ein Fünfundsechzigjähriger*, in: *Das Weinland* 9 (1937), S. 284

Fritz Zweigelt, *Die Aufgaben der Rebenzüchtung*, in: *Das Weinland* 9 (1937) S. 388 – 392, 10 (1938) S. 25 – 26, 52 – 54

Fritz Zweigelt, *Klosterneuburg grüßt*, in: *Das Weinland* 10 (1938). S. 97 – 98

Fritz Zweigelt, *Die Reichstagung über die Müller-Thurgau-Rebe in Alzey*, in: *Das Weinland* 10 (1938), S. 169 – 172 sowie 11 (1939), S. 4 – 6

Fritz Zweigelt, *Die Direktträger der Ostmark*, in: *Das Weinland* 10 (1938), S. 320 – 323

Fritz Zweigelt, *Von der Auslesezüchtung*, in: *Das Weinland* 10 (1938), S. 268 – 269

Fritz Zweigelt, *Sudetendeutschland ist heimgekehrt*, in: *Das Weinland* 10 (1938), S. 309

Fritz Zweigelt, *Zu neuer Arbeit*, in: *Der Deutsche Weinbau* 10 (1938), S. 391 – 393

Fritz Zweigelt, *Zehn Jahre Weinland*, in: *Das Weinland* 11 (1939), S. 1

Fritz Zweigelt, *Auch Frankreich braucht eine Regelung der Direktträgerfrage*, in: *Das Weinland* 11 (1939), S. 16 – 17

Fritz Zweigelt, *Hofrat Ferdinand Reckendorfer †*, in: *Das Weinland* 11 (1939), S. 39

Fritz Zweigelt, *Dem Führer Dank und Gelöbnis*, in: *Das Weinland* 11 (1939), S. 109

Fritz Zweigelt, *Gregor Mendel*, in: *Das Weinland* 11 (1939), S. 117

Fritz Zweigelt, *Die Direktträgerfrage als internationales Problem*, in: *Neue Wein-Zeitung* 32 (1939), Nr, 34, S. 2

Fritz Zweigelt, *Mein lieber Freund Stöger*, in: *Das Weinland* 11 (1939), S. 61

Fritz Zweigelt, *Der Internationale Weinbaukongreß und die Ostmark*, in: *Das Weinland* 11 (1939), S. 161 – 162

Fritz Zweigelt. *Das Weinland grüßt den Kongreß*, in: *Das Weinland* 11 (1939). S. 185

Fritz Zweigelt, *Der Internationale Weinbaukongreß in Bad Kreuznach*, *Das Weinland* 11 (1939). S. 233 – 235 sowie 250 – 252

Fritz Zweigelt, *In großer Zeit*, in: *Das Weinland* 11 (1939), S. 261

Fritz Zweigelt, *Hofrat Linsbauer – ein Siebziger*, in: *Das Weinland* 11 (1939), S. 263 – 264

Fritz Zweigelt, *Hofrat Ing. Franz Kober ein 75er*, in: *Das Weinland* 11 (1939), S. 286

Fritz Zweigelt, *Oberregierungsrat Carl Börner – ein Sechziger*, in: *Das Weinland* 12 (1940), S. 58

Fritz Zweigelt, *80 Jahre Klosterneuburg*, in: *Das Weinland* 12 (1940), S. 145

Fritz Zweigelt, *Zum neuen Jahre*, in: *Das Weinland* 13 (1941), S. 1

Fritz Zweigelt, *Hofrat Professor Dr. Ludwig Linsbauer †*, in: *Das Weinland* 13 (1941), S. 2

Fritz Zweigelt, *Zwanzig Jahre Versuchsstation für Wein- und Obstbau in Lausanne in der Schweiz*, *Das Weinland* 13 (1941), S. 24

Fritz Zweigelt, *Professor Dr. Otto Kramer – ein Fünfziger*, in: *Das Weinland* 13 (1941), S. 79 f.

Fritz Zweigelt, *Von der Rebstockauslese*, in: *Das Weinland* 13 (1941), S. 117 – 119

Fritz Zweigelt, *Die Obst- und Weinbauschule in Marburg*, in: *Das Weinland* 13 (1941), S. 124 – 125

Fritz Zweigelt, *Klosterneuburg im Spiegel weinbaulicher Forschung*, in: *Das Weinland* 14 (1942), S. 13 – 16

Fritz Zweigelt, *Klosterneuburg übernimmt die Schulung der deutschen Winzer in der Slowakei*, in: *Das Weinland* 14 (1942), S. 25 – 26.

Fritz Zweigelt, *Heuer ist Maikäferflug*, in: *Das Weinland* 14 (1942), S. 51 – 52

Fritz Zweigelt, *Oberregierungsrat Albert Stummer – ein Sechziger*, in: *Das Weinland* 14 (1942), S. 71 – 72

Fritz Zweigelt, *Die Schweiz im Lichte der Direktträgerfrage*, in: *Das Weinland* 14 (1942), S. 75 – 77, 85 – 87

Fritz Zweigelt, *Franz Voboril †*, *Das Weinland* 14 (1942), S. 87

Fritz Zweigelt, *Die Direktträger und Ungarn*, in: *Das Weinland* 14 (1942), S. 95

Fritz Zweigelt, *Regierungsrat Ing. Ludwig Kohlfürst ein Siebziger,* in: *Das Weinland* 14
(1942), S. 105 – 106

Fritz Zweigelt, *Die Arbeitsgemeinschaft der Weinbauschulen in Donauland und Südmark,*
in: *Das Weinland* 14 (1942), S. 121 – 124

Fritz Zweigelt, *Die Vitalität bei Selbstungen,* in: *Das Weinland* 15 (1943) S. 2 – 3, 18 – 23

Fritz Zweigelt, *Rumänien kämpft gegen die Hybridenweine,* in: *Das Weinland* 15 (1943),
S. 9 – 10

Fritz Zweigelt, *Die Rote Spinne in Rumänien,* in: *Das Weinland* 15 (1943), S. 31 – 32

Friedrich Zweigelt, *Von den Höhepunkten meines Lebens – Werk und Freude,* in: *Zeitschrift
für angewandte Entomologie,* Bd. 54 (1964), 1/2, S. 13 – 21

Wilhelm Zwölfer, *Laudatio,* in: *Zeitschrift für angewandte Entomologie,* Bd. 54 (1964), S. 11 –
13

*Zusammenstellung des Materials für die Müller-Thurgau-Tagung in Alzey Rheinhessen am
31. Mai 1938,* masch. Niederschrift

50 Jahre Leitmeritzer Ackerbau-, Obst- und Weinbauschule, in: *Das Weinland* 7 (1935),
424 – 425

100 Jahre Höhere Bundeslehr- und Versuchsanstalt für Wein- und Obstbau Klosterneuburg,
Klosterneuburg 1960

100 Jahre Hochschule für Bodenkultur in Wien, 1872 – 1972, 1. Band Hundertjahrbericht,
Wien 1972

Abbildungsnachweis

Abb. 1: Verband der Klosterneuburger Önologen, Pomologen und Gartenbauarchitekten, *Wein-, Obst- und Gartenbau Klosterneuburg*, o.J. (1939).

Abb. 2: *Der Deutsche Weinbau* 17 (1938), S. 64.

Abb. 3: ÖStA/AdR, BMJ, Sektion IV, Signatur VI-d, Zl. 31.212/1949.

Abb. 4: *Denkschrift zur 70jährigen Bestandsfeier der HBLA*, Tafel XI, Klosterneuburg 1930.

Abb. 5: *Denkschrift zur 70jährigen Bestandsfeier der HBLA*, Tafel IX, Klosterneuburg 1930.

Abb. 6: *Österreichische botanische Zeitschrift* 1913, Nr. 8/9, S. 313 ff.

Abb. 7: StaBi Berlin 4 Per 570.

Abb. 8: *Erstes Heft der Aufklärungsschriften*, hg. v. Reichsnährstand durch die Deutsche Weinwerbung G.m.b.H., S. 4 – 5.

Abb. 9: *Denkschrift zur 70jährigen Bestandsfeier der HBLA*, Tafel XIX, Klosterneuburg 1930.

Abb. 10: Albert Stummer, *Weinbau. Ein Leitfaden zum Gebrauche an landwirtschaftlichen Schulen und für den Selbstunterricht*, Wien 1924.

Abb. 11: *Allgemeine Wein-Zeitung* Nr. 13 (26) 1923, Titelblatt.

Abb. 12: Aufzeichnungen HBLA.

Abb. 13: *Wiener Bilder*, Nr. 44 (1930), S. 23.

Abb. 14: *Denkschrift zur 70jährigen Bestandsfeier der HBLA*, Cover, Klosterneuburg 1930.

Abb. 15: Verband der Klosterneuburger Önologen, Pomologen und Gartenbauarchitekten, *Wein-, Obst- und Gartenbau Klosterneuburg*, o.J. (1939), S. 6.

Abb. 16: F. Zweigelt/A. Stummer, *Die Direktträger*, Wien 1929.

Abb. 17: *Die 1. Reichstagung des Deutschen Weinbaues in Heilbronn, vom 22. bis 29. August 1937*, hg. v. Verwaltungsamt des Reichsbauernführers, Reichshauptabteilung II.

Abb. 18: Verband der Klosterneuburger Önologen, Pomologen und Gartenbauarchitekten, *Wein-, Obst- und Gartenbau Klosterneuburg*, o.J. (1939).

Abb. 19: Verband der Klosterneuburger Önologen, Pomologen und Gartenbauarchitekten, *Wein-, Obst- und Gartenbau Klosterneuburg*, o.J. (1939), S. 28.

Abb. 20: Heinz Konlechner, *Flaschenweinbereitung*, Selbstverlag 1932.

Abb. 21: *Die 1. Reichstagung des Deutschen Weinbaues in Heilbronn, vom 22. bis 29. August 1937*, hg. v. Verwaltungsamt des Reichsbauernführers, Reichshauptabteilung II, Bild 113, S. 63.

Abb. 22: Aufzeichnungen HBLA.

Abb. 23: *Denkschrift zur 70jährigen Bestandsfeier der HBLA*, Tafel X, Klosterneuburg 1930.

Abb. 24: *Denkschrift zur 70jährigen Bestandsfeier der HBLA*, Tafel VIII, Klosterneuburg 1930.

Abb. 25: Verband der Klosterneuburger Önologen, Pomologen und Gartenbauarchitekten, *Wein-, Obst- und Gartenbau Klosterneuburg*, o.J. (1939), S. 5.

Abb. 26: 1945-Strafsache-Zweigelt-1943-03-13-Zweigelt Anschluss fünfter Jahrestag 1, Quelle: WStLA.

Abb. 27: 1945-Strafsache-Zweigelt-1945-07-06-Zweigelt-Verhör-Abschrift 1, Quelle: WStLA.

Abb. 28: Emil Planckh, *Höhere Bundes-Lehranstalt und Versuchsanstalt für Wein-, Obst- und Gartenbau Klosterneuburg. Jahresbericht 1945 – 50 (Fünf Jahre Wiederaufbau) im 90. Bestandsjahr der Anstalt vorgelegt von Direktor Dipl.-Ing. E. Planckh*, Klosterneuburg 1950

Abb. 29: *Pflanzenschutzkalender*, verfasst und bearbeitet von F. Zweigelt, Graz 1962.

Abb. 30: Albert Stummer, *Weinbau. Ein Leitfaden zum Gebrauche an landwirtschaftlichen Schulen und für den Selbstunterricht*, Abb. 21 auf Tafel IX, Wien 1924.

Abb. 31: *Verzeichnis der österreichischen Qualitätsweinrebsorten und deren Klone*, hg. v. Lehr- und Forschungszentrum für Wein- und Obstbau Klosterneuburg, o.J.